李晓红 唐晓君 肖鹏 主编

Linux
系统及编程基础（修订版）

U0386804

清华大学出版社
北京

内 容 简 介

本书从易用性和实用性角度出发，以 Red Hat Enterprise Linux 6 为基础，全面、系统、深入浅出地介绍 Linux 系统的概念、使用、管理和开发方面的知识。全书共 9 章，主要讲述 Linux 基础及安装、Linux 的文件系统、Linux 的 vim 编辑器、Linux 系统管理基础、Linux 的网络管理及应用、Linux 下 Shell 编程、Linux 下 C 编程、GTK+图形界面程序设计、Qt 图形界面程序设计。每章内容经过细心设计和精心组织，让读者能够在最短的时间内学到最多的知识。

本书适合作为高等学校计算机及相关专业的 Linux 操作系统课程的教材，也可作为广大 Linux 用户及 Linux 系统自学者的学习用书。

图书在版编目（CIP）数据

Linux 系统及编程基础 / 李晓红，唐晓君，肖鹏主编. —修订本. —北京：清华大学出版社，2021.5（2023.8 重印）

ISBN 978-7-302-57927-4

Ⅰ.①L… Ⅱ.①李… ②唐… ③肖… Ⅲ.①Linux 操作系统–高等学校–教材 Ⅳ.①TP316.89

中国版本图书馆 CIP 数据核字（2021）第 061983 号

责任编辑：刘向威 常晓敏
封面设计：文 静
责任校对：胡伟民
责任印制：沈 露

出版发行：清华大学出版社
　　　　网　　　　址：http://www.tup.com.cn, http://www.wqbook.com
　　　　地　　　　址：北京清华大学学研大厦 A 座　　　邮　　编：100084
　　　　社　总　机：010-83470000　　　　　　　　　邮　购：010-62786544
　　　　投稿与读者服务：010-62776969，c-service@tup.tsinghua.edu.cn
　　　　质 量 反 馈：010-62772015，zhiliang@tup.tsinghua.edu.cn
　　　　课 件 下 载：http://www.tup.com.cn,010-83470236
印 装 者：三河市龙大印装有限公司
经　销：全国新华书店
开　本：185mm×260mm　　印　张：17.75　　字　数：445 千字
版　次：2012 年 8 月第 1 版　2021 年 6 月第 2 版　　印　次：2023 年 8 月第 4 次印刷
印　数：4501～6000
定　价：50.00 元

产品编号：090262-01

前　言

　　Linux 操作系统以其稳定、强健、安全、网络功能强大和开放性的特点越来越受到业界的欢迎。随着互联网技术的日益发展，Linux 的各个发行版本也得到了不断地发展和完善。目前，Linux 已成为个人计算机和企业网络服务器的主流操作系统和运行平台。对于高校计算机及相关专业学生来说，熟悉和掌握 Linux 操作系统的基本操作、系统管理及编程成为其步入工作岗位的基本要求，高校对 Linux 操作系统的教学也越来越重视。

　　为了给计算机科学与技术、网络工程和信息与计算科学等专业的学生讲授 Linux 系统与编程课程，我们翻阅了大量相关书籍，这些书中有的主要写 Linux 环境下如何编程，内容太深、篇幅太长；有的只侧重基础入门和系统管理，内容不够全面。总之，很难找到一本符合我们教学要求的全面、系统的教材。因此，我们在总结多年的教学经验与实践体会的基础上，编写了《Linux 系统及编程基础》一书。在最近几年本书作为教材的使用过程中，我们发现了一些疏漏之处，因此对其进行了修订。希望通过阅读学习本书，读者能够增强对 Linux 系统的理解，掌握 Linux 系统的基本概念、常用命令的使用、系统管理及程序设计。

　　本书以 Red Hat Enterprise Linux 6 版本为例进行讲解，通过大量的应用实例，循序渐进地引导读者学习 Linux 系统。为配合各章的学习，每章前面强调了本章学习目标，每章后附有小结和习题，使读者可以更好地掌握每章的重点和难点。

　　全书共分为 9 章，内容安排如下。

　　第 1 章 Linux 基础及安装。讲述 Linux 的简介、特点、主要组成、版本介绍，Red Hat Enterprise Linux 6 的安装过程及安装成功后的基本使用。

　　第 2 章 Linux 的文件系统。讲述 Linux 文件系统基本知识、Linux 文件系统的类型及对文件的操作命令。

　　第 3 章 Linux 的 vim 编辑器。讲述 Linux 下 vim 的工作方式、编辑命令及如何使用 vim 编写 Shell 脚本和 C 程序。

　　第 4 章 Linux 系统管理基础。讲述 Linux 系统的启动与关闭过程，如何进行用户管理、设备管理、进程管理和日志管理。

　　第 5 章 Linux 的网络管理及应用。讲述 Linux 网络管理相关命令，文件服务器、DNS 服务器、Web 服务器、Mail 服务器、FTP 服务器的配置。

　　第 6 章 Linux 下 Shell 编程。讲述如何执行 Shell 脚本，什么是 Shell 变量、Shell 控制结构、Shell 函数等。

　　第 7 章 Linux 下 C 编程。讲述 Linux 下 C 编程基础，Linux 下编译器 GCC、程序调试工具 GDB、程序维护工具 make 的使用，Linux 下进程、线程及文件系统相关系统调用的使用。

　　第 8 章 GTK+图形界面程序设计。讲述如何在 Linux 下开发简单的 GTK+图形界面程序。

第 9 章 Qt 图形界面程序设计。讲述如何在 Linux 下开发简单的 Qt 图形界面程序。

本书内容计划用 48～52 学时讲授完成，希望通过对本书的学习，读者能够掌握 Linux 系统环境的使用并能在该环境下进行程序设计。

本书由大连工业大学计算机系李晓红、唐晓君和肖鹏主编。其中，李晓红编写第 1、3、4、6 章，唐晓君编写第 2、7 章，肖鹏编写第 5、8、9 章，全书由李晓红负责统稿、定稿。

全书在编写过程中除参考书后列出的参考文献外，还参考了互联网上的文档资料，因有些资料几经转载无法找到原出处未能列出，在此对网络中的各位知识分享者表示由衷的感谢。

由于编者水平和时间有限，书中难免有不妥之处，恳请读者批评指正，也希望大家能够提出宝贵的建议，以利于我们改进。

编　者

2020 年 12 月

目 录

第 3 章　Linux 的 vim 编辑器 ·· 76

第 4 章　Linux 系统管理基础 ··· 89

第1章

Linux 基础及安装

本章学习目标

- 掌握 Linux 的历史、特点、组成及主要版本。
- 掌握 Red Hat Enterprise Linux 6 安装过程。
- 熟练掌握开机、关机、登录、运行级别、Shell 功能，如何获取帮助。
- 掌握 X Window、GNOME、KDE。

1.1 Linux 概述

Linux 是一款优秀的计算机操作系统，支持多用户、多进程、多线程，实时性好，功能强大且稳定。同时，又具有良好的兼容性和可移植性，被广泛应用于各种计算机平台上。作为 Internet 的产物，Linux 操作系统由全世界的许多计算机爱好者共同合作开发，是一个自由的操作系统。随着 Internet 的发展，Linux 操作系统现已成为世界上使用最多的一种 UNIX 类操作系统，并且使用人数还在迅猛增长。

本节将详细介绍 Linux 的发展历史、特点以及主要版本。

1.1.1 Linux 的简介

对于 Linux 操作系统的产生，可以追溯到另一个操作系统 UNIX。与 Linux 相同，UNIX 也是一款相当流行的计算机操作系统，该操作系统最初是由美国贝尔实验室的 Ken Thompson、Dennis Ritchie 和其他人共同开发的。UNIX 是一个实时操作系统，可允许多人同时访问计算机。与此同时，每个人可运行多个应用程序，即通常所说的多用户、多任务操作系统。该操作系统最初是为了运行于大型计算机和小型计算机上而设计的。

UNIX 操作系统以其优越的性能在工作站或小型计算机上发挥着重要作用。一直以来，该操作系统是一种大型而且要求较高的操作系统，许多版本的 UNIX 操作系统都是为工作站环境设计的。但随着个人计算机（PC）的日益普及，并且个人计算机的性能也在不断提高，人们也开始从事 UNIX 操作系统的个人计算机版本的开发，使 UNIX 能够在个人计算机上运行成为可能，这也是 Linux 流行起来的原因。

Linux 的前身是芬兰赫尔辛基大学一位名叫 Linus Torvalds 的计算机科学系学生的个人项目。1991 年夏天，Linus Torvalds 在赫尔辛基大学读计算机专业二年级，他决定编写自己的操作系统。下面一段是摘抄 comp.os.minix 新闻组贴过的帖子：

Hello everybody out there using minix – I'm doing a free operating system (just a hobby, won't be big and professional like gnu) for 386(486) AT clones. This has been brewing since April, and is starting to get ready. I'd like any feedback on things people like/dislike in minix, as my OS resembles practical reasons among other things.

I've currently ported bash(1.08)and gcc(1.40), and things seem to work. This implies that I'll get something practical within a few months, and I'd like to know what feathers most people would want. Any suggestions are welcome, but I won't promise I'll implement them.

1991 年 9 月中旬，Linux 0.01 版本问世了，并且被放到了网上，立即引起了人们的注意。源代码被下载、测试、修改，最终被反馈给 Linus。同年 10 月 5 日，Linux 0.02 版本被开发出来，同时决定以 GPL（GNU 通用公共许可证）的方式来发行传播，也就是说这个软件允许任何人以任何形式对其进行修改和传播。

随着 Internet 的日益发展，越来越多的技术高超的程序员加入 Linux 的开发与完善中。如今这个完善并强大的 Linux 完全是一个热情、自由、开放的网络产物。

1.1.2　Linux 的特点

Linux 操作系统在短时间内得到迅猛发展，这与该操作系统良好的特性是分不开的。Linux 包含了 UNIX 操作系统的全部功能和特性。简单地说，Linux 具有 UNIX 的所有特性并且具有自己独特的魅力，主要表现在以下 13 个方面。

1. 开放性

开放性是指系统遵循世界标准规范，特别是遵循开放系统互联（OSI）国际标准。凡遵循国际标准所开发的硬件和软件，都能彼此兼容，可方便地实现互联。另外，源代码开放的 Linux 是免费的，使得获取 Linux 非常方便，而且使用 Linux 可节省费用。Linux 开放源代码，使用者能控制源代码，按照需要对其进行裁剪，建立自定义扩展。

2. 多用户

Linux 操作系统允许多个用户同时登录系统当中，即系统资源可以被不同的用户各自拥有并使用，即使每个用户对自己的资源（如文件、设备）有特定权限，也互不影响，Linux 和 UNIX 都具有多用户特性。

3. 多任务

多任务是现代计算机最主要的一个特点，是指计算机同时执行多个程序，而且各个程序的运行相互独立。Linux 操作系统调度每一个进程平等地访问 CPU。由于 CPU 的处理速度非常快，其结果是启动的应用程序看起来好像是在并行运行。事实上，从 CPU 执行的一个应用程序中的一组指令到 Linux 调试 CPU，与再次运行这个程序之间只有很短的时间延迟，用户是感觉不出来的。Linux 的多用户、多任务如图 1.1 所示。

4. 出色的稳定性能

Linux 可以连续运行数月、数年而无须重新启动，与 Windows 相比，这一点尤其突出。即使作为一种台式机操作系统，与许多用户非常熟悉的 UNIX 相比，它的性能也显得更为优秀。Linux 不太在意 CPU 的速度，可以把处理器的性能发挥到极限（用户会发现，影响

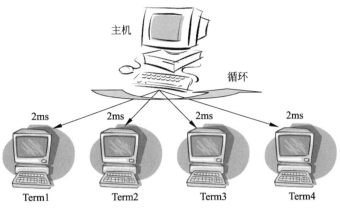

图 1.1　Linux 的多用户、多任务

系统性能提高的限制因素主要是其总线和磁盘 I/O 的性能）。

5. 良好的用户界面

Linux 向用户提供了两种界面：用户界面和系统调用界面。Linux 的传统用户界面基于文本的命令行界面，即 Shell。Shell 有很强的程序设计能力，用户可方便地用它编写程序，从而为扩充系统功能提供了更高级的手段。Linux 还提供了图形用户界面，利用鼠标、菜单和窗口等设施，给用户呈现一个直观、易操作、交互性强的友好图形化界面。

6. 设备独立性

设备独立性是指操作系统把所有外部设备统一当作文件来看，只要安装它们的驱动程序，任何用户都可以像使用文件那样操作并使用这些设备，而不必知道它们的具体存在形式。设备独立性的关键在于内核的适应能力，其他的操作系统只允许一定数量或一定种类的外部设备连接，因为每一个设备都是通过其与内核的专用连接独立进行访问的。Linux 是具有设备独立的操作系统，它的内核具有高度的适应能力。随着更多程序员加入 Linux 编程，会有更多硬件设备加入各种 Linux 内核和发行版本中。

7. 丰富的网络功能

完善的内置网络是 Linux 的一大特点，Linux 在通信和网络功能方面优于其他操作系统。其他操作系统不包含如此紧密的内核结合在一起的联接网络的能力，也没有内置这些联网特性的灵活性。而 Linux 为用户提供了完善的、强大的网络功能。

（1）支持 Internet。Linux 免费提供了大量支持 Internet 的软件，Internet 是在 UNIX 领域中建立并发展起来的。在这方面使用 Linux 是相当方便的，能用 Linux 与世界上其他人通过 Internet 进行通信。

（2）文件传输。能通过一些 Linux 命令完成内部信息或文件的传输。

（3）远程访问。Linux 为系统管理员和技术人员提供了访问其他系统的窗口。通过这种远程访问的功能，一位技术人员能够有效地为多个系统服务，即使那些系统位于很远的地方。

8. 可靠的安全性

Linux 操作系统采取了许多安全措施，包括对读、写操作进行权限控制，带保护的子系统，审计跟踪和内核授权，这些为用户提供了必要的安全保障。

9.　良好的可移植性

可移植性是指将操作系统从一个平台转移到另一个平台，使它仍然能按其自身的方式运行的能力。Linux 是一款具有良好可移植性的操作系统，能够在微型计算机到大型计算机的任何环境和平台上运行。该特性为 Linux 操作系统的不同计算机平台与其他任何机器进行准确而有效的通信提供了保障，不需要另外增加特殊的通信接口。

10.　标准兼容性

Linux 是一个与 POSIX（Portable Operating System Interface）相兼容的操作系统，所构成的子系统支持所有相关的 ANSI、ISO、IETF 和 W3C 业界标准。为了使 UNIX system V 和 BSD 上的程序能直接在 Linux 上运行，Linux 还增加了 system V 和 BSD 的系统接口，使 Linux 成为一个完善的 UNIX 程序开发系统。Linux 也符合 X/Open 标准，具有完全自由的 X Window 实现。

11.　X Window 系统

X Window 系统是用于 UNIX 机器的一个图形系统，该系统拥有强大的界面系统，并支持许多应用程序，是业界标准界面，Linux 的图形用户界面就是采用 X Window 系统实现的。

12.　内存保护模式

Linux 使用处理器的内存保护模式来避免进程访问分配给系统内核或者其他进程的内存。对于系统安全来说，这是一个主要的贡献。

13.　共享程序库

共享程序库是一个程序工作所需要的例程的集合，有许多同时被多于一个进程使用的标准库，因此使用户觉得需要将这些库的程序载入内存一次，而不是一个进程一次。通过共享程序库使这些成为可能，因为这些程序库只有当进程运行时才被载入，所以它们被称为动态链接库。Linux 采用共享程序库方便程序间共享，节省程序占有空间，增加程序的可扩展性和灵活性。

1.1.3　Linux 的主要组成

Linux 一般由 4 个主要部分组成：内核、Shell、文件系统和应用程序，各部分层次结构如图 1.2 所示。内核、Shell 和文件系统一起形成了基本的操作系统结构，使得用户可以运行程序，管理文件并使用系统。

1.　Linux 内核

内核（Kernel）是系统的心脏，是运行程序和管理硬件设备的内核程序，决定着系统的性能和稳定性，实现操作系统的基本功能。它包括硬件和软件两方面功能。

（1）在硬件方面：控制硬件设备，管理内存，提供接口，处理基本 I/O。

（2）在软件方面：管理文件系统，为程序分配内存和 CPU 时间等。

2.　Linux 的 Shell

Shell 是系统的用户界面，提供用户与内核进行交互操作的一种接口。

（1）Shell 是一个命令解释器，解释由用户输入的命令并且把它们送到内核执行。

（2）Shell 编程语言具有普通编程语言的很多特点，用这种编程语言编写 Shell 程序与

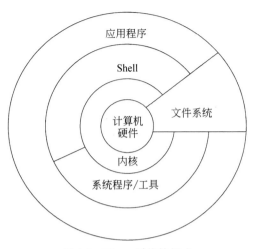

图 1.2　Linux 系统的组成

其他应用程序具有同样的效果。

（3）目前，常见的 Shell 有 Bourne Shell（sh）、Korn Shell（ksh）、C Shell（csh）、Bourne-again Shell（bash）。

（4）Shell 中的命令分为内部命令和外部命令。内部命令包含在 Shell 自身之中，如 cd、exit 等；外部命令是存在文件系统某个目录下的具体的可执行程序，如 cp 等。

3. Linux 文件系统

文件系统是文件存放在磁盘等存储设备上的组织方法。通常是按照目录层次的方式进行组织，能够从一个目录切换到另一个目录，而且可以设置目录和文件的权限、文件的共享程度。每个目录可以包括多个子目录以及文件，系统以“/”为根目录，可以创建自己的子目录，保存自己的文件。系统中所有数据都存储在文件系统上以便用户读取、查询和写入。Linux 支持多种目前流行的文件系统，如 ext2、ext3、fat、vfat、ISO 9660、nfs 等。

4. Linux 实用程序（Utilities）和应用程序（Applications）

标准的 Linux 系统都有一套成为应用程序的程序集，包括文本编辑器、编程语言、X Window、办公套件、Internet 工具、数据库等。当然，还可以自己编写具有特定功能的应用程序。

1.1.4　Linux 的版本介绍

Linux 有内核版本（Kernel）和发行版本（Distribution）之分。

1. Linux 的内核版本

内核版本是指在 Linus Torvalds 领导下，开发小组开发出的系统内核的版本号。内核版本号由 3 个数字组成，形式如下：

```
major.minor.patchlevel
```

- major：目前发布的 Kernel 主版本号。
- minor：为次版本号，一般来说 minor 位为偶数的版本表明这是一个可以使用的稳定版本，如 2.6.4；minor 位为奇数的版本一般加入了一些新的内容，不一定很稳定，是测试版本，如 2.5.11。

- patchlevel：表示对当前版本的修补次数。

提示：时至今日，Linux 的内核仍旧由 Linus Torvalds 领导下的开发小组维护。用户可以访问 http://www.kernel.org/获得最新的内核信息。

2. Linux 的发行版本

发行版本是一些组织或厂家将 Linux 系统内核与应用软件和文档封装起来，并提供一些安装界面和系统设定管理工具的一个软件包的集合。目前，Linux 已经有了几百种发行版本。相对于内核版本，发行版本的版本号随着发布者的不同而不同，与系统内核的版本号是相对独立的。常见的发行版本有以下 3 类。

1）社区发布版本

- CentOS：http://www.centos.org/
- Ubuntu：http://www.ubuntu.com/
- Debian：http://www.debian.org/
- OpenSUSE：http://www.opensuse.org/
- Fedora：http://www.fedoraproject.org/
- Gentoo：http://www.gentoo.org/

2）CD Live 版本

- Ubuntu：http://www.ubuntu.com/
- Finnix：http://www.finnix.org/
- Knoppix：http://www.knoppix.org/

3）商业支持版本

- Red Hat Enterprise：http://www.redhat.com/
- SUSE：http://www.novell.com/products/
- Mandriva：http://www.mandrvalinux.com/
- Turbolinux：http://www.turbolinux.com/

本书将以 Red Hat Enterprise 为例，介绍 Linux 系统安装、系统操作及其下的编程知识。

1.1.5　Linux 与其他操作系统

目前，计算机操作系统主要有 UNIX、MS-DOS、Windows 系列和 IBM 的 OS/2 等，它们应用于不同的领域和平台。Linux 操作系统可以与这些操作系统共存于一台计算机中，它们同为操作系统，Linux 操作系统与其他操作系统的主要区别是什么呢？本节将详细介绍 Linux 操作系统与其他操作系统的区别与联系。

1. Linux 与 MS-DOS

从发挥 CPU 性能方面来说，MS-DOS 没有完全实现 x86 处理器的功能；而 Linux 系统则完全在 CPU 的保护模式下工作，并且开发了 CPU 的所有特性。Linux 可以直接访问计算机内的所有内存，提供完整的 UNIX 接口。

2. Linux 与 UNIX

最初的 Linux 系统与 UNIX 同样都采用命令行形式，现在两款操作系统都使用标准 X Window 系统，设计了同样精美的图形界面。Linux 最初的设计是基于 UNIX 的，可以说 Linux 是 UNIX 的一种变体。Linux 与其他任何商用 UNIX 相比具有更大的市场需求，最主要的不同点如下所示。

（1）Linux 是免费的，相比之下使得昂贵的 UNIX 系统无法在个人计算机中得到普及。另外，其他优秀的应用程序在 Linux 上都可以免费得到。即使购买一些商业软件，在 Linux 平台上的价格也远低于 UNIX 平台上的价格。

（2）Linux 支持大多数硬件，能在不同的硬件平台上运行，其中大众化的 Intel 处理器和 IBM 兼容机占据了主导地位。而典型的 UNIX 都是和提供商的专有硬件捆绑在一起的，这些硬件的价格更是远远高于一般个人计算机的价格。

（3）UNIX 适用于相对成熟的领域，如安全方面、一些工程应用、最尖端的硬件支持等。对于个人计算机、服务器或工作站来说，Linux 操作系统比较适合。

3. Linux 与 Windows

Windows 操作系统是在个人计算机上发展起来的，在许多方面受到个人计算机硬件条件的限制，这些操作系统必须不断地升级才能跟上个人计算机硬件的进步；而 Linux 操作系统却是以另外一种形式发展起来的，Linux 是 UNIX 操作系统用于个人计算机上的一个版本，UNIX 操作系统已经在大型机和小型机上使用了几十年，直到现在仍然是工作站操作系统的首选平台。

Linux 给个人计算机带来了能够与 UNIX 系统相比的速度、效率和灵活性，使个人计算机所具有的潜力得到了充分发挥。Linux 与 Windows 工作方式存在一些根本的区别，这些区别只有在用户对两者都很熟悉之后才能体会到，但它们却是 Linux 思想的核心。

1）Linux 的应用目标是网络

Linux 的设计定位于网络操作系统，它的设计灵感来自于 UNIX 操作系统，因此它的命令设计比较简单。虽然现在已经实现 Linux 操作系统的图形界面，但仍然没有舍弃文本命令行。由于纯文本可以非常好地跨越网络进行工作，因此 Linux 配置文件和数据都以文本为基础。

对于熟悉图形环境的用户来说，使用文本命令行的方式看起来比较原始，但是 Linux 开发关注更多的是它的内在功能而不是表面文章。即使在纯文本环境中，Linux 同样拥有非常先进的网络、脚本和安全性能。

Linux 执行一些任务所需要的步骤表面看来令人费解，除非能够真正认识到 Linux 是期望在网络上与其他 Linux 系统协同执行这些任务。该操作系统的自动执行能力很强大，只需要设计批处理文件就可以让系统自动完成非常烦琐的工作任务，Linux 的这种能力来源于其文本的本质。

2）可选的 GUI

目前，许多版本的 Linux 操作系统具有非常精美的图形界面。Linux 支持高端的图形适配器和显示器，完全胜任与图形相关的工作。但是，图形环境并没有集成到 Linux 中，而是运行于系统之上的单独一层。这意味着用户可以只运行 GUI，或者在需要时使用图形窗口运行 GUI。

Linux 有图形化的管理工具以及日常办公的工具，如电子邮件、网络浏览器和文档处理工具等。不过在 Linux 中，图形化的管理工具通常是控制台（命令行）工具的扩展。也就是说，用图形化工具能够完成的所有工作，用控制台工具同样能够完成。而使用图形化的工具并不妨碍用户对配置文件进行手工修改，其实际意义可能并不是显而易见的，但是如果在图形化管理工具中所做的任何工作都可以以命令行的方式完成，这就表示这些工作同样可以使用一个脚本来实现。脚本化的命令可以成为自动执行的任务。

Linux 中的配置文件是可读的文本文件，这与过去的 Windows 中的 INI 文件类似，但与 Windows 操作系统的注册思路有本质的区别。每一个应用程序都有自己的配置文件，而通常不与其他配置文件放在一起。不过大部分配置文件都存放于一个目录树（/ect）下的单独位置，所以在逻辑上看起来是一起的。文本文件的配置方式可以不通过特殊的系统工具就可以完成配置文件的备份、检查和编辑工作。

3）文件名扩展

Linux 不使用文件名扩展来识别文件的类型，这与 Windows 操作系统不同。Linux 操作系统是根据文件的头内容来识别其类型的。为了提高用户的可读性，Linux 仍可以使用文件名扩展，这对 Linux 系统来说没有任何影响。不过有一些应用程序，如 Web 服务器，可能使用命名约定来识别文件类型，但这只是特定应用程序的需要而不是 Linux 系统本身的要求。

Linux 通过文件访问权限来判断文件是否为可执行文件，任何一个文件都可以赋予可执行权限，程序和脚本的创建者或管理员可以将它们识别为可执行文件，这样做有利于安全，使得保存到系统上的可执行文件不能被自动执行，可以防止许多脚本病毒。

4）重新引导

在使用 Windows 系统时，也许已经习惯出于各种原因而重新引导系统（即重新启动），但在 Linux 系统中这一习惯需要改变。一旦开始运行，它将保持运行状态，直到受到外来因素的影响，如硬件故障。实际上，Linux 系统的设计使得应用程序不会导致内核的崩溃，不必经常重新引导，所以除了 Linux 内核之外，其他软件的安装、启动、停止和重新配置都不用重新引导系统。如果用户确实重新引导了 Linux 系统，问题很可能得不到解决，甚至还会使问题更加恶化，因此在学习 Linux 操作系统时，要克服重新引导系统的习惯。

另外，可以远程完成 Linux 中的很多工作，只要有一些基本的网络服务在运行，就可以进入正在工作的系统。而且，如果系统中一个特定的服务出现了问题，用户还可以在进行故障诊断的同时让其他服务继续运行。当用户在一个系统上同时运行多个服务时，这种管理方式更为重要。

5）命令区分大小写

所有的 Linux 命令和选项都区分大小写，如-R 和-r 不同，会去做不同的事情。控制台命令几乎都使用小写，在后面的章节中会对 Linux 操作系统中的命令进行详细讲解。

1.2 Red Hat Enterprise Linux 6 安装

安装 Red Hat Enterprise Linux 6（RHEL 6）系统不是十分困难，但在安装时需要注意一些事项。对于硬件驱动程序的安装，Red Hat Enterprise Linux 6 可以自动检测到硬件的型

号并安装相应的驱动程序，当然并不是所有的硬件都可以自动安装驱动。本节将详细介绍
Red Hat Enterprise Linux 6 的安装步骤及注意事项。

1.2.1　Red Hat Enterprise Linux 介绍

Red Hat 公司在开源软件界非常著名，该公司发布了最早的 Linux 商业版本 Red Hat
Linux。Red Hat 公司在发行 Red Hat Linux 的同时，还发布了 Red Hat Enterprise Linux，Red
Hat Enterprise Linux 系列版本直接面向那些需要设置和管理大量 Linux 系统的大公司，提
供的是一个稳固且可靠的系统，并为其提供基于年度的订阅服务。Red Hat 通过技术支持、
培训和文档编制对它的 Enterprise 产品提供强大的后援。

1. Red Hat Enterprise Linux 的特点

（1）更长的发布间隔：不同于 Fedora Core 每 4 到 6 个月提供一个发行版本，Enterprise
软件的更新周期是 18 到 24 个月。

（2）多种支持选项：客户可以选择购买不同级别的支持。所有的订阅服务会包含更新模
块，它使访问 Red Hat Enterprise Linux 系统的更新变得很方便。管理模块可以让客户开发定
制的渠道同时自动管理多个系统，而监控模块允许客户监视和维护整个系统的所有基础设施。

（3）文档和培训：帮助手册和培训课程在 Red Hat Enterprise Linux 发行版本中具有重
要的地位。

2. Red Hat Enterprise Linux 6 的新特性

Red Hat Enterprise Linux 5.0 诞生于 2007 年，是目前应用最为广泛的企业级 Linux 之一，
经过 4 年等待，2010 年 11 月 10 日 Red Hat Enterprise Linux 6 正式版发布。Red Hat Enterprise
Linux 6 包含强大的可伸缩性和虚拟化特性，并全面改进系统资源分配和节能。从理论上讲
Red Hat Enterprise Linux 6 可以在一个单系统中使用 64000 颗核心。除了更好的多核心支持，
Red Hat Enterprise Linux 6 还继承了 Red Hat Enterprise Linux 6 版本中对新型芯片架构的支
持，其中包括英特尔的 Xeon 5600 和 7500，以及 IBM 的 Power7。新版本带来了一个完全
重写的进程调度器和一个全新的多处理器锁定机制，并利用 NVIDIA 图形处理器的优势对
GNOME 和 KDE 做了重大升级，新的系统安全服务守护程序（SSSD）功能允许集中身份
管理，而 SELinux 允许管理员更好地处理不受信任的内容。Red Hat Enterprise Linux 6 内置
的新组件有 GCC 4.4（包括向下兼容 Red Hat Enterprise Linux 4 和 5 组件）、OpenJDK 6、
Tomcat 6、Ruby 1.8.7 和 Rails 3、PHP 5.3.2 与 Perl 5.10.1，数据库前端有 PostgreSQL 8.4.4，
MySQL 5.1.47 和 SQLite 3.6.20。

1.2.2　选择安装方式

安装 Linux 可以采用多种方法，可以根据需要灵活选择。根据使用的安装介质不同，可
以分为以下安装方式。

（1）使用本地数据安装，安装方式如下。

- 从本地硬盘安装，需要使用软盘引导。
- 从本地光盘安装，需要使用光盘引导。

（2）通过网络安装，安装方式如下。

- FTP 服务器
- HTTP 服务器
- NFS 服务器

用户可以根据自身实际情况选择合适的安装方式。如果所使用的计算机是一台工作站，那么可以选择以网络方式进行安装；如果是个人计算机，可以选择从光盘安装或从硬盘安装。

1. 硬盘安装

在 Windows 操作系统下，将下载的安装镜像文件复制到硬盘中，再启动计算机进入 DOS 方式，然后将当前工作目录切换到 Linux 安装程序所在的目录中，根据 Linux 安装程序的提示进行逐步安装。从硬盘安装方式，需要 Linux 与 Windows 共存，比其他的安装方式有特别的设置方法。

2. 光盘安装

从光盘安装操作系统，是个人计算机中的常用方式，本书在介绍安装 Linux 操作系统时同样采取从光盘安装。首先启动计算机，同时按删除键，进入 BIOS 下，设置第一启动驱动器为 CD-ROM，对于该步骤不同的主板应该选择位于不同的位置，可参照主板说明书进行设置。

设置完毕，保存并退出 BIOS，计算机重新启动，Red Hat Enterprise Linux 6 安装光盘可以自动引导计算机进入 Red Hat Enterprise Linux 6 的安装界面。

3. 网络安装

从网络安装方式可以选择从 FTP 或 HTTP 站点安装，不过就个人计算机而言，一般是选择从硬盘安装或光盘安装，本书主要介绍从光盘安装方式。

下面就从安装界面开始逐步介绍。

1.2.3　安装步骤

在安装 Linux 操作系统时，有些重要步骤和设置需要进行详细说明，本节将对这些内容进行详细讲解。设置完从光驱启动后，Linux 安装光盘自动引导计算机进入安装界面，如图 1.3 所示。

图 1.3　Linux 的安装界面

- Install or upgrade an existing system：全新安装或更新一个已存在的 Red Hat Enterprise Linux 系统。
- Install system with basic video driver：使用最基本的显卡驱动来安装系统（选择此项不影响安装过程，但是分辨率会比较低）。
- Rescue installed system：进入救援模式。
- Boot from local drive：直接引导启动本地驱动器（硬盘）中的系统。

用户可以直接按 Tab 键进行编辑。当按回车键后，安装程序开始进行一系列检测，系统检测完毕后，进入多媒体检查界面，如图 1.4 所示。

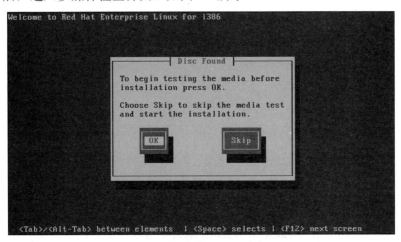

图 1.4　检测 CD 盘数据

此项检查需要花费一些时间（取决于 CD 驱动器的速度），但能确保 CD-ROM 内容的完整性，防止在安装过程中由于介质出现物理损伤等问题而导致安装失败。此时，单击 OK 按钮，则开始对介质的检查，当检测完毕后，开始执行安装程序。如果用户单击了 Skip 按钮，可以跳过介质检查，直接进入安装程序界面，如图 1.5 所示。

图 1.5　图形安装程序界面

进入安装程序，首先跳出欢迎界面，单击"下一步"按钮继续进入安装程序语言设置界面，如图 1.6 所示。

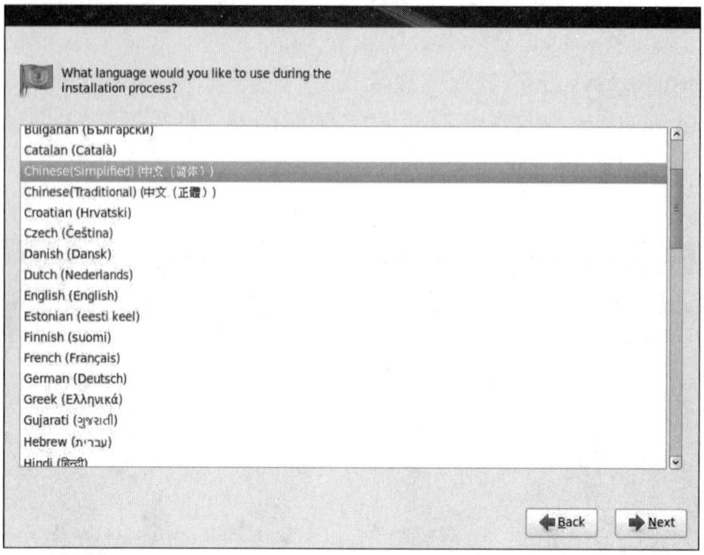

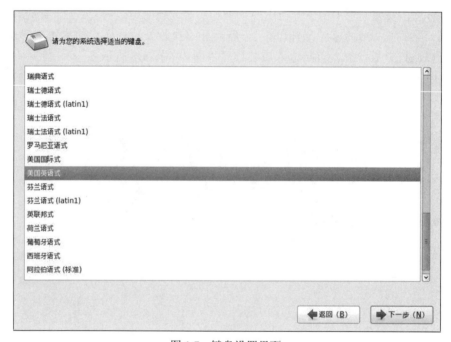

图 1.6　语言设置界面

在列表框中选择 Chinese（Simplified）（中文简体）选项，这样就选择了简体中文的安装模式，安装完毕的 Red Hat Enterprise Linux 6 的操作系统中同样为中文界面。RHEL6 提供了多种语言，可根据自身情况选择不同的语言。选择完毕后，单击 Next 按钮进入键盘设置界面，如图 1.7 所示。

图 1.7　键盘设置界面

由于前面选择了简体中文模式，安装信息已经转换到中文模式。在图 1.7 所示的界面中，为系统选择适当的键盘，直接使用默认的"美国英语式"选项即可，然后单击"下一步"按钮，出现如图 1.8 所示的对话框。

图 1.8　选择安装使用设备

- 基本存储设备：将系统装在本地的磁盘驱动器（硬盘）上。
- 指定的存储设备：安装或更新在企业级的存储上，如存储区域网。

一般选择默认的第一项，单击"下一步"按钮会弹出一个警告信息，如图 1.9 所示。

图 1.9　警告信息

警告信息提示所有的磁盘驱动器将会被初始化，数据将会丢失。单击"重新初始化"按钮，安装程序进入主机名设置界面，如图 1.10 所示。

图 1.10　设置主机名

在这里可以设置主机名，单击"配置网络"按钮可以配置主机静态 IP、网关以及 DNS，如图 1.11 所示。安装时可设置好网络，也可以在安装完成后再对网络进行配置，单击"关闭"按钮设置完毕。然后在安装界面单击"下一步"按钮，进入时区的选择，如图 1.12 所示。

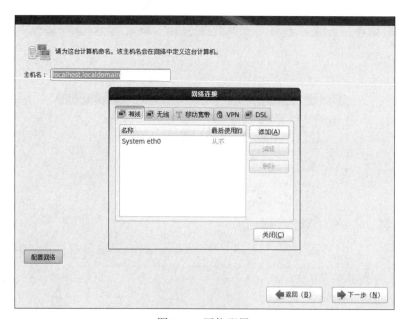

图 1.11　网络配置

图 1.12　时区选择

　　将时区选择为亚洲/上海。如果安装的是 Windows/Linux 双系统，为避免 Windows 中的时间显示为格林尼治时间，即比北京时间晚 8 个小时，可取消选中"系统时钟使用 UTC 时间"复选框。

　　设置完毕，单击"下一步"按钮进入根用户密码设置界面，如图 1.13 所示。

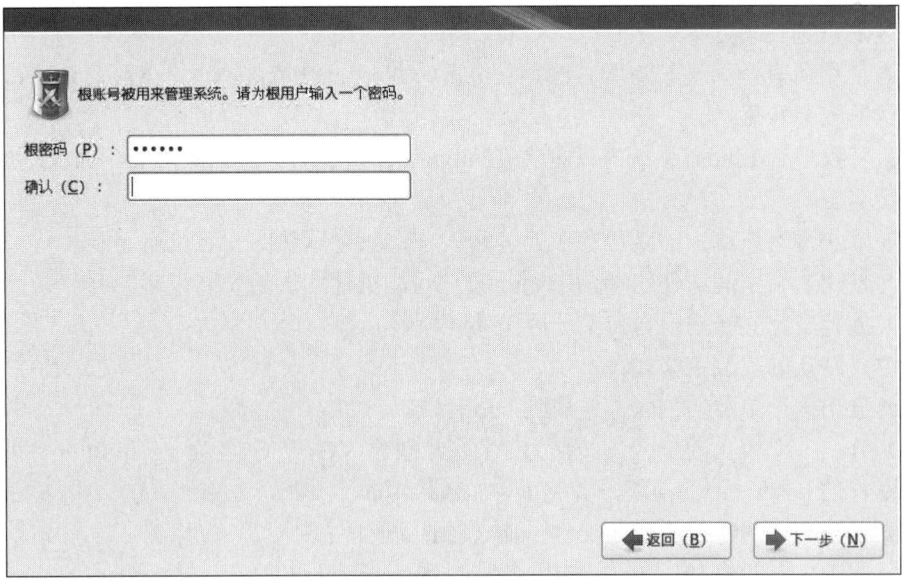

图 1.13　根账号密码设置

　　设置根（root）账户的密码，为了安全起见，请将密码设置得尽量复杂，如果密码过于

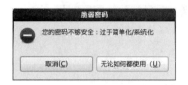

图 1.14　脆弱密码提示

简单，系统将给出提示对话框，如图 1.14 所示。

在此，可以对密码进行修改，也可以继续使用简单密码，单击"无论如何都使用"按钮输入两遍相同的密码后，单击"下一步"按钮继续。进入分区方案的选择，如图 1.15 所示。

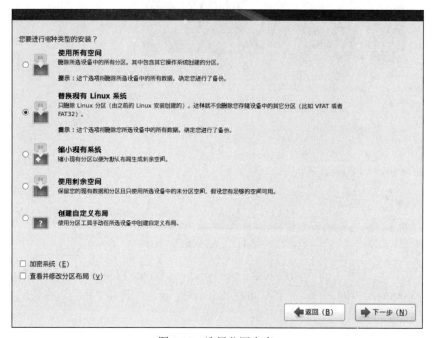

图 1.15　选择分区方案

分区的可选安装方案一共有以下 5 种。

（1）使用所有空间：删除所有已存在分区，包括 ext2/ext3/ext4、swap、fat、ntfs 等。执行默认的安装策略。

（2）替换现有 Linux 系统：只删除 Linux 文件系统的分区，保留 fat、ntfs。执行默认的安装策略。

（3）缩小现有系统：缩减已存在的分区大小，执行默认的安装策略。

（4）使用剩余空间：使用剩余未划分的空间，执行默认的安装策略。

（5）创建自定义布局：自定义分区策略。

其中，默认的安装策略如下所示。

（1）分出一个单独的分区，挂载到/boot 目录。

（2）分出一个较大的分区，转换为 PV，并创建 VG，VG 名为 vg_training，即 vg_加上之前设置的 hostname 的前缀，并将 PV 加入该 VG。

（3）在 VG 上创建 LV：lv_root，并挂载到/目录。

（4）在 VG 上创建 LV：lv_home，并挂载到/home 目录。

（5）在 VG 上创建 LV：lv_swap，并设置为交换分区。

分区的方案不要拘泥于一种，要根据实际环境的需求而相应的变通。这里选择第一项，然后单击"下一步"按钮，系统给出检测到的硬盘驱动器的大小，如图 1.16 所示。单击"创建"按钮，系统弹出如图 1.17 所示的对话框，创建标准的 Linux 分区。创建好分区后如图 1.18 所示，单击"下一步"按钮。系统再次弹出警告，将会对/dev/sda 硬盘进行格式化，原有数据将会丢失，如图 1.19 所示，单击"格式化"按钮。又是一次警告，如图 1.20 所示，区别于 RHEL5，分区操作将会直接生效，数据会全部丢失。单击"将修改写入磁盘"按钮，系统开始格式化，如图 1.21 所示。

图 1.16　硬盘驱动器大小

图 1.17　创建分区

图 1.18　选择源驱动器

图 1.19　格式化警告

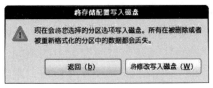

图 1.20　警告信息

图 1.21　格式化

　　格式化完成后安装引导装载程序 GRUB 到/dev/sda 上，如图 1.22 所示，也可以选中第二项来对 GRUB 进行加密。单击"下一步"按钮进入安装类型选择，如图 1.23 所示。

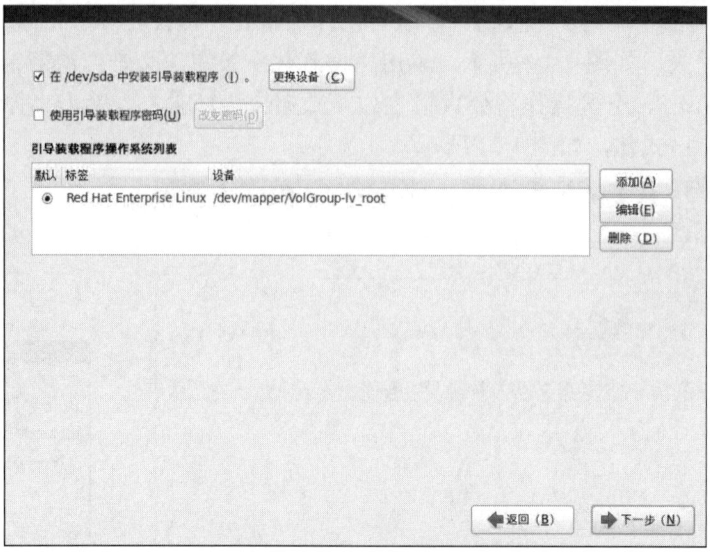

图 1.22　安装引导装载程序

图 1.23　安装类型

　　Red Hat Enterprise Linux 默认安装是基本服务器，可以在列表中进行其他版本的安装类型选择。建议在选择安装软件包的同时，选中"现在自定义"单选按钮，这样系统会弹出如图 1.24 所示软件包选择的对话框。可根据自己的需求选择所需软件包。确定后，系统会对选择软件包进行依赖关系的检查，如图 1.25 所示。依赖关系检查通过后，开始进行软件包的安装，如图 1.26 和图 1.27 所示，根据 CPU 的处理能力与内存大小的不同，安装所需要的时间也不同。安装过程结束，如图 1.28 所示，单击"重新引导"按钮，重新启动计算机，整个系统安装过程结束。

图 1.24　选择软件包　　　　　　　　　图 1.25　依赖关系检查

图 1.26　安装开始

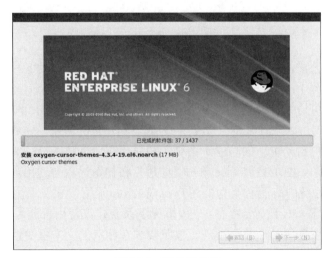

图 1.27　软件包安装

图 1.28 重新引导

1.2.4 启动 Linux

由于是第一次使用 Linux，还有许多需要设置的内容，本节将讲解相关设置，并详细介绍登录 Linux 的过程。

计算机重新启动后，进入 Red Hat Enterprise Linux 6 启动界面，可以等待 5s 或者直接按回车键，进入 Red Hat Enterprise Linux 6 系统，如图 1.29 所示。

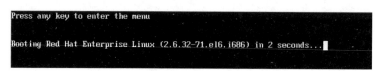

图 1.29 启动界面

完全进入系统之前，需要执行一系列步骤，如解压内核、启动各种设备等。启动完成进入欢迎界面，如图 1.30 所示。第一次启动后会进行一系列的配置，会有如下配置向导。首先，最终用户许可协议，如图 1.31 所示，选择"是的，我同意许可证协议"单选按钮，单击"前进"按钮，进入软件包的自动更新设置，如图 1.32 所示。完成设置更新，并提示没有加入 RHN 实现自动更新的功能，系统告知如想在后期加入该功能，可以选择菜单栏的系统→管理选项，如图 1.33 所示。单击"前进"按钮，进入普通用户的创建界面，如图 1.34 所示。Linux 系统中有两种类型的用户，根（root）用户和普通用户，因根用户对系统有绝对的管理权限，出于安全考虑，一般情况下系统建议使用普通用户进行登录，因此，在新系统启动前建议创建一个普通用户。按照要求在相应的文本框中输入用户名及密码即可。如果密码过于简单，会弹出警告信息，如图 1.35 所示。

图 1.30　欢迎界面

图 1.31　许可证信息

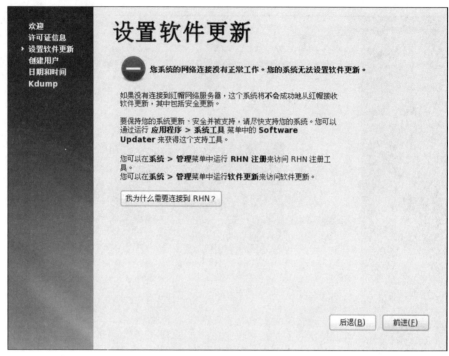

图 1.32　设置软件更新

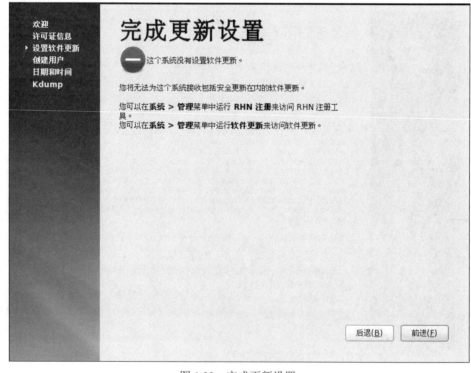

图 1.33　完成更新设置

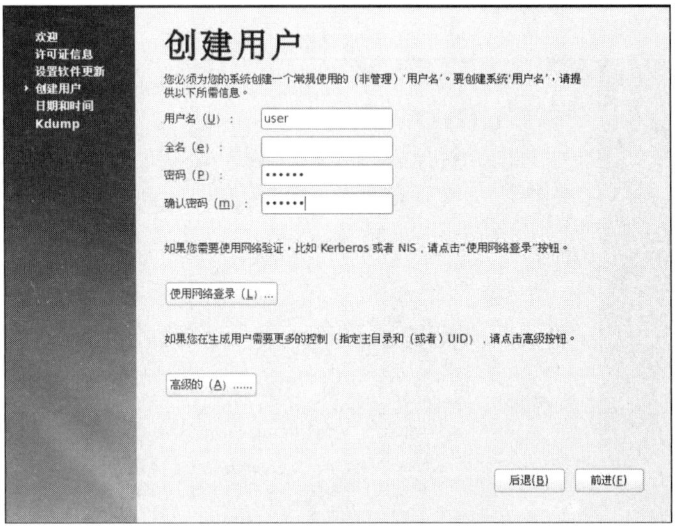

图 1.34　创建普通用户

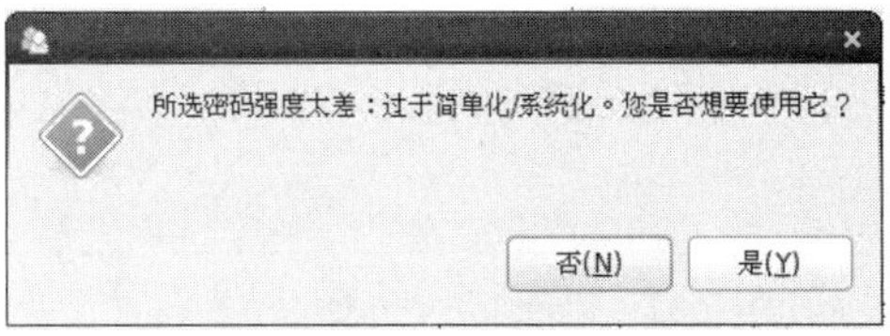

图 1.35　密码警告

　　单击"前进"按钮进行日期和时间设置，默认使用本地时间，如图 1.36 所示。将系统日期和时间设定好之后，单击"前进"按钮，进入 Kdump 内核救援模式，不开启该模式，如图 1.37 所示，单击"完成"按钮完成第一次登录设置，进入登录界面，如图 1.38所示。选择登录用户 user，输入密码，如图 1.39 所示。登录信息正确后，进入 Red Hat Enterprise Linux 6 图形桌面，如图 1.40 所示。

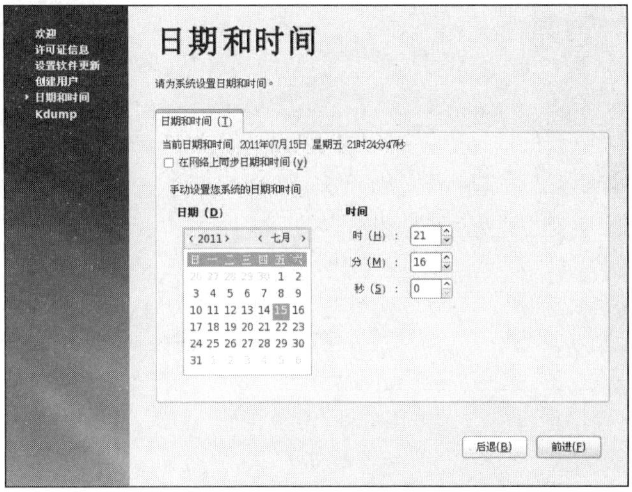

图 1.36　日期和时间设置

图 1.37   Kdump 内核救援模式设置

图 1.38   登录界面

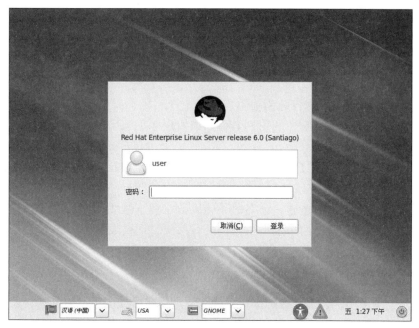

图 1.39　输入密码

图 1.40　RHEL 6 图形桌面环境

1.3 Linux 基础

1.3.1 Linux 的用户类型

Linux 是多用户系统，用户分为根用户（系统管理员）和普通用户两大类。

每个用户在系统中都有唯一的用户名称，该用户名称为用户账号，是用户使用系统的凭证。

根用户（系统管理用）又称为超级用户，用户账号为 root，在系统中拥有最高权限，主要负责系统的管理工作。

普通用户账号由根用户创建，命名时不能以数字和下画线作为第一个字符。普通用户是系统的使用者，只在自己的目录下工作，没有系统管理权限。

1.3.2 Linux 的登录

Linux 是一个多用户、多任务的操作系统，每个用户必须用自己的账号登录系统，退出时则必须注销登录。此外，系统管理员还必须知道如何关闭或者重新启动系统。

Red Hat Enterprise Linux 6 为用户提供两种登录方式，图形化界面（GUI）方式和文本界面的方式。

1. 图形化界面登录

Red Hat Enterprise Linux 6 提供了完善的图形化界面，系统启动后默认进入图形化界面，只需在图 1.41 所示界面中选择用户名，然后输入密码，确认之后即可进入该用户的使用环境。根用户和普通用户的登录界面完全一致，但是登录成功之后，图形化桌面显示各自不同的内容。图 1.42 所示为普通用户登录后的桌面。

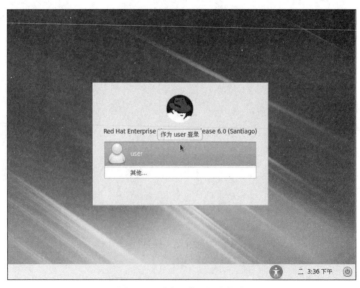

图 1.41 图形化界面登录

图 1.42　登录后界面

2. 文本界面登录

尽管 Linux 的 GUI 功能很强大，但是 Linux 的熟练使用者还是比较倾向于 Linux 文本模式下的命令行操作，因为这种操作方式不仅拥有相对较快的处理速度，而且使用更自然。有 3 种方式可以进入 Linux 的文本界面，分别是系统直接进入、虚拟控制台和 GUI 下的仿真终端。

1）系统直接进入

可以在 Linux 系统安装过程中，选择开机时系统使用文本界面登录，从而使系统直接进入 Linux 的文本界面，也可以在完成系统的全部安装环节后，在需要使用文本模式登录时，手动修改/etc/inittab 文件，如图 1.43 所示。

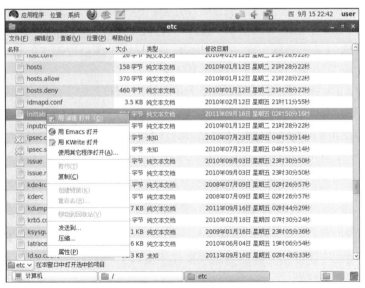

图 1.43　打开 inittab 文件

在/etc 目录中找到 inittab 文件，选中 inittab 右击，选择"用编辑打开"选项，这个默认的文本编辑器是 gedit。

打开 inittab 文件，可以看到 Linux 的各种运行级别，关于 Linux 的运行级别的相关内容，后面会有专门的章节讲解。现在，可以先找到字符串 id:5:initdefault，其位置如图 1.44 中底纹处所示。

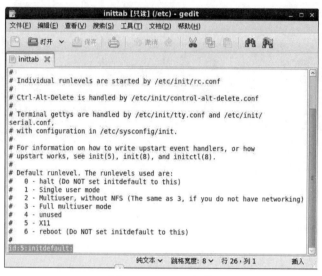

图 1.44　inittab 文件

修改 id:5:initdefault:，把其中的 5 改成 3，然后存盘退出。重新启动机器，就会看到文本模式的登录界面了。

提示：对配置文件 /etc/inittab 的修改，只有在系统管理员的权限下才能进行，普通用户不能做此操作。

2）使用虚拟控制台

Linux 是一个多用户操作系统，因此可以同时接受多个用户登录。不仅如此，Linux 还允许同一个用户进行多次登录，这正是因为 Linux 提供了虚拟控制台的访问方式，因此允许用户在同一时间从不同的控制台进行多次登录。

使用 Ctrl＋Alt＋Fn（Fn 指的是从 F1 到 F6 键）快捷键可以切换虚拟控制台。例如，登录后，按 Ctrl＋Alt＋F2 快捷键，又可以看到 login: 提示，说明看到了第二个虚拟控制台。然后只需按 Alt＋F1 快捷键就可以回到第一个虚拟控制台。

一个新安装的 Linux 系统默认允许使用 Ctrl＋Alt＋F1 快捷键到 Ctrl＋Alt＋F6 快捷键来访问前 6 个虚拟控制台。虚拟控制台可使用户同时在多个控制台上工作，真正体现 Linux 系统多用户的特性。可以在某一虚拟控制台上进行的工作尚未结束时，切换到另一虚拟控制台开始另一项工作。

提示：如果目前的操作环境是图形环境，则必须同时使用 Ctrl＋Alt＋Fn 快捷键切换，其中 Ctrl＋Alt＋F7 快捷键用来返回到图形操作环境。

3）GUI 下的仿真终端

在图形界面下进入仿真终端十分简单，在桌面上右击，选择"在终端中打开"命令，如图 1.45 所示，就可以调出一个仿真终端的窗口，如图 1.46 所示。在该终端下的命令行操作与其他界面下的命令行操作完全一样。

图 1.45　打开终端

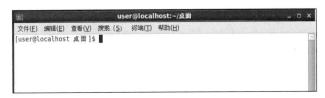

图 1.46　终端样式

以上介绍的是 3 种进入文本界面的方式。进入文本模式之后登录界面如图 1.47 所示。

图 1.47　文本模式登录界面

提示：图 1.47 中 Red Hat Enterprise Linux Server release 6.0 和 Kernel 2.6.32-71.e16 分别是指 Linux 系统的发行版本号和内核版本号。

在 localhost login: 后输入用户名，之后系统提示输入密码。输入密码时，密码字符不会出现在屏幕上，同时，不管是密码输入错误还是用户名输入错误，系统都会给一个 login incorrect 提示，而不会明确告诉用户，究竟是密码错误还是用户名错误，这么做的用意是避免向非法用户提供太多的系统提示信息。

在登录成功后，根（root）用户和普通用户界面有所差异，差异如图 1.48 和图 1.49 所示。

图 1.48　root 用户登录

图 1.49　普通用户登录

在图 1.48 中的[root@localhost ~]#，root 标识登录的用户名为 root，localhost 表示主机名，最后一项~表示 root 用户当前所在目录。#是命令提示符，也叫 Shell 提示符，说明当前用户具有 root 的权限。

图 1.49 所示普通用户登录后与 root 用户除了用户名有区别之外，Shell 提示符为$，表示当前用户只有普通用户权限。

无论是 root 用户还是普通用户，登录成功之后用户都可在 Shell 提示符之后输入命令，命令行中输入的第一个项目是命令名，第二个是命令的选项或参数，命令行中每一项必须用空格隔开，格式如下：

```
$ command option arguments
```

例如：$ cp　-r　olddir　newdir，其中 cp 是命令名，-r 是选项，olddir、newdir 是命令的参数。

Linux 系统中的命令严格区分大小写。如果命令行中命令输入出错，可以使用退格（BackSpace）键进行删除；想放弃本次命令执行可以使用 Ctrl＋C 快捷键。有时，可能想终止某个正在运行的程序，在文本界面下也可以使用 Ctrl＋C 快捷键进行终止。

Linux 的命令执行采用回车键确认。如果命令输入正确，系统给出命令执行结果；如果命令输入有误，系统提示 command not found。

1.3.3　Linux 的注销

Linux 系统的注销是指用户退出当前系统而不是关闭计算机。与登录相对应，Red Hat Enterprise Linux 6 也提供两种注销方式，即图形界面下注销和文本界面下注销。

1. 图形界面下注销

在图形界面下注销当前用户，可以运行"系统"→"注销"命令，如图 1.50 所示。此时系统会弹出如图 1.51 所示的注销确认窗口，单击"注销"按钮可以立即完成注销操作。

图 1.50 选择"注销"

图 1.51 注销确认窗口

2. 文本界面下注销

可直接在 Shell 提示符后输入 logout 命令，或按 Ctrl + D 快捷键，或输入 exit 命令即可从文本界面下退出系统。

1.3.4 Linux 的运行级别

所谓运行级别就是操作系统当前正在运行的功能级别。这个级别从 0 到 6，具有不同的功能，在/etc/inittab 文件中定义，这个文件是 init 进程寻找的主要文件。

标准的 Linux 运行级别为 3 或 5，如果为 3，系统处于多用户状态，即文本登录界面；如果为 5，则会以图形界面方式运行。运行级别可以由超级用户通过 telinit 命令来转换，此命令可以将转换信号传递给 init，告诉它切换到哪个运行级别。

可以使用 sysvinit 包的 runlevel 命令获得系统当前的运行级别，不用加任何参数，直接在终端执行 runlevel 命令即可（也是通过用户组相关的函数读取/var/run/utmp 文件获得）。

inittab 文件里运行级别定义如图 1.52 所示。

图 1.52 系统运行级别定义

对其简单解释如下。

0：关机（千万不要把 initdefault 设置为 0）。

1：单用户模式。

2：多用户模式，但是没有 NFS。

3：完全多用户模式。

4：没有用到。

5：X11。

6：重启（千万不要把 initdefault 设置为 6）。

关于运行级别的详细介绍，请参考本书第 4 章 Linux 的系统管理内容。

1.3.5　Linux 的关机和重启

1. 图形界面

图形界面下 Linux 系统关机和重启，可以运行"系统"→"关机"命令，如图 1.53 所示。此时系统会弹出如图 1.54 所示的确认窗口，单击"关闭系统"按钮可以立即完成关机操作，单击"重启"按钮即完成机器重新启动。

图 1.53　关闭计算机

图 1.54　确认窗口

2. 文本界面

文本界面下 Linux 系统中经常用到的关闭和重启计算机的命令有 shutdown、halt、reboot、init。它们都可以达到关机或重启的目的，但是每个命令的工作流程并不一样。关于它们的详细用法请参考本书第 4 章 Linux 的系统管理部分。

1.3.6　Linux 的基本命令

对于 Linux 的初学者需掌握几个不可缺少的命令，这样会让 Linux 系统显得容易使用。

1. passwd 命令

普通用户在登录系统时的初始密码是超级用户在创建时赋予的，为了维护系统的安全，特别是保持用户的文件在系统中的安全，应该修改初始密码。应经常修改密码，以保证未经授权的人不能进入系统。密码最好包含七八个字符，由数字、大小写字母和短横线

组合而成。应尽量避免在密码中使用控制字符，因为控制字符对系统具有特殊含义，用它
们可能会导致不能正常登录。不要使用电话号码、自己名字、生日、常见英语等容易被猜
到的单词作为密码。命令格式如下：

```
passwd
```

示例：从命令行上输入 passwd 即可修改密码，如下所示：

```
[user@localhost ~]$ passwd
更改用户 user 的密码 。
为 user 更改 STRESS 密码。
（当前）UNIX 密码：
新的 密码：
重新输入新的 密码：
passwd: 所有的身份验证令牌已经成功更新。
[user@localhost ~]$ 
```

如果密码输入两次不一致，或太短，或太简单，系统会提示，此时需要重新更改密码。
当成功地修改了密码后，登录方式也就随之修改。如果忘记了自己的密码，可以让超
级用户重新设定密码并把新密码告诉用户。

2. --help 选项

--help 选项放在命令之后，用来显示命令的一些信息。命令格式如下：

```
Command --help
```

示例：使用--help 查看 passwd 的帮助信息。

```
[user@localhost ~]$ passwd --help
用法: passwd [选项...] <账号名称>
  -k, --keep-tokens      保持身份验证令牌不过期
  -d, --delete           删除已命名账号的密码 (只有根用户才能进行此操作)
  -l, --lock             锁定已命名的账号 (只有根用户才能进行此操作)
  -u, --unlock           解锁已命名的账号 (只有根用户才能进行此操作)
  -f, --force            强制执行操作
  -x, --maximum=DAYS     密码的最长有效时限 (只有根用户才能进行此操作)
  -n, --minimum=DAYS     密码的最短有效时限 (只有根用户才能进行此操作)
  -w, --warning=DAYS     在密码过期前多少天开始提醒用户 (只有根用户才能进行此操作)
  -i, --inactive=DAYS    当密码过期后经过多少天该账号会被禁用 (只有根用户才能进行此操作)
  -S, --status           报告已命名账号的密码状态 (只有根用户才能进行此操作)
  --stdin                从标准输入读取令牌 (只有根用户才能进行此操作)

Help options:
  -?, --help             Show this help message
  --usage                Display brief usage message
```

3. man 命令

man 工具（手册页）用户显示系统文档中的 man 页内容。想使用某个命令但又忘记具
体用法时，这些文档将很有用。通过查看 man 页可以得到更短相关主题信息和 Linux 的更
多特性。命令格式如下：

```
man command
```

示例：man passwd 命令的输出结果。

```
PASSWD(1)                        User utilities                        PASSWD(1)

NAME
       passwd - update user's authentication tokens
```

SYNOPSIS
          passwd [-k] [-l] [-u [-f]] [-d] [-n mindays] [-x maxdays] [-w warndays] [-i
          inactivedays] [-S] [--stdin] [username]

DESCRIPTION
          The passwd utility is used to update user's authentication token(s).

          This task is achieved through calls to the **Linux-PAM** and **Libuser API**. Essen-
          tially, it initializes itself as a "passwd" service with Linux-PAM and utilizes
          configured password modules to authenticate and then update a user's password.

          A simple entry in the global Linux-PAM configuration file for this service would
          be:

          #
          # passwd service entry that does strength checking of
          # a proposed password before updating it.
          #
          passwd password requisite pam_cracklib.so retry=3
          passwd password required pam_unix.so use_authtok
          #

          Note, other module types are not required for this application to function cor-
:

    因为显示 passwd 的帮助信息很多，man 在输出时采用分页显示。屏幕下方“：”表示
等待用户输入命令进行操作，当按回车键时，内容向上滚动一行；按空格键时，内容向上
滚动一屏；若想查找某个字符串可直接输入“/”后加待查字符串即可（例如：/abc，系统
会将 abc 出现的地方高亮标识）；若想终止查看退出，按 Q 键。

    4. info 命令
    基于字符的 info 命令是一个基于菜单的超文本系统，是由 GNU 项目开发并由 Linux
发布的。info 命令包括自身的使用指南（使用 info 命令可以获得）和一些关于 Linux Shell、
命令、GNU 项目开发程序的说明文档。命令格式如下：

info command

示例：输入 info passwd 命令后的输出结果。

File: *manpages*, Node: passwd, Up: (dir)

PASSWD(1)   User utilities   PASSWD(1)

NAME
          passwd - update user's authentication tokens

SYNOPSIS
          passwd [-k] [-l] [-u [-f]] [-d] [-n mindays] [-x maxdays] [-w warndays]
          [-i inactivedays] [-S] [--stdin] [username]

DESCRIPTION
          The passwd utility is used to update user's authentication token(s).

          This task is achieved through calls to the Linux-PAM and Libuser API.

```
Essentially, it initializes itself as a "passwd" service with Linux-PAM
and utilizes configured password modules to authenticate and then
update a user's password.

A simple entry in the global Linux-PAM configuration file for this ser-
vice would be:
-----Info: (*manpages*)passwd, 265 lines --Top-----------------------------
No `Prev' or `Up' for this node within this document.
```

提示: 与 man 相比, info 可显示 GNU 工具更完整的最新信息。若 man 页包含的某个命令的概要信息在 info 中也有, 那么 man 页中会有"请参考 info 页更详细内容的字样"。man 显示的非 GNU 命令的信息经常是唯一的。info 显示的非 GNU 命令的信息通常是 man 页内容的副本。

5. who 命令

who 命令用于查看当前登录到系统的用户信息。命令格式如下:

```
who [lqsu]
```

其中, 选项表示如下。

l: 显示系统中登录的终端。

q: 显示本地系统上的用户名称和用户总数。

s: 显示登录用户名、终端号、日期和时间。

u: 显示此时在系统中的用户。

示例: 使用 who 命令查看当前登录到系统的用户信息。

```
[user@localhost ~]$ who
user     tty1        2020-09-16 00:00 (:0)
user     pts/0       2020-09-16 00:15 (:0.0)
root     tty7        2020-09-16 00:46 (:1)
root     pts/1       2020-09-16 00:46 (:1.0)
[user@localhost ~]$ ▊
```

命令输出的第一列是用户名; 第二列是用户连接的终端名; 第三列是用户登录的日期及时间。

示例: 显示本终端用户信息。

```
[user@localhost ~]$ who am i
user     pts/0       2020-09-16 00:15 (:0.0)
[user@localhost ~]$ ▊
```

6. uname 命令

uname 命令显示正在使用的 Linux 系统信息。命令格式如下:

```
uname [-rnv]
```

其中, 选项表示如下。

r: 显示操作系统的内核发行号(Release Number)。

n: 显示网络上本机的节点名(Node Name)。

v: 显示操作系统的内核版本号(Version Number)。

示例: 显示操作系统的发行号。

```
[user@localhost ~]$ uname -r
2.6.32-71.el6.i686
[user@localhost ~]$ ▊
```

7. date 命令

date 命令显示或设置此时系统的时间。命令格式如下：

```
date [+%adDhHjmMrSTwWy]
```

其中，选项表示如下。

　　a：以 Sun～Sat 表示星期。

　　d：以 01～31 表示日期。

　　D：以 mm/dd/yy 表示日期。

　　h：以 Jan～Dec 表示月份。

　　H：以 00～23 表示小时。

　　j：指明是一年中的第几天。

　　m：以 01～12 表示月份。

　　M：以 00～59 表示分钟。

　　r：表示 AM/PM。

　　S：以 00～59 表示秒。

　　T：以 HH:MM:SS 表示输出时间。

　　w：以 0～6 表示星期几，星期天为 0。

　　W：指明是一年中的第几周。

　　Y：以 00～99 表示年的后两位。

示例：使用 date 命令查看当前系统日期。

```
[user@localhost ~]$ date
2020年 09月 16日 星期三 01:03:16 CST
[user@localhost ~]$
```

8. cal 命令

cal 命令在屏幕上输出日历信息。命令格式如下：

```
cal [month] [year]
```

其中，选项表示如下。

　　month：表示月份 1～12。

　　year：表示年 1～9999。

示例：输出 2020 年 3 月的日历。

```
lixh@lixh:~$ cal 3 2020
      三月 2020
日 一 二 三 四 五 六
 1  2  3  4  5  6  7
 8  9 10 11 12 13 14
15 16 17 18 19 20 21
22 23 24 25 26 27 28
29 30 31

lixh@lixh:~$
```

9. echo 命令

echo 命令用于回显输入内容。命令格式如下：

```
echo strings
```

其中，strings 表示要在屏幕输出的内容。

示例：使用 echo 命令显示输入"hello world"。

```
[user@localhost ~]$ echo hello world
hello world
[user@localhost ~]$ █
```

10. clear 命令

clear 命令清除 Shell 窗口中的内容。命令格式如下：

```
clear
```

11. su 命令

进入系统后，如果要切换到其他用户使用的系统，可以使用 su 命令。从切换用户退回到原来用户使用 exit 命令。若想成功切换需要切换用户账号的密码。

示例：以用户账号 user 进入系统，之后切换到 root 用户账号。

```
[user@localhost ~]$ who am i
user      pts/0       2020-09-16 00:15 (:0.0)
[user@localhost ~]$ su root
密码 :
[root@localhost user]# who am i
user      pts/0       2020-09-16 00:15 (:0.0)
[root@localhost user]# exit
exit
[user@localhost ~]$ who am i
user      pts/0       2020-09-16 00:15 (:0.0)
[user@localhost ~]$ █
```

成功切换到 root 后，Shell 提示符变为#，但是身份仍然是 user，使用 exit 命令从 root 用户的系统中退出。

1.4　Linux 的 GUI

尽管大多数专业的 Linux 操作人员喜欢命令行界面，但是初学者往往更喜欢图形用户界面（GUI）。或者某些用户使用 Linux 的目的只是办公和娱乐，这时候 GUI 是更好的选择。Linux 提供的 GUI 解决方案是 X Window 系统。

1.4.1　X Window 介绍

X Window 系统是一套工作在 UNIX 计算机上的优秀的窗口系统，现在是类 UNIX 系统中图形用户界面的工业标准。X Window 系统最重要的特征之一是它的结构与设备无关。任何硬件只要和 X 协议兼容，就可以执行 X 程序并显示一系列包含图文的窗口，而不需要重新编译和链接。这种与设备无关的特征，使得依据 X 标准开发的应用程序，可以在不同环境下执行，因而奠定了 X Window 系统成为工业标准的地位。

X Window 系统于 1984 年在麻省理工学院（MIT）开始开发，后来成立 MIT X 协会用于研究发展和控制标准。本书使用的 X Window 系统是第 11 版的第 6 次发行，称之为 X11R6。

1．X Window 的特点

X Window 系统的主要特点如下所示。

（1）X Window 系统具有网络操作的透明性。应用程序的窗口可以显示在自己的计算机上，也可以通过网络显示在其他计算机的显示器上。

（2）支持许多不同风格的操作界面。X Window 系统只提供建立窗口的一个标准，至于具体窗口形式由窗口管理器决定。在 X Window 系统上可以使用各种窗口管理器。

（3）X Window 系统不是操作系统必需的构成部分。对操作系统而言，X Window 系统只是一个可选的应用程序组件。

（4）X Window 系统现在是开源项目，可以通过网络或者其他途径免费获得源代码。

2．X Window 系统的基本组件

X Window 系统由三部分构成。

（1）X Server：控制实际的显示与输入设备。

（2）X Client：向 X Server 发出请求以完成特定的窗口操作。

（3）通信通道：负责 X Server 与 X Client 之间的通信。

X Server 是用来控制实际的显示设备和输入设备（键盘和鼠标或其他输入设备）的软件。X Serve 可以建立窗口、在窗口中输入图形、图像和文字；响应 X Client 的需求。它不会自己执行动作，只有在 X Client 提出请求后才完成动作。每一个显示设备只有一个唯一的 X Server。X Server 一般由系统的供应厂商提供，用户通常无法修改。对操作系统而言，X Server 只是一个普通的用户程序，因此很容易更换一个新的版本，甚至可编译运行由第三方厂商提供的原始程序。

X Client 是指使用系统窗口功能的一些应用程序。把 X Server 下的应用程序称作 X Client，原因是它们是 X Server 的客户，X Client 要求服务器应它的请求完成特定的动作。X Client 无法直接影响窗口或显示，它们只能向 X Server 发送请求，让 X Server 来完成它们的需求。可以使用不同来源的 X Client：一些是由系统提供的（如时钟），一些来自于第三方厂商，一些是为了特殊应用而编写的自己的客户程序。

通信通道是 X Server 和 X Client 之间传递信息的通道，凭借这个通道，X Client 发送请求给 X Server，而 X Server 借助它向 X Client 回送状态及一些其他的信息。

X Window 系统为 GUI 界面提供最基本的支持，而具体的窗口样式、窗口行为以及更多的图形化工具的支持，则需要借助于窗口管理器和桌面环境。

现在常用的桌面环境为 GNOME 和 KDE，可以从中简便地管理和使用应用程序、文件和系统资源。下面章节主要介绍这两种桌面环境。

1.4.2　GNOME

GNOME 是一种支持多种平台的开发桌面环境，能运行在 GNU/Linux、Solaris、HP-UX、BSD 和 Apple's Darwin 等系统上。

GNOME 是一种容易操作和设定计算机环境的工具。GNOME 包含了 Panel（用来启动此程序和显示目前的状态）、桌面（应用程序和资料放置的地方），及一系列的标准桌面工具和应用程序，并且能让各个应用程序都能正常地运作。不管用户之前使用何种操作系统，都能轻易地使用 GNOME 功能强大的图形接口工具。

GNOME 项目于 1997 年 8 月发起，创始人是当时年仅 26 岁的墨西哥程序员 Miguel de Icaza。关于 GNOME 的名称有一个非常有趣的典故：Miguel 到微软公司应聘时，微软公司对他的 ActiveX/COMmodel 颇有兴趣，GNOME（Network Object Model）的名称便从此而来。GNOME 选择完全遵循 GPL 的 GTK 图形界面库为基础，如图 1.55 所示。

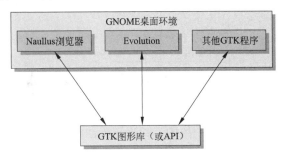

图 1.55　GTK 库是 GNOME 项目的基础

Red Hat Enterprise Linux 6 的默认集成环境是 GNOME，如图 1.56 所示。在系统安装好之后，默认情况下将自动登录 GNOME 环境。

GNOME 桌面环境主要由面板图标、桌面图标和菜单系统 3 部分组成。桌面上的部分图标是文件夹、应用程序启动器或光盘之类可移动设备的快捷途径。要打开一个文件夹或者启动一个应用程序，直接双击相应的图标即可。关于 GNOME 桌面操作，本书不再具体介绍，读者可以在 Red Hat Enterprise Linux 6 环境中体验。

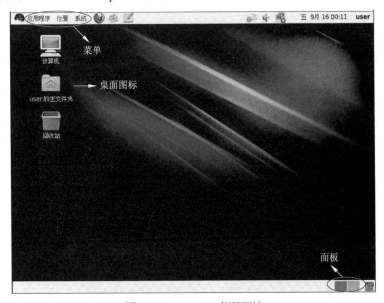

图 1.56　GNOME 桌面环境

1.4.3 KDE

KDE 是 K Desktop Environment（K 桌面环境）的简称，其中 K 只是一个符号。1996 年 10 月，德国人 Matthias Ettrich 基于 Qt 图形库，发起了 KDE 项目，如图 1.57 所示。

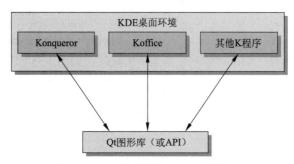

图 1.57 　Qt 图形库是 KDE 项目基础

与之前各种基于 X Window 系统的图形程序不同的是，KDE 并非针对系统管理员，它的用户群被锁定为普通的终端用户，Matthias Ettrich 希望 KDE 能够包含用户日常应用所需要的所有应用程序组件。

KDE 为 Linux 用户提供了一个可以与其他任何操作系统相媲美的桌面操作环境，极大地提高了 Linux 系统的易用性。同时，KDE 也提供了大量的应用程序，从而大大扩展了 Linux 在典型的家用和办公方面的应用。

KDE 的特点包括以下 4 点。

（1）良好的外观和易用的窗口环境。

（2）简单易用的文件管理器。

（3）简化的集中配置。

（4）完整的在线帮助。

Red Hat Enterprise Linux 6 典型的 KDE 桌面环境如图 1.58 所示。

图 1.58 　KDE 桌面环境

Red Hat Enterprise Linux 6 虽然默认集成环境是 GNOME，但也提供了 KDE，在进行系统安装时可将 KDE 软件包选择安装到系统中。之后，可在两种图形界面之间进行切换，如图 1.59 所示。

图 1.59　GNOME 与 KDE 切换

关于 KDE 桌面操作，本书不再具体介绍，读者可以在 Red Hat Enterprise Linux 6 环境中体验。

本章小结

本章首先简单概述了 Linux 系统的历史、特点及主要组成，并与其他操作系统进行了比较，详细介绍了 Red Hat Enterprise Linux 6 的安装过程，以及 Linux 的登录、注销及关闭方法，最后介绍了 Linux 下的 GUI。通过本章介绍，读者能够大体了解 Linux。

本章习题

1. 什么是 Linux？
2. Linux 的主要特点是什么？
3. Linux 的主要组成包括什么？
4. Linux 与 Windows 的主要区别是什么？
5. 什么是 Linux 的内核版本和发行版本？
6. Linux 系统的用户有哪些？

7．什么是运行级别？RHEL 6.0 有哪些运行级别？

8．如何更改 RHEL 6.0 默认的运行级别？

9．RHEL 6.0 如何登录和注销？

10．RHEL 6.0 如何安全关闭系统？

11．简述 X Window 的原理。

第 2 章

Linux 的文件系统

本章学习目标

- 了解 Linux 文件系统基础。
- 掌握 Linux 文件系统的类型、文件和目录相关的基本概念。
- 熟练掌握 Linux 文件系统的文件和目录操作命令。

2.1 Linux 文件系统基础

2.1.1 Linux 文件系统概述

在操作系统中，最直接可见的部分就是文件系统。通常把操作系统中与管理文件有关的软件和数据，称为文件系统。文件系统能够方便地组织和管理计算机中的所有文件，为用户提供文件的操作手段和存取控制。同时，文件系统隐藏了系统中的硬件设备特征，为用户以及操作系统的其他子系统提供一个统一的接口，可以方便地使用计算机的存储、输入输出设备。

Linux 文件系统采用的是树形结构，最上层是根目录，其他所有的目录都是从根目录出发生成的。

Linux 的重要特征之一是支持多种文件系统，这样更加灵活，并可以和许多其他类型的操作系统共存。Linux 支持包括 ext、ext2、ext3、ext4、MS-DOS、UMSDOS、VFAT、proc、ISO 9660、SYSV、NFS、SMB、FAT、swap、ReiserFS、NTFS、HPFS 在内的多种文件系统，并通过虚拟文件系统的形式屏蔽各种文件系统的差异，可以方便地访问各种文件系统。

Linux 文件系统提供丰富的操作命令，可以方便地利用这些命令对文件和目录进行相关操作，如显示、建立、撤销、读写、修改、复制、压缩、备份文件；创建、删除、查看、切换目录等。

2.1.2 Linux 文件系统的特点

Linux 文件系统设计的很有特色，下面介绍 Linux 文件系统的主要特点。

（1）Linux 文件系统采用树形结构，从根目录 root（/）开始。

（2）Linux 的虚拟文件系统允许众多不同类型的文件系统共存，并支持跨文件系统的操作。

（3）Linux 的文件是无结构字符流式文件，不考虑文件内部的逻辑结构，只把文件简单地看作是一系列字符的序列。

（4）Linux 的文件可由文件拥有者或超级用户设置相应的访问权限而受到保护。

（5）Linux 把所有的外部设备都看作文件，可以使用与文件系统相同的系统调用和函数来读写外部设备。

2.1.3　Linux 文件系统的组成

Linux 文件系统的目录结构按照发行版本不同会有一些小小的差异，但总体来说相差不大，典型 Linux 文件系统的目录结构如图 2.1 所示。

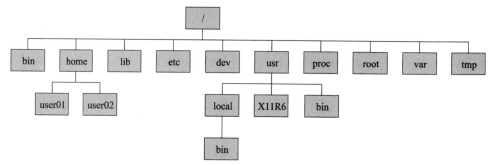

图 2.1　典型的 Linux 文件系统的目录结构

下面介绍各目录的含义。

/bin：存放二进制可执行命令目录。

/home：用户主目录的基点目录，默认情况下每个用户的主目录都设在该目录下，如默认情况下用户 user01 的主目录就是/home/user01。

/lib：存放标准程序设计库目录，又叫动态链接共享库目录，目录中存放的文件作用类似 Windows 里的.dll 文件。

/etc：存放系统管理和配置文件目录。

/dev：存放设备特殊文件目录，如声卡文件、磁盘文件等。

/usr：最庞大的目录，存放应用程序和文件目录，其中包含如下目录：

　/usr/local/bin：存放本地增加的命令目录。

　/usr/local/lib：存放本地增加的库目录。

　/usr/X11R6：存放 X Window 目录。

　/usr/bin：存放众多的应用程序目录。

　/usr/sbin：存放超级用户的一些管理程序目录。

　/usr/doc：存放 Linux 文档目录。

　/usr/include：存放 Linux 下开发和编译应用程序所需头文件目录。

　/usr/lib：存放常用的动态链接库和软件包的配置文件目录。

　　/usr/man：存放帮助文档目录。

　　/usr/src：存放源代码目录，Linux 内核的源代码就放在/usr/src/linux 子目录中。

/proc：虚拟目录，是系统内存的映射，可直接访问这个目录来获取系统信息。

/root：系统管理员的主目录。

/var：存放系统产生的经常变化文件目录。例如，打印机、邮件、新闻等假脱机目录，日志文件，格式化后的手册页以及一些应用程序的数据文件等。

/tmp：存放公用临时文件目录。

2.2　Linux 文件系统类型

　　Linux 系统支持多种类型文件系统。下面介绍常见的几种文件系统类型。

2.2.1　ext 文件系统

　　Linux 的第一个版本是基于 Minix 文件系统的。当 Linux 成熟时，引入了扩展文件系统（ext 文件系统），ext 是第一个专门为 Linux 设计的文件系统，在 Linux 发展的早期，起到了非常重要的作用。但由于 ext 文件系统在稳定性、速度和兼容性方面存在缺陷，因此现在已经很少使用。

　　1994 年，Linux 引入了二级扩展文件系统（second extended file system，ext2），除了包含几个新的特点外，还相当高效和稳定，是 Linux 系统默认使用的文件系统。

　　但是，随着 Linux 系统在关键业务中的应用，ext2 文件系统的弱点也渐渐显露出来，如 ext2 文件系统是非日志文件系统，这在关键行业的应用是一个致命的弱点。日志文件系统可将整个磁盘的写入动作完整记录在磁盘的某个区域上，以便有需要时可以回溯追踪。

　　ext2 文件系统经过逐步改进形成了 ext3 文件系统，这个新的文件系统在设计时牢记了两点，一是成为一个日志文件系统；二是尽可能与原来的 ext2 文件系统兼容。

　　目前 ext3 文件系统已经非常稳定可靠，该文件系统具有如下特点。

　　（1）高可用性。Linux 系统使用 ext3 文件系统后，即使非正常关机，系统也不需要检查文件系统。非正常关机发生后，恢复 ext3 文件系统的时间只要数十秒。

　　（2）数据的完整性。ext3 文件系统能够极大地提高文件系统的完整性，避免了意外关机对文件系统的破坏。在保证数据完整性方面，ext3 文件系统有两种模式可供选择。其中之一就是"同时保持文件系统及数据的一致性"模式，采用这种方式，不会有由于非正常关机而存储在磁盘上的垃圾文件。

　　（3）文件系统的速度。尽管使用 ext3 文件系统后，在存储数据时可能要多次写数据，但从总体上看，ext3 文件系统比 ext2 的性能要好一些。这是因为 ext3 文件系统的日志功能对磁盘的驱动器读写头进行了优化。

　　（4）数据转换。由 ext2 文件系统转换成 ext3 文件系统非常容易，如命令 tune2fs 可以将 ext2 文件系统轻松转换为 ext3 文件系统，不用花时间备份、恢复、格式化分区等。另外，ext3 文件系统可以不经任何更改，直接加载成为 ext2 文件系统。

　　（5）多种日志模式。ext3 文件系统有 3 种日志模式，分别是 Journal（日志）、Ordered

（预订）、Writeback（写回）。Journal 模式将所有数据和元数据的改变都记入日志，这种模式减少丢失每个文件所作修改的机会，但需要很多额外的磁盘访问，是最安全和最慢的 ext3 日志模式；Ordered 模式只有对文件系统元数据的改变才记入日志，但保证数据在元数据之前被写入磁盘，是默认的 ext3 日志模式；Writeback 模式只有对文件系统元数据的改变才记入日志，不保证数据和元数据被写入磁盘的顺序，是这三种日志模式中最快的模式。

Linux kernel 自 2.6.28 内核版本开始正式支持新的文件系统 ext4。ext4 是 ext3 的改进版，修改了 ext3 中部分重要的数据结构，ext4 可以提供更佳的性能和可靠性，还有更为丰富的功能，同时与 ext3 兼容，任何 ext3 文件系统都可以轻松地迁移到 ext4 文件系统。

2.2.2　其他文件系统

除上述文件系统外，Linux 系统核心还可以支持十几种文件系统类型，下面介绍常见的 13 种。

（1）MS-DOS。MS-DOS 文件系统是在 DOS、Windows 和 OS/2 操作系统上使用的文件系统。

（2）UMSDOS。UMSDOS 是扩展的 MS-DOS 文件系统。

（3）VFAT。VFAT 是微软公司扩展的 FAT 文件系统，被 Windows 9x/2000/XP 使用。

（4）proc。proc 是一种基于内存的伪文件系统，不占用磁盘空间，只是以文件的方式为访问 Linux 内核数据提供接口。

（5）ISO 9660。一种针对 ISO 9660 标准的 CD-ROM 文件系统。

（6）SYSV。System V/Coherent（SYSV）在 Linux 平台上的文件系统。

（7）NFS。NFS 是 Sun 公司推出的网络文件系统。

（8）SMB。支持 SMB 协议的网络文件系统，可用于实现 Linux 与 Windows 的文件共享。

（9）FAT。FAT 不是一个单独的文件系统，而是 MS-DOS、UMSDOS 和 VFAT 文件系统的常用部分。

（10）swap。swap 文件系统用于 Linux 的交换分区。

（11）ReiserFS。ReiserFS 是 Linux 内核 2.4.1 以后支持的一种全新的日志文件系统。

（12）NTFS。Windows NT 文件系统。

（13）HPFS。HPFS 是微软公司的 LAN Manager 中的文件系统，同时也是 IBM 的 LAN Server 和 OS/2 的文件系统，称为高性能文件系统。

在 Linux 系统中，每个分区都是一个文件系统，都有自己的目录层次结构。Linux 的最重要特征之一就是支持多种文件系统，这样更加灵活，并可以和许多操作系统共存。

不同版本的 Linux 系统所支持的文件系统类型和种类都会有所不同，如何知道自己使用的 Linux 发行版支持的文件系统类型呢？下面以 Red Hat Enterprise Linux 6 为例，讲解如何操作。

以超级用户权限登录 Linux，进入/lib/modules/2.6.32-71.el6.i686/kernel/fs 目录，执行 ls 命令，列出的就是该操作系统支持的文件系统类型，具体如下。

```
[user@localhost ~]$ cd /lib/modules/2.6.32-71.el6.i686/kernel/fs
[user@localhost fs]$ ls
autofs4    configfs   exportfs   fat      jbd      mbcache.ko  nls
btrfs      cramfs     ext2       fscache  jbd2     nfs         squashfs
cachefiles dlm        ext3       fuse     jffs2    nfs_common  ubifs
cifs       ecryptfs   ext4       gfs2     lockd    nfsd        udf
```

Linux 允许众多不同类型的文件系统共存，并支持跨文件系统的操作，这是由于虚拟文件系统（Virtual File System，VFS）的存在。虚拟文件系统是 Linux 内核中的一个软件层，用于给用户空间的程序提供文件系统接口；同时，也提供了内核中的一个抽象功能，允许不同的文件系统共存。系统中所有的文件系统不但依赖 VFS 共存，而且也依靠 VFS 协同工作。Linux 虚拟文件系统与实际文件系统的关系如图 2.2 所示。

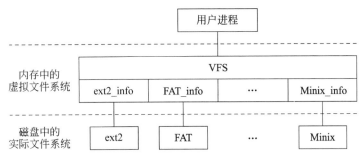

图 2.2　Linux 虚拟文件系统与实际文件系统关系示意图

由图 2.2 可知，虚拟文件系统既没有文件，也不直接管理文件，只是用户与实际文件系统之间的接口。因此，它并不需要保存在永久存储介质中，只是在需要时由内核在内存中创建起来的一个文件系统，所以叫作虚拟文件系统。

2.3　Linux 文件系统操作

2.3.1　文件和目录的基本概念

1. 文件

文件是指由创建者定义的，具有文件名的一组相关元素的集合，文件可以是文本文档、图片、程序等。下面介绍有关文件的基本概念。

1）文件名

Linux 系统下的文件名长度根据不同类型的文件系统有所不同，最长可达 255 个字符。在 Linux 系统下，可以为文件取任何名字，但是必须遵守以下规则。

（1）除了 "/" 外，所有的字符都可以使用。

（2）转义字符最好不用，这些字符在 Linux 系统下有特定的含义，如 "?"（问号）、"*"（星号）、" "（空格）、"$"（货币符）、"&" 等。

（3）避免使用 "+" "−" "." 作为普通文件名的第一个字符（在 Linux 系统下以 "." 开头的文件是隐藏文件）。

（4）Linux 系统的文件名对大小写敏感，文件 Memo 和文件 memo 是两个不同的文件。

在 Linux 系统中，文件可以有扩展名，但与 Windows 和 DOS 下的扩展名有很大差别。例如，Linux 系统下文件的扩展名并不能说明文件是否可以被执行，文件是否可以被执行是由文件的权限决定的；Linux 系统下文件的扩展名可以是任意长度的字符，如文件 file.memo 和文件 file.1 中 "memo" 和 "1" 都是合法的文件扩展名。

　　虽然在 Linux 系统中扩展名没有什么实际的帮助，但可以通过扩展名了解文件的内容。Linux 系统通常还是会以适当的扩展名来表示该文件的类型，如扩展名“.z”“.tar”“.tar.gz”“.zip”“.tgz”等表示该文件是经过打包的压缩文件，根据不同的压缩软件而取相关的扩展名；扩展名“.html”和“.php”表示该文件是网页相关的文件。

　　2）文件类型

　　Linux 操作系统支持多种文件类型，下面介绍常见的 3 种。

　　（1）普通文件。普通文件也称为常规文件，是 Linux 系统中最一般格式的文件，包括系统文件、用户文件和库函数。用命令 ls -l 查看文件属性，可以看到有类似“-rw-r--r--”的字符串，其中第一个字符代表文件的文件类型，“-”表示该文件是普通文件。

　　（2）目录文件。目录文件是由文件目录信息构成的特殊文件，目录文件的内容不是应用程序和数据，而是用来检索普通文件的目录信息。用命令 ls -l 查看文件属性，可以看到有类似“drwxr-xr-x”的字符串，其中第一个字符是“d”的文件就是目录文件。

　　（3）设备文件。在 Linux 系统中输入输出设备被看作特殊文件，称为设备文件。设备文件分两类，字符设备文件和块设备文件。字符设备文件允许设备传送任意大小的数据，如终端、打印机、鼠标等；块设备文件允许设备传送数据以数据块为单位，如硬盘、光盘、USB 移动存储设备等。设备文件存放在 Linux 的/dev 目录，进入/dev，用命令 ls -la 查看设备文件属性，会看到如下显示。

```
[user@localhost ~]$ ls -la /dev/tty
crw-rw-rw-. 1 root tty 5, 0 12月  5 22:01 /dev/tty
[user@localhost ~]$ ls -la /dev/sda1
brw-rw----. 1 root disk 8, 1 12月  5 22:01 /dev/sda1
```

　　其中，/dev/tty 是表示终端设备的文件；字符串“crw-rw-rw-”的第一个字符“c”表示是字符设备文件，代表该设备是字符设备；/dev/sda1 表示 USB 移动存储设备的文件；字符串“brw-rw----”的第一个字符是“b”，表示是块设备文件，代表该设备是块设备。

　　（4）符号链接文件。符号链接文件是一种特殊类型的文件，它的内容只是一个字符串，该字符串可能指向一个存在的文件也可能什么都不指向。当在命令行或程序里操作符号链接文件时，实际上是操作它指向的文件。用命令 ls -l 查看文件属性时，如果看到类似“lrwxrwxrwx”的字符串，第一个字符“l”表示该文件是符号链接文件。

　　2. 目录

　　目录是 Linux 文件系统中的一种特殊文件，文件系统利用目录完成按名存取及对文件信息的共享和保护，下面介绍有关目录的基本概念。

　　1）工作目录与用户主目录

　　（1）工作目录是用户在登录到 Linux 系统后所处于的目录，也称为当前目录。工作目录用“.”表示，其父目录用“..”表示。可用 pwd 命令查看工作目录，cd 命令改变工作目录。

　　（2）用户主目录是系统管理员增加用户时创建的（以后也可以改变），每个用户都有自己的主目录。普通用户的主目录在/home 下，root 用户作为系统管理员，因为身份特殊所以有自己的主目录，在/root 下。

　　刚登录到系统中时，其工作目录便是该用户主目录，通常与用户的登录名相同。如用户的登录名为 user，其主目录通常为/home/user。

　　2）路径

　　（1）路径定义。路径是指从树形目录中的某个目录层次到某个文件的一条道路。任何一个文件在文件系统中的位置都是由相应的路径决定的，在对文件进行访问时，要给出该文件所在的路径。

（2）路径的构成要素。路径是由目录或目录和文件名构成的，中间用"/"分开。例如，/home/user01 就是一个路径；而/home/user01/test.c 也是一个路径。也就是说，路径可以是目录的组合，分级深入进去；也可以是目录+文件构成。

（3）路径的分类。路径分为绝对路径和相对路径两类。

① 绝对路径：Linux 系统中，绝对路径是从"/"（根目录）开始的，也称为完全路径，如/home/user01、/usr/bin。

② 相对路径：Linux 系统中，相对路径是从用户工作目录或用户主目录开始的路径，如./test、../user1、~/test。其中，"."表示用户工作目录；".."表示工作目录的上级目录；"~"表示用户主目录。

注意：在树形目录结构中，到某个确定文件的绝对路径和相对路径均只有一条。绝对路径是确定不变的，而相对路径则随着用户工作目录的变化而不断变化。

2.3.2　文件操作命令

Linux 提供了丰富的对文件操作的命令。下面介绍 Linux 系统提供的常用文件操作命令。

2.3.2.1　显示文件命令

1. cat 命令

格式：cat　[选项]　…[文件]…

说明：把多个文件连接后输出到标准输出（屏幕）或加">文件名"输出到另一个文件中。

常用选项：

-b 或--number-noblank：从 1 开始对所有非空输出行进行编号。

-n 或--number：从 1 开始对所有输出行编号。

-s 或--squeeze-blank：将连续两行以上的空白行合并成一行空白行。

示例：

（1）显示当前目录下文件 testfile1 的内容。

```
[user@localhost ~]$ cat testfile1
This is testfile1!
```

（2）显示当前目录下文件 testfile1 的内容，并加上行号。

```
[user@localhost ~]$ cat -n testfile1
     1  This is testfile1!
```

（3）同时显示当前目录下文件 testfile1 和文件 testfile2 的内容。

```
[user@localhost ~]$ cat testfile1 testfile2
This is testfile1!
This is testfile2!
```

（4）把当前目录下文件 textfile1 和 textfile2 内容合并，并通过重定向符">"输出到文件 testfile3 中。

```
[user@localhost ~]$ cat testfile1 testfile2 >testfile3
[user@localhost ~]$ cat testfile3
This is testfile1!
This is testfile2!
```

（5）从键盘输入信息到当前目录下的文件 testfile4 中。

```
[user@localhost ~]$ cat > testfile4
```

光标停在第一行等待从键盘输入，从键盘输入"This is testfile4！"字符串，按回车键后再按 Ctrl+D 快捷键，该字符串通过重定向输出到文件 testfile4 中。

```
[user@localhost ~]$ cat > testfile4
This is testfile4!
[user@localhost ~]$ cat testfile4
This is testfile4!
```

2. more 命令

格式：more [选项] [文件…]

说明：该命令显示文本文件的内容，一次显示一屏，满屏后停下来，可按如下快捷键继续。

（1）按空格键：默认显示文本的下一屏内容。

（2）按回车键：默认显示文本的下一行内容。

（3）按 D 键或 Ctrl+D 快捷键：向下显示文本半屏，默认为 11 行。

（4）按 B 键或 Ctrl+B 快捷键：默认显示文本的上一屏内容。

（5）按 Q or Interrupt 键：退出 more 命令。

常用选项：

-num：指定一个整数，表示一屏显示多少行。

-d：在每屏底部显示提示信息，包括当前显示的百分比、按键提示等。

-c 或-p：不滚屏，在显示下一屏之前先清屏。

+num：从行号 num 开始显示。

+/pattern：定义一字符串，在文件中查找该字符串，从该字符串后开始显示。

示例：

（1）从第 55 行开始显示/etc/profile 文件的内容。

```
[user@localhost ~]$ more +55 /etc/profile
export PATH USER LOGNAME MAIL HOSTNAME HISTSIZE HISTCONTROL

for i in /etc/profile.d/*.sh ; do
    if [ -r "$i" ]; then
        if [ "$PS1" ]; then
            . $i
        else
            . $i >/dev/null 2>&1
        fi
    fi
done

unset i
unset pathmunge
```

（2）显示/etc/profile 文件的内容，每屏 10 行，每屏底部显示提示信息。

```
[user@localhost ~]$ more -d -10 /etc/profile
# /etc/profile

# System wide environment and startup programs, for login setup
# Functions and aliases go in /etc/bashrc

# It's NOT good idea to change this file unless you know what you
# are doing. Much better way is to create custom.sh shell script in
# /etc/profile.d/ to make custom changes to environment. This will
# prevent need for merging in future updates.
--More--(25%)[Press space to continue, 'q' to quit.]
```

（3）从文件/etc/profile 中查找字符串"HOSTNAME"，并从该字符串后显示。

```
[user@localhost ~]$ more -5 +/HOSTNAME /etc/profile

...skipping
fi

HOSTNAME=`/bin/hostname 2>/dev/null`
HISTSIZE=1000
if [ "$HISTCONTROL" = "ignorespace" ] ; then
--More--(76%)
```

3. less 命令

格式：less [选项]　[文件]…

说明：与 more 命令相似，分屏显示文件的内容。less 命令允许用户向前（PageUp）或向后（PageDown）浏览文件。在 less 命令提示符下按 Q 键退出。

常用选项：

-i 或--ignore-case：搜索时忽略大小写，除非搜索串中包含大写字母。

-I 或--IGNORE-CASE：搜索时忽略大小写。

-m 或--long-prompt：显示读取文件的百分比。

-M 或--LONG-PROMPT：显示读取文件的百分比、行号及总行数。

-N 或--LINE-NUMBERS：在每行前输出行号。

-p pattern 或--pattern=pattern：定义一字符串，在文件中查找该字符串，从该字符串后开始显示。

示例：

（1）用 less 命令显示文件/etc/profile 的内容，在每行前输出行号。

```
[user@localhost ~]$ less -N /etc/profile
  1 # /etc/profile
  2
  3 # System wide environment and startup programs, for login setup
  4 # Functions and aliases go in /etc/bashrc
  5
  6 # It's NOT good idea to change this file unless you know what you
  7 # are doing. Much better way is to create custom.sh shell script in
  8 # /etc/profile.d/ to make custom changes to environment. This will
  9 # prevent need for merging in future updates.
  ...
```

（2）用 less 命令从文件/etc/profile 中查找字符串"HOSTNAME"，并从该字符串后显示。

```
[user@localhost ~]$ less -p HOSTNAME /etc/profile
HOSTNAME=`/bin/hostname 2>/dev/null`
HISTSIZE=1000
if [ "$HISTCONTROL" = "ignorespace" ] ; then
    export HISTCONTROL=ignoreboth
else
    export HISTCONTROL=ignoredups
fi

export PATH USER LOGNAME MAIL HOSTNAME HISTSIZE HISTCONTROL
```

4. head 命令

格式：head [选项] …[文件]…

说明：head 命令用于查看一个文本文件的开头部分，行数由参数值决定，默认值是 10。

常用选项：

-c 或--bytes=num：显示文件前面 num 字节。

-n 或--lines=num：显示文件前面 num 行，不指定此参数显示前 10 行。

示例：

（1）显示文件/etc/profile 前 10 字节内容。

```
[user@localhost ~]$ head -c10 /etc/profile
# /etc/pro[user@localhost ~]$
```

（2）显示文件/etc/profile 前 5 行内容。

```
[user@localhost ~]$ head -n5 /etc/profile
# /etc/profile

# System wide environment and startup programs, for login setup
# Functions and aliases go in /etc/bashrc
```

5. tail 命令

格式：tail [选项] … [文件] …

说明：tail 命令用于查看一文本文件的末尾若干行，行数由参数值决定，默认值是 10。如果给定的文件不止一个，则在显示的每个文件前面加一个文件名标题。

常用选项：

-c 或--bytes=num：显示文件最后面 num 字节。

-n 或--lines=num：显示文件最后面的 num 行，不指定此参数显示 10 行。

示例：

（1）显示文件/etc/profile 后 10 字节内容。

```
[user@localhost ~]$ tail -c10 /etc/profile
pathmunge
```

（2）显示文件/etc/profile 后 10 行内容。

```
[user@localhost ~]$ tail /etc/profile
        if [ "$PS1" ]; then
            . $i
        else
            . $i >/dev/null 2>&1
```

```
        fi
    fi
done

unset i
unset pathmunge
```

（3）显示文件/etc/profile 最后 5 行。

```
[user@localhost ~]$ tail -n5 /etc/profile
    fi
done

unset i
unset pathmunge
```

2.3.2.2　搜索、排序及去掉重复内容命令

1. grep 命令

格式：grep　[选项]　查找模式　[文件…]

说明：grep 是一个强大的文本搜索工具，能在文本文件中查找指定模式的词或短语，并把匹配的行打印出来。grep 家族包括 grep、egrep 和 fgrep。egrep 是 grep 的扩展，可使用扩展的字符串模式进行搜索，fgrep 就是 fixed grep 或 fast grep，把所有字母看作单词，不识别正则表达式。如果没有指定文件名，grep 命令会搜索标准输入。

常用选项：

-b 或--byte-offset：在显示符合匹配字符串行前，标识该行第一个字符的位编号。

-c 或--count：计算符合匹配字符串的行数。

-E：将查找模式解释成扩展的正则表达式，相当于 egrep。

-F：将查找模式解释成单纯的字符串，相当于 fgrep。

-i 或--ignore-case：忽略字符大小写。

-n 或--line-number：在显示包含匹配字符串的行之前，标示出该行的行号。

-v：反转查找，显示不包含匹配字符串的文本行。

-V：显示版本信息。

-x 或--line-regexp：只显示全行都严格匹配的行。

在 grep 命令中使用正则表达式可以使模式匹配加入一些规则，能够在抽取信息中加入更多选择。正则表达式元字符集包括基本集和扩展集，grep 支持的是基本集，如表 2.1 所示。

表 2.1　grep 正则表达式元字符集

元　字　符	说　　明
^	行首定位，指定行的头部。'^apple'匹配所有以 apple 开头的字符串
$	行尾定位，指定行的尾部。'apple$'匹配所有以 apple 结尾的字符串
.	匹配任意一个字符。'app.e'匹配 apple、appoe 或者其他
*	匹配 0 个或者多个前导字符
[ ]	匹配[ ]中任意一个字符，'app[lo]e'会匹配 apple 或者 appoe
\<	从匹配正则表达式的行开始
>\	到匹配正则表达式的行结束
x\{m, n\}	m 代表前导字符数量的下限，n 代表上限

示例：

（1）从当前目录下的文件 fruit 中查找包含 apple 的行。

先用 cat 查看文件 fruit 的内容。

```
[user@localhost ~]$ cat fruit
applet
Applet
banana
Orange
Strawberry
```

在文件 fruit 中查找包含 apple 的行。

```
[user@localhost ~]$ grep apple fruit
applet
```

（2）从当前目录下的文件 fruit 中查找包含 apple 的行，且不区分大小写。

```
[user@localhost ~]$ grep -i apple fruit
applet
Applet
```

（3）显示当前目录下文件 fruit 中所有以 t 结尾的行。

```
[user@localhost ~]$ grep t$ fruit
applet
Applet
```

（4）显示当前目录下文件 fruit 中所有包含至少有 6 个连续小写字符的字符串的行。

```
[user@localhost ~]$  grep '[a-z]\{6\}' fruit
applet
banana
Strawberry
```

2. sort 命令

格式：sort [选项] …[文件] …

说明：sort 命令对指定文件中所有的行排序，将结果显示在标准输出上。如不指定输入文件或使用"-"，则表示排序内容来自标准输入。

sort 排序是根据从输入行抽取的一个或多个关键字进行比较来完成的，排序关键字定义了用来排序的最小的字符序列。默认情况下，以整行为关键字按 ASCII 字符顺序进行排序。

常用选项：

-m 或--merge：若给定文件已排好序，则合并文件。

-c 或--check：检查给定文件是否排序，未排序则打印出错信息，以状态值 1 退出。

-u 或--unique：对排序后相同的行只留其中一行。

-o 文件名：将排序输出写到输出文件中而不是标准输出设备中。

改变默认排序规则的选项主要有：

-d 或--dictionary-order：按字典顺序排序。

-f 或--ignore-case：忽略字母大小写。

-r 或--reverse：按逆序输出排序结果，默认排序输出时按升序。

+pos1-pos2：指定一个或几个字段作为排序关键字，字段位置从 pos1 开始，到 pos2 为止（包括 posl，不包括 pos2）。如不指定 pos2，则关键字为从 pos1 到行尾。字段和字符的位置从 0 开始。

示例：

（1）为当前目录下的文件 fruits 排序。

用 cat 命令查看文件 fruits 的内容，文件 fruits 有三列，列与列之间用冒号隔开，第一列表示水果类型；第二列表示水果数量；第三列表示水果价格。

```
[user@localhost ~]$ cat fruits
apple:10:2.5
banana:30:5.5
banana:20:6.5
orange:20:3.4
strawberry:30:9.5
pear:90:2.3
```

将文件 fruits 排序。

```
[user@localhost ~]$ sort fruits
apple:10:2.5
banana:20:6.5
banana:30:5.5
orange:20:3.4
pear:90:2.3
strawberry:30:9.5
```

（2）将当前目录下的文件 fruits 按逆序排序后，结果输出到文件 fruitsort 中。

```
[user@localhost ~]$ sort -r -o fruitsort fruits
```

查看排序后的文件 fruitsort。

```
[user@localhost ~]$ cat fruitsort
strawberry:30:9.5
pear:90:2.3
orange:20:3.4
banana:30:5.5
banana:20:6.5
apple:10:2.5
```

（3）将当前目录下的文件 fruits 按第一列和第二列排序。

```
[user@localhost ~]$ sort +1 -3 fruits
apple:10:2.5
banana:20:6.5
banana:30:5.5
orange:20:3.4
pear:90:2.3
strawberry:30:9.5
```

3. uniq 命令

格式：uniq [选项]…　[输入文件 [输出文件]]

说明：检查及删除文本文件中重复出现的行。该命令读入输入文件检查和删除相邻重复出现的行，加工后的结果写到输出文件中。如果输入文件用"-"表示，则从标准输入设备中读取。

常用选项：

-c 或--count：显示输出中，在每行行首加上本行在文件中出现的次数。

-d 或--repeated：只显示文件中的各重复行。

-u 或--unique：只显示文件中不重复的各行。

示例：

（1）去掉当前目录下的文件 uniqtest 中相邻重复的行。

用 cat 命令显示文件 uniqtest 内容。

```
[user@localhost ~]$ cat uniqtest
boy took bat home
boy took bat home
girl took bat home
boy took bat home
boy took bat home
dog brought hat home
dog brought hat home
dog brought hat home
```

用 uniq 命令去掉文件 uniqtest 中相邻重复的行。

```
[user@localhost ~]$ uniq uniqtest
boy took bat home
girl took bat home
boy took bat home
dog brought hat home
```

（2）去掉当前目录下的文件 uniqtest 中相邻重复的行，并在行首显示该行在文件中出现的次数。

```
[user@localhost ~]$ uniq -c uniqtest
    2 boy took bat home
    1 girl took bat home
    2 boy took bat home
    3 dog brought hat home
```

（3）去掉当前目录下文件 uniqtest 中相邻重复的行，并将结果输出到输出文件 uniqtesto 中。

```
[user@localhost ~]$ uniq  uniqtest uniqtesto
```

用 cat 命令查看文件 uniqtesto 内容。

```
[user@localhost ~]$ cat uniqtesto
boy took bat home
girl took bat home
boy took bat home
dog brought hat home
```

2.3.2.3 比较文件内容的命令

1．comm 命令

格式：comm [选项]… 文件 1 文件 2

说明：comm 命令对两个已经排好序的文件进行比较，comm 从文件 1 和文件 2 中读取正文行进行比较，生成三行输出：在两个文件中都出现的行，仅在文件 1 中出现的行，仅在文件 2 中出现的行。

常用选项：

-123：选项 1、2 和 3 分别表示不显示 comm 输出中的第一列、第二列和第三列。

示例：

比较当前目录下的文件 memo.1 和文件 memo.2。

先为文件 memo.1 和文件 memo.2 排序，并显示排序后的文件内容。

```
[user@localhost dest]$ sort -o memo.1 memo.1
[user@localhost dest]$ cat memo.1
This is comm test!
This is file memo.1!
[user@localhost dest]$ sort -o memo.2 memo.2
[user@localhost dest]$ cat memo.2
This is comm test!
This is file memo.2
```

比较文件 memo.1 和文件 memo.2。

```
[user@localhost dest]$ comm memo.1 memo.2
                This is comm test!
This is file memo.1!
        This is file memo.2
```

分别表示在两个文件中都出现的行 "This is comm test!"，仅在文件 memo.1 中出现的行 "This is file memo.1!"，仅在文件 memo.2 中出现的行 "This is file memo.2!"。

2. diff 命令

格式：diff　[选项] …　文件列表

说明：diff 命令比较文本文件，并找出它们的不同。diff 命令比 comm 命令更强大，不要求文件预先排好序。如果两个文件完全一样，该命令不显示任何输出。

常用选项：

-b 或--ignore-space-change：忽略空格造成的不同。

-B 或--ignore-blank-lines：忽略空行造成的不同。

-i 或--ignore-case：忽略大小写的不同。

-r 或--recursive：当比较的文件都是目录时，递归比较子目录中的文件。

示例：

比较 comm 示例中文件 memo.1 和文件 memo.2 的差异。

```
[user@localhost dest]$ diff memo.1 memo.2
2c2
< This is file memo.1!
---
> This is file memo.2
```

表示文件 memo.1 的第二行和文件 memo.2 的第二行不同，并显示不同行。

2.3.2.4　复制、删除和移动文件的命令

1. cp 命令

格式：cp　[选项]　源文件或目录　目标文件或目录

说明：cp 命令完成文件的复制。如果源是普通文件，该命令把源文件复制成指定的目标文件或复制到指定的目标目录中。如果源是目录，目标是已存在的目录，该命令把源目录下的所有文件和子目录都复制到目标目录中；如果源是目录，目标不是已存在的目录，命令出现错误信息。

常用选项：

-a 或--archive：等同于-dpR。

-d：复制符号链接时，把目标文件或目录也建立为符号链接，并指向与源文件或目录链接的原始文件或目录。

-f 或--force：强行复制文件或目录，不论目标文件或目录是否已存在。

-i 或--interactive：覆盖目标文件前需要确认。

-n 或--no-clobber：不覆盖已存在的目标文件。

-p：复制源文件或目录内容的同时也复制文件属性如存取权限等。

-R，-r 或--recursive：递归复制目录，将源目录下所有文件及子目录都复制到目标位置。

示例：

（1）将当前目录下源文件 memo.1 复制成目标文件 memo.2。

```
[user@localhost test]$ cp memo.1 memo.2
[user@localhost test]$ ls -l
total 8
-rw-rw-r--. 1 user user 20 Aug 13 03:04 memo.1
-rw-rw-r--. 1 user user 20 Aug 13 03:04 memo.2
```

（2）将当前目标下文件 memo.1 和文件 memo.2 复制到目录/home/user/dest 下。

```
[user@localhost ~]$ cp memo.1 memo.2 /home/user/dest
[user@localhost ~]$ cd /home/user/dest
[user@localhost dest]$ ls -l
total 8
-rw-rw-r--. 1 user user 20 Aug 13 03:13 memo.1
-rw-rw-r--. 1 user user 20 Aug 13 03:13 memo.2
```

如果目标目录不存在，则出现错误信息，复制不成功。

```
[user@localhost test]$ cp memo.1 memo.2 /home/user/std
cp: target `/home/user/std' is not a directory
```

（3）将/home/user/test 目录及目录下所有文件及其子目录复制到/home/user/dest1 目录下。

```
[user@localhost ~]$ cp -r /home/user/test  /home/user/dest1
[user@localhost ~]$ cd /home/user/dest1
[user@localhost dest1]$ ls -l
total 4
drwxrwxr-x. 3 user user 4096 Aug 13 03:28 test
```

2. rm 命令

格式：rm [选项] …文件或目录…

说明：rm 命令可以删除文件或目录，删除目录必须要加"-r"选项。对于链接文件，只是删除链接文件，原有文件保持不变。

常用选项：

-f 或--force：强制删除文件或目录。

-i 或--interactive：删除文件或目录前提示要用户确认。

-r，-R 或--recursive：递归删除指定目录及其下属各级子目录和相应的文件。

示例：

（1）删除当前目录下文件 memo.1。

```
[user@localhost test]$ rm memo.1
```

（2）删除当前目录下文件 memo.2，删除前要用户确认。

```
[user@localhost test]$ rm -i memo.2
rm: remove regular file 'memo.2'? y
```

（3）删除目录/home/user/dest1 及下属的各级子目录和相应的文件。

```
[user@localhost ~]$ rm -r /home/user/dest1
```

3. mv 命令

格式：mv　[选项]　源文件或目录　目标文件或目录

说明：mv 命令可移动文件或目录；更改文件或目录的名称。

常用选项：

-i 或--interactive：覆盖文件前需要确认。

-f 或--force：若目标文件或目录已存在，则直接覆盖。

-n 或--no-clobber：不覆盖已存在的文件。

-u 或--update：移动或更改文件名时，若目标文件已存在，且文件日期比源文件新，则不覆盖目标文件。

示例：

（1）将当前目录下文件 memo.1 改名为 memo.new。

```
[user@localhost test]$ mv memo.1 memo.new
[user@localhost test]$ ls -l
total 12
-rw-rw-r--. 1 user user   20 Aug 13 03:04 memo.2
-rw-rw-r--. 1 user user   20 Aug 13 03:04 memo.new
```

（2）将当前目录下文件 memo.1 和文件 memo.2 移动到目录/home/user/test 下。

```
[user@localhost ~]$ mv memo.1 memo.2 /home/user/test
```

改变目录到/home/user/test 下，用 ls -l 命令查看。

```
[user@localhost ~]$ cd /home/user/test
[user@localhost test]$ ls -l
total 16
-rw-rw-r--. 1 user user   20 Aug 13 03:11 memo.1
-rw-rw-r--. 1 user user   20 Aug 13 03:11 memo.2
```

（3）将/home/user/test 目录移动到/home/user/dest 目录下。

```
[user@localhost ~]$ mv /home/user/test  /home/user/dest
```

改变目录到/home/user/dest 下，用 ls -l 命令查看。

```
[user@localhost ~]$ cd /home/user/dest
[user@localhost dest]$ ls -l
total 12
-rw-rw-r--. 1 user user   20 Aug 13 03:13 memo.1
-rw-rw-r--. 1 user user   20 Aug 13 03:13 memo.2
drwxrwxr-x. 3 user user 4096 Aug 14 04:25 test
```

2.3.2.5　文件内容统计命令

格式：wc [选项]　…[文件]…

说明：wc 命令统计给定文件中的字节数、字数、行数，其中，字是由空格字符区分开的最大字符串。wc 命令同时也给出所有指定文件的总统计数。如果没有给出文件名，则从标准输入（键盘）读取。

常用选项：

-c 或--bytes：统计字节数。

-m 或--chars：统计字符数。

-l 或--lines：统计行数。

-w 或--words：统计字数。

示例：

（1）统计当前目录下文件 memo.1 的行数、字数、字节数。

```
[user@localhost ~]$ wc -cwl memo.1
 3 15 79 memo.1
```

（2）统计当前目录下文件 memo.1 和文件 memo.2 的字符数。

```
[user@localhost ~]$ wc -m memo.1 memo.2
79 memo.1
20 memo.2
99 total
```

2.3.2.6　查找文件和目录命令

格式：find　　　　[路径名…]　[表达式]

说明：find 命令是一个灵活强大的工具，用于查找符合条件的文件和目录。路径名是用空格隔开的要搜索文件的目录名清单，表达式包含要寻找的文件的匹配规范或说明。表达式是从左向右求值的，只要表达式中的测试结果为真，就进行下一个测试。如果测试结果不符合，则当前文件的处理结束，检查下一个文件。

常用表达式：

find 命令可用的表达式很多。表 2.2 中列出了常用的一些表达式，全部表达式可用 man 命令查阅 find 命令手册。

表 2.2　find 命令常用表达式

表 达 式	说 明
-amin n	查找系统中最后 n 分钟曾被访问过的文件或目录
-anewer<参考文件或目录>	查找其存取时间较指定文件或目录的存取时间更接近现在的文件或目录
-atime n	查找系统中最后 n×24 小时被访问过的文件或目录
-cmin n	查找系统中最后 n 分钟被更改的文件或目录
-cnewer<参考文件或目录>	查找其更改时间较指定文件或目录的更改时间更接近现在的文件或目录
-ctime n	查找系统中最后 n×24 小时被改变状态的文件
-depth	从指定目录下最深层的子目录开始查找
-daystart	从当天开始计算时间
-exec<执行指令>	假设 find 指令的回传值为 true，则执行该指令
-fstype<文件系统类型>	只寻找该文件系统类型下的文件或目录
-gid<群组识别码>	查找符合指定群组识别码的文件或目录
-group<群组名称>	查找符合指定群组名称的文件或目录
-inum<inode 编号>	查找符合指定的 inode 编号的文件或目录

续表

表 达 式	说 明
-mmin n	查找在 n 分钟内曾被更改过的文件或目录
-mtime n	查找在 n 天内曾被更改过的文件或目录
-name<范本样式>	指定字符串作为寻找文件或目录的范本样式
-path<范本样式>	指定字符串作为寻找目录的范本样式
-perm<权限数值>	查找符合指定的权限数值的文件或目录
-print	假设 find 指令的回传值为 true，则将文件或目录名称列出到标准输出。格式为每列一个名称，每个名称之前皆有"./"字符串
-prune	不查找字符串作为查找文件或目录的范本样式
-size<文件大小>	查找符合指定的文件大小的文件
-type<文件类型>	只寻找符合指定的文件类型的文件。b 为块设备文件；d 为目录；c 为字符设备文件；p 为管道文件；l 为符号链接文件；f 为普通文件
-uid<用户识别码>	查找符合指定的用户识别码的文件或目录
-user<拥有者名称>	查找符合指定的拥有者名称的文件或目录

示例：

（1）查找当前用户主目录下的所有文件。

```
[user@localhost ~]$ find ~  -print
/home/user
/home/user/exittest.c
/home/user/exittest
/home/user/greeting.c~
/home/user/.ssh
/home/user/.xsession-errors
...
```

（2）查找当前用户主目录下最近 3 天内存取过的文件。

```
[user@localhost ~]$ find ~  atime 3 -print
/home/user
/home/user/exittest.c
/home/user/exittest
/home/user/greeting.c~
/home/user/.ssh
/home/user/.xsession-errors
/home/user/tt.c
/home/user/pc.c
...
```

（3）查找当前目录下类型是目录的文件并排序。

```
[user@localhost ~]$ find . -type d |sort
.
./c
./.cache
./.cache/gedit
./.cache/ibus
./.cache/ibus/bus
./.cache/ibus/pinyin
./.config
./.config/gnome-disk-utility
./.config/gnome-disk-utility/ata-smart-ignore
...
```

（4）查找当前目录下扩展名为.c 的文件并显示。

```
[user@localhost ~]$ find  . -name "*.c" -print
./exittest.c
./tt.c
./pc.c
./switch.c
./gdbtest.c
./fork1.c
./bad.c
./sigtest2.c
./bubble.c
```

（5）查找当前目录下权限为 755 的文件，即文件属主可以读、写、执行，其他用户可以读、执行的文件。

```
[user@localhost ~]$ find . -perm 755 -print
./下载
./tt
./文档
./音乐
./.config
./.config/gnome-disk-utility
./.config/gnome-disk-utility/ata-smart-ignore
./.config/gnome-session
./.config/gnome-session/saved-session
./.nautilus
./.gnome2
./.gnome2/gedit
./.gnome2/nautilus-scripts
```

（6）查找当前目录下文件属主为 user 的文件并显示。

```
[user@localhost ~]$ find . -user user  -print
.
./exittest.c
./exittest
./greeting.c~
./.ssh
./.xsession-errors
./pc.c
./.gtk-bookmarks
```

2.3.2.7　文件的压缩和备份

1. bzip2 命令

格式：bzip2　[选项]　[要压缩的文件]

说明：.bz2 是压缩的文件扩展名。bzip2 采用新的压缩演算法，若未加任何参数，bzip2 压缩完文件后会产生.bz2 的压缩文件，并删除原始的文件。

常用选项：

-c 或--stdout：将压缩或解压缩的结果送到标准输出设备中。

-d 或--decompress：执行解压缩。

-f 或--force：压缩或解压缩时，若输出文件与现有文件同名，则覆盖现有文件。

-k 或--keep：bzip2 在压缩或解压缩后，保留原始文件。

示例：

（1）压缩当前目录下的文件 memo.1。

```
[user@localhost test]$ bzip2 memo.1
```

用 ls -l 命令查看压缩后的文件。

```
[user@localhost test]$ ls -l
总用量 4
-rw-rw-r--. 1 user user 63  9月   7 10:33 memo.1.bz2
```

（2）解压缩当前目录下的文件 memo.1.bz2，并保留原始文件。

```
[user@localhost test]$ bzip2 -d -k memo.1.bz2
```

用 ls -l 命令查看。

```
[user@localhost test]$ ls -l
总用量 8
-rw-rw-r--. 1 user user 21  9月   7 10:33 memo.1
-rw-rw-r--. 1 user user 63  9月   7 10:33 memo.1.bz2
```

2. gzip 命令

格式：gzip　[选项]　[文件 …]

说明：gzip 是一个广泛使用的压缩程序，gzip 压缩完文本后会产生".gz"的压缩文件，并删除原始文件。

常用选项：

-c 或--stdout 或--to-stdout：压缩后文件输出到标准输出设备中，不改变原始文件。

-d 或--decompress 或----uncompress：解压缩文件。

-f 或--force：强行压缩文件。

-n 或--no-name：压缩文件时，不保存原来的文件名称及时间戳。

-N 或--name：压缩文件时，保存原来的文件名称及时间戳。

-r 或--recursive：递归处理，将指定目录下的所有文件及子目录一并处理。

示例：

（1）压缩当前目录下的文件 memo.1。

```
[user@localhost test]$ gzip memo.1
```

用 ls -l 命令查看压缩后的文件。

```
[user@localhost test]$ ls -l
总用量 4
-rw-rw-r--. 1 user user 46  9月   7 10:33 memo.1.gz
```

（2）解压缩当前目录下的文件 memo.1.gz。

```
[user@localhost test]$ gzip -d memo.1.gz
```

用 ls -l 命令查看。

```
[user@localhost test]$ ls -l
总用量 4
-rw-rw-r--. 1 user user 21  9月   7 10:33 memo.1
```

（3）压缩当前目录下 test1 目录中的所有文件。

```
[user@localhost test]$ gzip -r test1
```

改变目录到 test1 下，用 ls -l 命令查看文件，该目录下的文件 tt 被压缩成 tt.gz。

```
[user@localhost test]$ cd test1
[user@localhost test1]$ ls
tt.gz
```

3. tar (tape archive) 命令

格式：tar　[选项…]　　[文件或目录]…

说明：tar 是用来建立、还原备份文件的工具程序，可以加入、解开备份文件内的文件。

常用选项：

-A 或--catenate：新增 tar 文件到已存在的备份文件。

-c 或--create：建立新的备份文件。

-f<备份文件>或--file=<备份文件>：指定备份文件。

-t 或--list：列出备份文件的内容。

-v 或--verbose：显示指令执行过程。

-x 或--extract 或--get：从备份文件中还原文件。

--delete：从备份文件中删除指定的文件。

示例：

（1）将当前目录下的文件 memo.1、文件 memo.2、文件 memo.3 备份到文件 memo.tar 中，并显示备份指令执行过程。

```
[user@localhost test]$ tar -cvf memo.tar  memo.1 memo.2 memo.3
memo.1
memo.2
memo.3
```

用 ls -l 命令查看当前目录，生成了备份文件 memo.tar。

```
[user@localhost test]$ ls -l
总用量 24
-rw-rw-r--. 1 user user    21 9月  7 10:33 memo.1
-rw-rw-r--. 1 user user    21 9月  8 10:04 memo.2
-rw-rw-r--. 1 user user    21 9月  8 10:04 memo.3
-rw-rw-r--. 1 user user 10240 9月  8 10:07 memo.tar
```

（2）将当前目录下的备份文件 memo.tar 还原。

先删除当前目录下的文件 memo.1、文件 memo.2、文件 memo.3。

```
[user@localhost test]$ rm memo.1 memo.2 memo.3
[user@localhost test]$ ls -l
总用量 16
-rw-rw-r--. 1 user user 10240  9月  8 10:07 memo.tar
```

将备份文件 memo.tar 还原。

```
[user@localhost test]$ tar -xvf memo.tar
memo.1
memo.2
memo.3
```

用 ls -l 命令查看当前目录,文件 memo.tar 被还原成文件 memo.1、文件 memo.2、文件 memo.3。

```
[user@localhost test]$ ls -l
总用量  28
```

```
-rw-rw-r--. 1 user user    21  9月   7 10:33 memo.1
-rw-rw-r--. 1 user user    21  9月   8 10:04 memo.2
-rw-rw-r--. 1 user user    21  9月   8 10:04 memo.3
-rw-rw-r--. 1 user user 10240  9月   8 10:07 memo.tar
```

（3）将当前目录下的文件 memo.4 备份到文件 memoapp.tar 中，并新增文件 memoapp.tar 到文件 memo.tar 中。

将文件 memo.4 备份到文件 memoapp.tar 中。

```
[user@localhost tt]$ tar -cvf memoapp.tar memo.4
memo.4
```

用 tar 命令列出备份文件 memoapp.tar 的内容。

```
[user@localhost tt]$ tar -tvf memoapp.tar
-rw-rw-r-- user/user         21 2020-09-08 10:32 memo.4
```

用 tar 命令列出备份文件 memo.tar 的内容。

```
[user@localhost tt]$ tar -tvf memo.tar
-rw-rw-r-- user/user         21 2020-09-08 10:14 memo.1
-rw-rw-r-- user/user         21 2020-09-08 10:14 memo.2
-rw-rw-r-- user/user         21 2020-09-08 10:14 memo.3
```

将备份文件 memoapp.tar 新增到备份文件 memo.tar 中，并用 tar 命令列出新增后的备份文件 memo.tar 内容。

```
[user@localhost tt]$ tar -Avf memo.tar memoapp.tar
[user@localhost tt]$ tar -tvf memo.tar
-rw-rw-r-- user/user         21 2020-09-08 10:14 memo.1
-rw-rw-r-- user/user         21 2020-09-08 10:14 memo.2
-rw-rw-r-- user/user         21 2020-09-08 10:14 memo.3
-rw-rw-r-- user/user         21 2020-09-08 10:32 memo.4
```

（4）用 bzip2 命令将备份文件 memo.tar 压缩。

```
[user@localhost tt]$ bzip2 memo.tar
```

用 ls -l 命令查看当前目录，备份文件 memo.tar 被压缩成文件 memo.tar.bz2。

```
[user@localhost tt]$ ls -l
总用量 4
-rw-rw-r--. 1 user user 190  9月   8 10:36 memo.tar.bz2
```

（5）用 gzip 命令将备份文件 memo.tar 压缩。

压缩备份文件 memo.tar。

```
[user@localhost tt]$ gzip memo.tar
```

用 ls -l 命令查看当前目录，备份文件 memo.tar 被压缩成文件 memo.tar.gz。

```
[user@localhost tt]$ ls -l
总用量 4
-rw-rw-r--. 1 user user 216  9月   8 10:36 memo.tar.gz
```

2.3.3　目录操作命令

2.3.3.1　切换工作目录和显示目录内容的命令

1. cd 命令

格式：cd　　[目的目录]

说明：切换目录至目的目录，前提是用户必须拥有进入目的目录的权限。其中，目的目录可为绝对路径或相对路径，若目录名称省略，则切换至使用者的主目录。

示例：

（1）切换目录至/home/user。

```
[user@localhost home]$ cd /home/user
```

（2）将当前目录切换到其上一级目录。

```
[user@localhost ~]$ cd ..
```

2. pwd 命令

格式：pwd

说明：pwd 命令不带任何选项或参数，Linux 系统用 pwd 命令来查看"当前工作目录"的完整路径。

示例：

显示当前的工作目录。

```
[user@localhost ~]$ pwd
/home/user
```

3. ls 命令

格式：ls　[选项]…　[文件或目录]…

说明：ls 命令可列出目录的内容，包括文件和子目录的名称。

常用选项：

-a 或--all：列出目录下的所有文件和目录，包括以"."开头的隐藏文件。

-A 或--almost-all：列出除"."（当前目录）及".."（当前目录的上级目录）外的任何文件和目录。

-b 或--escape：把文件名中不可输出的字符用反斜杠加字符编号的形式列出。

-c：输出文件的 ctime（文件最后更改的时间），并根据 ctime 排序。

-C：分成多列显示文件和目录。

-d 或--directory：将目录像文件一样显示，而不是显示其下的文件。

-F 或--classify：加上文件类型的指示符号。其中，"*"表示可执行的普通文件；"/"表示目录；"@"表示符号链接；"|"表示管道文件；"="表示套接字。

-l：列出文件详细信息，输出信息分成 7 个字段列表，如图 2.3 所示。

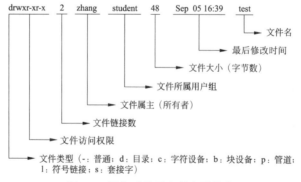

图 2.3　长格式显示文件主要信息

第 1 字段：文件类型及访问权限字段。

文件属性字段总共由 10 个字母组成，第 1 个字母表示文件类型，具体如下。

-：表示该文件是一个普通文件。

d：表示该文件是一个目录。

c：表示该文件是字符设备文件。

b：表示该文件是块设备文件。

p：表示该文件是管道文件。

l：表示该文件是符号链接文件。

s：表示该文件是套接字。

后面的 9 个字符表示文件的访问权限，将在存取权限部分详细介绍。

第 2 字段：文件链接数字段。表示文件硬链接数或目录子目录数。

第 3 字段：文件属主字段。表示文件的所有者。

第 4 字段：文件所属用户组字段。表示该文件所属的用户组。

第 5 字段：文件大小字段。表示该文件的大小，以字节为单位。

第 6 字段：最后修改时间字段。表示该文件最后修改时间。

第 7 字段：文件名字段。表示该文件的文件名，如果是符号链接，"->" 箭头符号后面跟一个它指向的文件。

示例：

（1）显示目录/home/user/dest 下的文件和目录的详细信息。

```
[user@localhost ~]$ ls -l /home/user/dest
总用量 8
-rw-rw-r--. 1 user user 5 12月  5 22:54 memo.1
-rw-rw-r--. 1 user user 9 12月  5 22:54 memo.2
```

（2）显示目录/home/user/dest 下的所有文件，包括隐藏文件。

```
[user@localhost ~]$ ls -a /home/user/dest
.  ..  memo.1  memo.2
```

（3）以多列形式显示目录/home/user/dest 下的内容。

```
[user@localhost ~]$ ls -C /home/user/dest
memo.1  memo.2
```

（4）显示目录/home/user 下的所有以 test 命名的文件。

```
[user@localhost ~]$ ls -l test.*
-rw-rw-r--. 1 user user 21  9月  8 11:33 test.1
-rw-rw-r--. 1 user user 21  9月  8 11:33 test.2
```

2.3.3.2 创建和删除目录命令

1. mkdir 命令

格式：mkdir [选项] … 目录名…

说明：该命令创建由目录名命名的目录，同时设置该目录的权限。要求创建目录的用户在当前目录中具有写权限，并且目录名不能是当前目录中已有的目录或文件名称。

常用选项：

-m 或--mode=MODE：对新建目录设置存取权限。

-p 或--parents：若所建目录的上层目录不存在，则一并建立。

示例：

（1）在当前目录下建立子目录 mkdest，并且只有该目录主人具有读写和执行权限。

```
[user@localhost ~]$ mkdir -m 700 mkdest
```

用 ls -ld 命令查看，当前目录下新建了子目录 mkdest，权限为主人有读写和执行权限。

```
[user@localhost ~]$ ls -ld mkdest
drwx------. 2 user user 4096 Aug 14 05:21 mkdest
```

（2）在当前目录下建立子目录 pmktest/mktest，如果 pmktest 目录没有，则一并建立。

```
[user@localhost ~]$ mkdir -p ./pmktest/mktest
```

用 ls -ld 命令查看当前目录，该命令为目录 mktest 建立了父目录 pmktest。

```
[user@localhost ~]$ ls -ld pmktest
drwxrwxr-x. 3 user user 4096 Aug 14 05:29 pmktest
```

2. rmdir 命令

格式：rmdir [选项]… 目录名…

说明：该命令从一个目录中删除一个或多个目录。删除目录时，必须对该目录的父目录具有写权限，目录被删除前应该是空目录。

常用选项：

-p 或--parents：删除指定目录后，若该目录的上层目录已变成空目录，则一并删除。

示例：

（1）删除当前目录下名为 dest 的目录。

```
[user@localhost ~]$ rmdir dest
[user@localhost ~]$
```

（2）删除当前目录下名为 exec 的目录，若其上层目录变成空目录，则一并删除。

```
[user@localhost ~]$ rmdir -p exec
[user@localhost ~]$
```

2.3.4 改变文件或目录存取权限的命令

Linux 的权限系统主要是由用户、用户组和权限组成，下面介绍相关概念和操作命令。

1. 用户和用户组

Linux 系统是一个多用户、多任务的分时操作系统，任何一个要使用系统资源的用户，都必须首先向系统管理员申请一个账号，然后以这个账号的身份进入系统。用户的账号一方面可以帮助系统管理员对使用系统的用户进行跟踪，并控制他们对系统资源的访问；另一方面也可以帮助用户组织文件，并为用户提供安全性保护。每个用户账号都拥有一个唯一的用户名和用户密码，用户在登录时输入正确的用户名和密码后，才能进入系统和自己的主目录，Linux 内部用 UID 标识各用户。Linux 为每个文件都分配了一个文件所有者，称为文件主，文件主为 Linux 的用户，对文件的控制取决于文件主或超级用户（root）。

用户组（group）就是具有相同特征的用户的集合体，Linux 系统中每个用户都属于一个用户组，系统能对一个用户组中的所有用户进行集中管理。例如，想让多个用户对某文件具有相同的权限，可以把这些用户都定义到同一用户组中，通过修改文件权限的命令，为该用户组赋予相应的操作权限，这样该用户组下的所有用户对该文件就具有相同的权限。Linux 下的用户属于和他同名的用户组，这个用户组在创建用户时同时创建，在 Linux 内部用户组用 GID 标识。

Linux 系统规定了 4 种不同类型的用户，分别是文件主、同组用户、其他用户、超级用户。

2. 存取权限

存取权限就是用来确定谁可以通过何种方式对文件和目录进行访问，Linux 系统规定了 3 种访问文件和目录的方式。

（1）读（r）。对文件表示只允许指定用户读取该文件的内容，禁止做任何更改操作；对目录表示可以列出存储在该目录下的文件。

（2）写（w）。对文件表示允许指定用户打开并修改该文件；对目录表示允许从该目录中删除或添加新的文件。

（3）执行（x）。对文件表示允许指定用户执行该文件；对目录表示允许在该目录中进行查找，能用 cd 命令将工作目录改为该目录。

用 ls -l 命令可以显示文件或目录的详细信息，其中第 1 字段即为文件属性字段，各位的含义如图 2.4 所示。

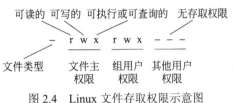

图 2.4　Linux 文件存取权限示意图

3. chmod 命令

格式：chmod　[who]　[opt]　[mode]　文件或目录名…

说明：用于改变文件或目录的访问权限，是 Linux 系统管理员最常用到的命令之一。其中，who 表示对象，是以下字母中的一个或多个的组合。

u：表示文件所有者。

g：表示同组用户。

o：表示其他用户。

a：表示所有用户。

opt 表示操作，可以为如下符号。

+：添加某个权限。

－：取消某个权限。

=：赋予给定的权限，并取消原有的权限。

mode 表示权限，是以下字母一个或多个的组合。

r：可读。

w：可写。

x：可执行。

上面介绍的是字符设定法，也可以用数字设定法改变文件或目录的访问权限。

格式：chmod　[mode] 文件或目录名…

说明：将 rwx 看成二进制数，如果该位有权限，用 1 表示，该位没有权限用 0 表示，那么 rwx r-x r- -可以表示为 111 101 100，再将其每三位转换成为一位八进制数，就是 754。常见权限数字表示如表 2.3 所示。

表 2.3　常见权限数字表示表

权　　限	对应二进制	八　进　制
rwx rw- rw-	111 110 110	766
rw- r-- r--	110 100 100	644
rwx r-x r-x	111 101 101	755
r-- --- ---	100 000 000	400
r-x r-- r--	101 100 000	540

示例：

（1）为当前目录下文件 test.txt 的主人同组用户增加读写权限。

用 ls -l 命令查看文件 test.txt 改变前权限，和文件主 user 同组的用户对文件 test.txt 没有权限。

```
[user@localhost ~]$ ls -l test.txt
-rw-------. 1 user user 19 Aug 14 03:54 test.txt
```

用 chmod 命令为同组用户增加读写权限。

```
[user@localhost ~]$ chmod g+rw test.txt
```

用 ls -l 命令查看文件 test.txt 改变后的权限，和文件主 user 同组的用户增加了读写权限。

```
[user@localhost ~]$ ls -l test.txt
rw-rw---- 1 user user 19 Aug 14 03:54 test.txt
```

（2）将当前目录下文件 test.txt 的权限改变为文件主可以读和写，同组用户可以执行，其他用户无权访问。

```
[user@localhost ~]$ chmod u=rw,g=x  test.txt
```

用 ls -l 命令查看文件 text.txt 修改后的权限。

```
[user@localhost ~]$ ls -l test.txt
rw---x--- 1 user user 19 Aug 14 03:54 test.txt
```

（3）用数字权限方式将当前目录下文件 test.txt 的权限设为文件主可读写、同组用户可读写、其他用户只读。

权限串为"rw- rw- r--"，转换成二进制数是 110 110 100，每三位转换成为一个八进制数，结果为 664。

```
[user@localhost ~]$ chmod 664  test.txt
```

用 ls -l 命令查看文件 test.txt 修改后的权限。

```
[user@localhost ~]$ ls -l test.txt
rw-rw-r-- 1 user user 16 Aug 14 06:50 test.txt
```

2.3.5　改变用户组和文件主的命令

1. chgrp

格式：chgrp　[选项]…　所属组　文件或目录…

说明：chgrp 命令改变指定文件所属的用户组。其中，所属组可以是用户组的 ID，也可以是用户组的组名；文件是以空格分开的要改变所属组的文件列表，支持通配符。在 Linux 下一般只有超级用户才能改变该文件的所属组。

常用选项：

-R 或--recursive：递归式地改变指定目录及其下的所有子目录和文件的所属组。

示例：

（1）将当前目录下文件 test.txt 的用户组改为 teacher。

```
[root@localhost user]# chgrp teacher test.txt
```

用 ls -l 命令查看文件 test.txt 修改后的工作组。

```
[root@localhost user]# ls -l test.txt
-rw-rw-r--. 1 user teacher 16 Aug 14 06:50 test.txt
```

（2）将目录/home/user/dest 及其子目录下的所有文件的用户组改为 teacher。

```
[root@localhost dest]# chgrp -R teacher /home/user/dest
```

用 ls -l 命令查看目录/home/user/dest 修改后的工作组。

```
[root@localhost dest]# ls -l /home/user/dest
total 16
-rw-rw-r--. 1 user teacher   79 Aug 14 04:44 memo.1
-rw-rw-r--. 1 user teacher   20 Aug 13 03:13 memo.1~
-rw-rw-r--. 1 user teacher   20 Aug 13 03:13 memo.2
drwxrwxr-x. 3 user teacher 4096 Aug 14 04:25 test
```

2．chown 命令

格式：chown　[选项] … 　[用户][:[组]]　　文件 …

说明：chown 命令将指定文件的拥有者改为指定的用户或组。用户可以是用户名或用户 ID。组可以是组名或组 ID。文件以空格分开要改变权限的文件列表，支持通配符。在 Linux 下一般只有超级用户才可以使用该命令。

常用选项：

-R 或--recursive：递归式改变指定目录及其下的所有子目录和文件的拥有者。

示例：

（1）将当前目录下文件 test.txt 的所有者改为 root。

```
[root@localhost user]# chown root test.txt
```

用 ls -l 命令查看文件 test.txt 修改后的所有者。

```
[root@localhost user]# ls -l test.txt
-rw-rw-r--. 1 root teacher 16 Aug 14 06:50 test.txt
```

（2）将目录 /home/user/dest 及其下所有文件和目录的所有者改为 root。

```
[root@localhost dest]# chown -R root  /home/user/dest
```

用 ls -l 命令查看修改后/home/user/dest 目录下文件和目录的所有者。

```
[root@localhost dest]# ls -l /home/user/dest
total 16
-rw-rw-r--. 1 root teacher   79 Aug 14 04:44 memo.1
-rw-rw-r--. 1 root teacher   20 Aug 13 03:13 memo.1~
-rw-rw-r--. 1 root teacher   20 Aug 13 03:13 memo.2
drwxrwxr-x. 3 root teacher 4096 Aug 14 04:25 test
```

2.3.6 链接文件的命令

链接是一种在共享文件和访问它的用户的若干目录项之间建立联系的一种方法。Linux 系统下的链接有两种，一种被称为硬链接（Hard Link）；另一种被称为符号链接（Symbolic Link）。

1．硬链接

硬链接指通过索引节点来进行的链接。在 Linux 系统中，内核为每一个新创建的文件分配一个 Inode（索引节点），文件属性保存在索引节点里，系统是通过索引节点（而不是文件名）来定位每一个文件。在 Linux 系统中，可以通过命令让多个文件名指向同一索引节点。这样，一个文件就有不同的文件名，如图 2.5 所示。

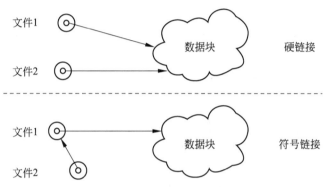

图 2.5   Linux 硬链接和符号链接示意图

硬链接文件有如下两个限制。

（1）不允许给目录创建硬链接。

（2）只有在同一文件系统中的文件之间才能创建硬链接。

2．符号链接

符号链接又称软链接，软链接文件包含另一个文件的路径名。当需要在不同的目录下用到相同的文件时，不需要在每一个目录下都存放该文件，只要在某个固定的目录下存放，然后在其他的目录下用命令链接（Link）即可，这样不必重复地占用磁盘空间，如图 2.5 所示。

软链接没有硬链接的限制，可以给目录创建链接，也可以链接不同文件系统的文件。当然，软链接也有硬链接没有的缺点。首先，因为链接文件包含原文件的路径信息，所以当原文件从一个目录移到其他目录时，再访问链接文件，系统会找不到原文件；而硬链接因索引节点会随着文件的移动做相应改变，所以不存在这个问题。其次，软链接文件还要系统分配额外的空间用于建立新的索引节点和保存原文件的路径。

3．ln 命令

格式：ln   [选项]…   源文件或目录   目标文件或目录

说明：ln 命令用来链接文件或目录，如同时指定两个以上的文件或目录，且最后的目的地是一个已经存在的目录，则会把前面指定的所有文件或目录复制到该目录中。若同时指定多个文件或目录，且最后的目的地并非是一个已存在的目录，则会出现错误信息。

常用选项：

-s：对源文件建立软链接（符号连接），而非硬连接。

示例：

下面用一个实例来说明硬链接和软链接。用 ls -il 命令查看当前目录，目录下有两个文件，一个名为 AA，inode 号为 784905；另一个名为 BB，inode 号为 784906。

```
[user@localhost ~]$ ls -il
total 8
784905 -rw-r--r--. 1 user teacher 4 Aug  7 03:26 AA
784906 -rw-r--r--. 1 user teacher 7 Aug  7 03:27 BB
```

首先用 ln 命令为文件 AA 建立硬链接，名为 AAhard。

```
[user@localhost ~]$ ln AA AAhard
```

用 ls -il 命令查看该硬链接文件。

```
[user@localhost ~]$ ls -il
total 12
784905 -rw-r--r--. 2 user teacher 4 Aug  7 03:26 AA
784905 -rw-r--r--. 2 user teacher 4 Aug  7 03:26 AAhard
784906 -rw-r--r--. 1 user teacher 7 Aug  7 03:27 BB
```

注意：在创建链接前，AA 显示的链接数目为 1，创建链接后将发生如下变化。

（1）AA 和 AAhard 的链接数目都变为 2。

（2）AA 和 AAhard 的 inode 号是一样的，都是 784905。

（3）AA 和 AAhard 显示的文件大小也是一样，都是 4B。

可见 AA 和 AAhard 是同一个文件的两个名字，具有同样的索引 inode 号和文件属性，建立文件 AA 的硬链接，就是为 AA 的文件索引节点在当前目录上建立一个新指针。删除其中任何一个，如 rm　AA，每次只会删除一个指针，链接数同时减 1，只有将所有指向文件内容的指针删除，也即链接数减为 0 时，内核才会把文件内容从磁盘上删除。

然后用 ln -s 命令为文件 BB 建立软链接，名为 BBsymbol。

```
[user@localhost ~]$ ln -s BB BBsymbol
```

用 ls -il 命令查看软链接文件 BBsymbol。

```
[user@localhost ~]$ ls -il
total 12
784905 -rw-r--r--. 2 user teacher 4 Aug  7 03:26 AA
784905 -rw-r--r--. 2 user teacher 4 Aug  7 03:26 AAhard
784906 -rw-r--r--. 1 user teacher 7 Aug  7 03:27 BB
784907 lrwxrwxrwx. 1 user teacher 2 Aug  7 03:38 BBsymbol -> BB
```

从链接后结果可以看出，软链接与硬链接有如下 5 点区别。

（1）硬链接的原文件和链接文件共用一个 inode 号，说明它们是同一个文件；而软链接原文件和链接文件拥有不同的 inode 号，文件 BB 是 784906，BBsymbol 是 784907，表明它们是两个不同的文件。

（2）硬链接在文件属性上体现不出来，其表示文件类型的字符处为"-"，因为在本质上硬链接文件和原文件是完全平等的关系，原文件是普通文件，硬链接文件也是普通文件；而软链接明确标识是链接文件，其表示文件类型的字符处为"l"。

（3）硬链接的链接数目要增加，软链接的链接数目不会增加。

（4）硬链接文件大小跟原文件相同；软链接文件的大小与原文件不同，文件 BB 大小是 7B，而文件 BBsymbol 是 2B，因为软链接文件 BBsymbol 中存放的是到原文件 BB 的路径，而不是和原文件 BB 相同的内容。

（5）硬链接有自己的文件名；软链接的文件名通常是指向其链接的原文件。

总之，建立软链接就是建立了一个新文件。当访问链接文件时，系统就会发现它是个链接文件，然后读取链接文件找到真正要访问的文件。

本章小结

本章介绍了 Linux 的文件系统，文件系统是操作系统中最直接可见的部分。文件系统能够方便地组织和管理计算机中的所有文件，同时提供文件的操作手段和存取控制。

Linux 文件系统采用的是树形结构，支持包括 ext、ext2、ext3、ext4、MS-DOS、UMSDOS、VFAT、proc、ISO 9660 等在内的多种文件系统，并通过虚拟文件系统的形式向用户屏蔽了各种文件系统的差异，用户可以方便地访问各文件系统。

Linux 文件系统提供了丰富的操作命令，可以方便地对文件和目录进行相关操作。本章介绍了和文件及目录相关的操作命令，并用大量示例说明相应命令的用法。

本章习题

1. 简述 Linux 文件系统的特点。
2. 什么是虚拟文件系统，Linux 为什么采用虚拟文件系统？
3. 在自己所用的 Linux 版本系统上，查看根目录下含有哪些子目录？
4. 什么是文件？Linux 下主要有哪些不同类型的文件？
5. 什么是工作目录、用户主目录？
6. 根据图 2.6 所示，圆圈代表目录，方框代表文件，当前目录为 n，用相对路径法和绝对路径法分别写出文件 g、o、z 的路径。

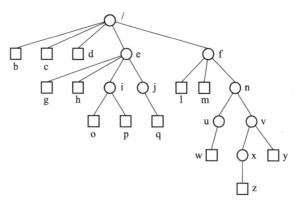

图 2.6　题 6 图

7. 举例说明 cat、more 和 less 命令的用法。
8. 将主目录下的文件.bashrc 复制到/tmp 下，并重命名为 bashrc，用命令实现上述过程。

9．举例说明比较文件的异同使用哪些命令。

10．举例说明怎样对文件进行压缩和备份。

11．将/home/stud1/wang 目录做归档压缩，压缩后生成 wang.tar.gz 文件，并将此文件保存到/home 目录下，用命令实现上述过程。

12．在 Linux 下有一文件列表内容为 lrwxrwxrwx 1 hawkeye users 6 Jul 18 09:41 nurse2->nurse1。

（1）要完整显示如上文件类别信息，应该使用什么命令？

（2）上述文件列表内容的第 1 列内容"lrwxrwxrwx"中的"l"是什么含义？对于其他类型的文件或目录还可能出现什么字符，它们分别表示什么含义？

（3）上述文件列表内容的第 1 列内容"lrwxrwxrwx"中的第 1、2、3 个"rwx"分别代表什么含义？

（4）上述文件列表内容的第 5 列内容"6"是什么含义？

（5）上述文件列表内容的最后一列内容"nurse2->nurse1"是什么含义？

13．在根目录下创建目录 gdc，并设置权限为 gdc 的文件主具有读、写、执行权限，与文件主同组用户可读写，其他任何用户则只能读。

14．在用户 user 的主目录下新建目录 software，并将路径/etc 下所有以 h 开头的文件及目录复制到 software 中，用命令实现上述过程。

15．什么是软链接？什么是硬链接？软链接与硬链接的区别是什么？

第3章

Linux 的 vim 编辑器

本章学习目标

- 掌握 vim 的进入和退出。
- 掌握 vim 的 3 种工作方式及 3 种方式的转换。
- 掌握命令模式及末行模式下的文本编辑命令。

3.1 vim 简介

　　Linux 系统提供了一个完整的编辑器家族，如 ed、ex、vi 和 emacs 等。按功能可以将编辑器分为两大类：行编辑器（ed、ex）和全屏幕编辑器（vi、emacs）。行编辑器每次只能对一行进行编辑操作，使用起来很不方便。而全屏幕编辑器可以对整个屏幕进行编辑，用户编辑的文件直接显示在屏幕上，可以立即看到修改的结果，克服了行编辑器不直观的操作方式，便于用户学习和使用。vi 就属于全屏幕编辑器，也是 Linux 系统的第一个全屏幕交互式的编辑程序。该编辑器最初由加州大学伯克利分校为 BSD UNIX 开发，在大多数的 UNIX 系统中都默认提供该编辑工具。受到图形显示及键盘功能（当时键盘无功能键）的限制，最初的 vi 中没有提供鼠标的使用，只能通过键盘上的字母、数字、标点符号和 Esc 键对文件进行编辑。因此，在今天看来 vi 似乎有些过时，但却是 Linux 系统程序员和管理员最喜欢的编辑器之一。

　　Linux 系统提供了多个 vi 的版本，现在版本的 Linux 系统中运行的 vi 实际是 vim（vi improved），在 vi 的基础上增加了很多新的特性和功能，成为 Linux/UNIX 环境下最重要的开源编辑器之一。在 Linux 系统上运行的 vi 实际上就是 vim，vim 的基本使用方式和命令与原来的 vi 一致，因此，本章介绍的 vim 可以与 vi 互换使用。

　　需要提醒的一点是，vim 编辑器不是一个格式化文本的程序，不能调整版面，也不具有复杂的文字处理系统所具有的格式化输出功能。但 vim 是一个灵活的文本编辑器，可以用来编写代码（如 C、HTML、Java 等）、编写 Shell 脚本程序、记录简单的信息等。

3.2 vim 工作模式

　　vim 编辑器没有菜单，只有命令，而且命令繁多，vim 编辑器中所有的文本编辑工作

都是通过命令操作完成的，因此，使用 vim 必须记住这些命令。而 vim 中的命令大多数是
键盘的字母和数字，如何区别这些字母和数字到底是文本编辑的内容还是 vim 的命令？vim
提供 3 种基本的工作方式来解决，分别是命令模式（Command Mode）、插入模式（Insert
Mode）和末行模式（Last Line Mode），在这 3 种工作模式之间进行切换就可实现文本编辑
的功能。

1. 命令模式

在 Shell 环境中启动 vim 时，初始就是进入命令模式。在该模式下，键盘上输入的任何
字符都作为编辑命令来解释，如果输入命令合法，则命令直接执行；否则，响铃提示非法
命令。命令包括编辑保存，移动光标，页面滚动，字符、字或行的删除、移动、复制等。
需要注意的是命令方式下的所有命令并不在屏幕上显示出来，也不需要按回车键确认命令
执行。不管用户处于何种工作模式，只要按 Esc 键，即可使 vim 进入命令模式。

2. 插入模式

只有在插入模式下才可以进行文本输入。在命令模式下输入插入命令 i、附加命令 a、
打开命令 o、修改命令 c、取代命令 r 或替换命令 s 都可以切换到插入模式。在该模式下，
输入的任何字符都被 vim 当作文件内容保存起来，并将其显示在屏幕上。在文本输入的过
程中，若想回到命令模式下，按 Esc 键即可。

3. 末行模式

在命令模式下，按"："键即可进入末行模式。此时，vim 会将光标停留在显示窗口最
后一行显示一个"："，"："作为末行模式的命令提示符，等待用户输入命令。多数管理命
令都是在此模式下执行的，如保存文件
或退出 vim、查找字符串、显示行号等。
末行命令执行时需要按回车键确认，执
行完毕自动回到命令模式。有人把 vim
的工作模式简化成两种，即把末行模式
也作为命令模式。

vim 编辑器的 3 种工作模式及其之
间的转换如图 3.1 所示。

需要提醒的是在输入 vim 命令时，请
注意区分大小写。因为 vim 区分大小写，
会把字母相同但大小写不同的两个命令认为是不同的命令。

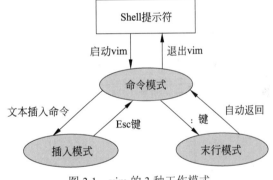

图 3.1　vim 的 3 种工作模式

3.3　vim 的进入与退出

vim 是在 Linux 系统终端运行的程序，它的所有操作都必须通过输入相应的命令完成。
本节介绍如何启动 vim、输入文本、如何保存编辑的文件以及如何退出 vim。

3.3.1　进入 vim

在终端 Shell 提示符后输入 vi 命令或 vim 命令，系统将启动 vim 编辑器。

```
$vim
```

图 3.2 所示为 vim 的启动的窗口，窗口上说明了 vim 的维护人、版权等基本信息。

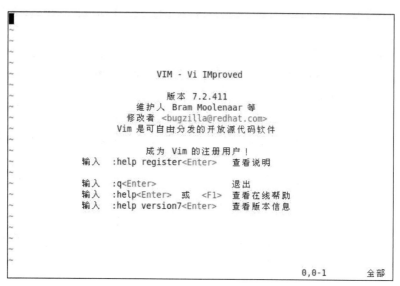

图 3.2　vim 的启动界面

进入 vim 编辑器的另外一种方式是输入 vim 和待编辑或新建的文件名。命令格式如下：

```
$vim filename
```

图 3.3 为输入命令 vim file 后的 vim 窗口。

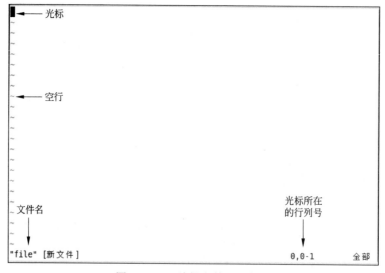

图 3.3　vim 编辑文件 file 窗口

进入 vim 后即进入命令模式，要输入文件内容则应进入插入模式，此时需要命令模式与插入模式之间的转换。注意：初始的显示行数与用户所用的终端有关，一般的终端可显示 25 行。在窗口系统中，显示行数与运行 vim 的那个窗口有关，也可以对显示行数进行设置。

　　用 vim 建立一个新文件时，在进入 vim 的命令中可以不给出文件名，在编辑完文件后保存数据时由用户再指定文件名即可。

　　使用 vim 编辑文件时，光标默认情况下停留在第一行，通过使用相关选项可以将光标定位在指定的行，格式如下：

```
$vim +n filename
```

其中，n 表示行号，若 n 被去除，该命令默认进入文件 filename 后，光标停留在文件最末行。

　　如果想指定光标停留在某个指定的字符串，使用如下命令：

```
$vim +/pattern filename
```

pattern 为用户指定的字符串，如：

```
$vim +/void file
```

　　按回车键确认后，光标会停留在文件 file 第一次出现 void 字符串的位置。

　　当使用 vim 进行文件编辑时，如果系统突然崩溃了，vim 会将操作的交换文件临时存储起来，再次启动系统后，可以根据这些交换文件对文件进行恢复。使用的命令如下：

```
$vim -r filename
```

3.3.2　退出 vim

　　当编辑完文本准备从 vim 返回到 Shell 时，可以使用以下几种方式。

1. 命令模式下

　　在命令模式下，连续按两下大写字母 Z，若当前文件被修改过，则 vim 保存该文件后退出，返回到 Shell；若当前编辑的文件未被修改，则 vim 直接退出，返回到 Shell。

2. 末行模式下

　　在末行模式下，退出 vim 有以下 4 种情况。

　　（1）若当前文件被修改过，保存后退出，使用的命令如下：

```
: w  <newfile>
: q
```

其中，w 表示保存文件；newfile 表示将当前编辑内容保存到指定的文件 newfile 当中，如果去掉该参数，默认将编辑内容保存到原文件中。若保存文件时提示文件不可写，可以使用如下命令进行强制写保存（要慎重使用）：

```
: w! filename
```

其中，q 表示从当前编辑环境退出，返回到 Shell 中。

（2）如果当前编辑的内容保存到原文件退出，也可以使用如下命令：

```
: wq
```

（3）若当前文件被修改过，不保存退出到 Shell，使用的命令如下：

```
: q!
```

（4）若当前文件没有被修改过，从 vim 退出返回到 Shell，使用的命令如下：

```
: q
```

3.4　vim 的编辑命令

3.4.1　移动光标

vim 中的光标移动，既可以在命令模式下进行，也可以在插入模式下进行。在插入模式下，可直接使用键盘上的 4 个方向键移动光标；在命令模式下，有多种移动光标的方法。下面主要介绍在命令模式下如何移动光标。

1.　按字符移动光标

在命令模式下，可以使用键盘的 4 个方向键移动光标。

vim 还为所有终端定义了另外一组按字符移动光标的键，分别是 H、J、K、L 键。4个键分别表示光标方向左移、下移、上移和右移，如图 3.4 所示。

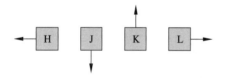

注：H、J、K、L 为小写字符。

键盘的空格键也可以将光标右移一个字符，与之对应的退格键（Backspace）是光标左移一个字符。

图 3.4　左、下、上、右移动光标

2.　按字移动光标

vim 中"字"有两种含义：一种是大写字，一种是小写字。当处于大写字方式时，"字"包括两个空格之间的所有内容。例如，对于如下一行文本：

```
Hello, World!
```

其中，逗号（,）和字母 W 之间有一个空格字符分隔。对于大写字而言，该文本只有两个字，一个是"Hello,"，另一个是"World!"。

当处于小写字方式时，英文单词、标点符号和非字母字符都被当成是一个字。因此，上面的一行文本就包括 Hello、逗号（,）、World 和感叹号（!）4 个字。

在 vim 中，使用大写命令一般是将字作为大写字来处理，使用小写命令则是将字作为小写字来处理。空行既可以看作是小写字又可以看作大写字来处理。在命令模式下按字移动光标可以使用以下命令。

w/W 键：将光标向右移到下一个字。w 表示右移到下一个小写字的字首，W 表示右移到下一个大写字的字首。在文本中如果有标点符号，则按照大写字和小写字移动是有区别的；否则两者之间没有区别。命令 5w 将把光标移到后面第 5 个字的字首处。

b/B 键：将光标向左移动到上一个字。b 表示左移到上一个小写字的字首，B 表示左移到上一个大写字的字首。举例如图 3.5 所示。

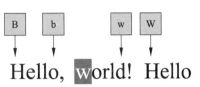

类似地，e 键将光标移动到下一个字的末尾字符；E 键将光标移到下一个空白分隔字的末尾。

图 3.5　按字移动光标

3. 按句子和段移动光标

在 vim 中，句子被定义为以句号（.）、问号（?）和感叹号（!）结尾，且其后面至少有一个空格或一个换行符的字符序列；段落被定义以一个空白行开始和结束的文本片段。

(/) 键：将光标按句移动。其中，"("表示将光标移动到上一句句首；")"表示将光标移到下一句的句首，如果光标在本句中，则移动到本句句首。

{/}键：将光标按段移动。其中，"{"表示将光标移动到上一段落段首；"}"表示移动到下一段落段首，若当前光标处于段中，则移动到本段段首。

举例如图 3.6 所示。

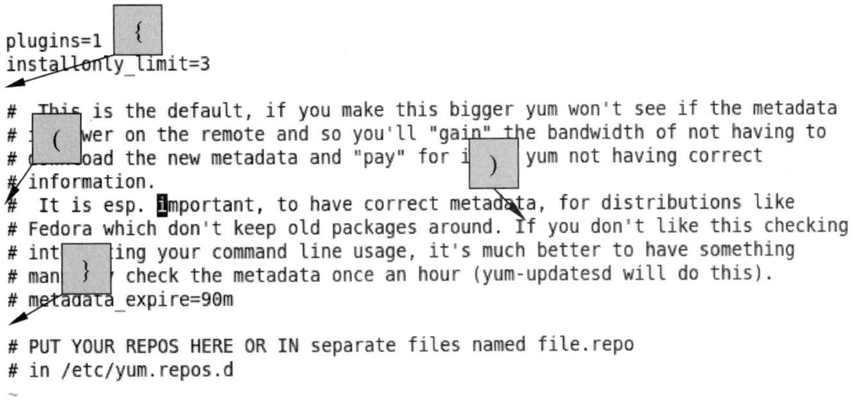

```
plugins=1    {
installonly_limit=3

#  This is the default, if you make this bigger yum won't see if the metadata
#  (  wer on the remote and so you'll "gain" the bandwidth of not having to
#  load the new metadata and "pay" for i  )  yum not having correct
#  information.
#  It is esp. important, to have correct metadata, for distributions like
# Fedora which don't keep old packages around. If you don't like this checking
# int  ing your command line usage, it's much better to have something
# man  }  check the metadata once an hour (yum-updatesd will do this).
# metadata_expire=90m

# PUT YOUR REPOS HERE OR IN separate files named file.repo
# in /etc/yum.repos.d
~
```

图 3.6　按句、段移动光标

4. 按行移动光标

数字 0 可将光标移动到当前行行首；$键，可将光标移到当前行行尾。G 键将光标移到文件最末行行首，若将光标移动到指定行，可使用[行号]G。

例如，5G 表示将光标移到文件的第 5 行，举例如图 3.7 所示。

5. 在屏幕内移动光标

H/M/L 中的 H（Home）键将光标定位到屏幕顶部一行的最左端；M（Middle）键将光标定位到屏幕的中间一行；L（Lower）键将光标定位到屏幕底部的一行。注意：这里的移动是指屏幕内，文件本身不发生滚动。

提醒：vim 中所有的命令都区分大小写，在使用时需要特别注意。

```
plugins=1
installonly_limit=3

# This is the default, if you make this bigger yum won't see if the metadata
# ewer on the remote and so you'll "gain" the bandwidth of not     ng to
#    load the new metadata and "pay" for it by yum not having cor
#information.
# It is esp. important, to have correct metadata, for distributions like
# Fedora which don't keep old packages around. If you don't like this checking
# interupting your command line usage, it's much better to have something
# manually check the metadata once an hour (yum-updatesd will do this).
#   data_expire=90m

#PUT YOUR REPOS HERE OR IN separate files named file.repo
# in /etc/yum.repos.d
~
```

图 3.7　按行移动光标

3.4.2　文本插入

在命令模式下，用户输入的任何字符都被 vim 当作命令加以解释执行。如果想进行文本编辑，则需要从命令模式切换到文本插入模式。在命令模式下，可以通过插入命令、附加命令、打开命令进行模式切换。

1. 插入命令

```
i/I
```

其中，i（Insert）命令表示从光标所在位置前插入文本；I 命令表示将光标移动到当前行首开始插入文本。

2. 附加命令

```
a/A
```

其中，a（Append）命令表示从光标所在位置之后开始追加文本；A 命令表示首先将光标移到所在行的行尾，从行尾开始插入文本。

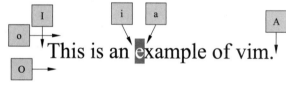

图 3.8　命令 i/I/a/A/o/O

举例如图 3.8 所示。

3. 打开命令

```
o/O
```

其中，o（Open）命令表示在当前行的下面打开一行；O 命令表示在当前行的上面打开一行。

3.4.3　文本删除

vim 提供了命令模式和末行模式两种模式下的删除命令。

1. 命令模式下文本删除

在命令模式中，vim 提供了很多删除命令进行文本的删除。文本删除通常由删除命令 x 或 d 与要删除的文本对象组成，而且在 x 和 d 前面可以加上数字来表示要删除的文本对象的个数。表 3.1 列出了一些常用删除文本的命令。

表 3.1　删除文本命令

命　　令	功　　能
x	删除当前字符
X	删除光标左边字符

续表

命　　令	功　　能
dw	删除当前字
d0（数字）	删除从当前字符的前一个字符到行首
d$	删除从当前字符开始到行尾
dd	删除当前行
ndd	删除当前行开始连续的 n 行
d)	从当前字符开始删除到句子尾
d(	从当前字符开始删除到句子首
d}	从当前字符开始删除到段落尾
d{	从当前字符开始删除到段落首
dH	删除当前行到屏幕首行的内容
dM	删除当前行到屏幕中间行的内容
dL	删除当前行到屏幕末行的内容
d/text	删除当前行到 text 单词出现的位置
dG	删除到文件末尾

2. 末行模式下文本删除

在 vim 末行模式下，可实现对文本指定行的删除，使用如下命令：

```
: 行 x，行 y  d
```

该命令表示删除 x 至 y 行的文本内容。例如：

```
: 1, 5 d
```

按回车键确认后，1～5 行文本内容被删除，其后的文本上移。

在 vim 编辑环境中，默认情况下是不显示行号的，如果想使用行号进行文本操作，需要使用相应的命令对行号进行显示，命令如下：

```
: set number
```

该命令被执行后，编辑文件的行号会在每一行的左边显示。需要说明的是，这里的行号只是便于用户查看使用，并不是文件内容的一部分。

3.4.4　文本复制与粘贴

vim 提供了与 Windows 的剪贴板类似的功能。剪贴板是内存的一块缓冲区，复制命令就是把指定的内容复制到剪贴板上，然后粘贴命令将剪贴板的内容粘贴到光标处。文本的复制即可在命令模式下完成又可在末行模式下实现。

1. 命令模式下的文本复制

在命令模式下，vim 中的文本复制命令如下。

（1）yw：将光标所在位置到字尾的字符复制到缓冲区。

（2）nyw：将从光标所在位置开始的 n 个字复制到缓冲区。

（3）yy：将光标所在的行复制到缓冲区。

（4）nyy：将光标所在的行开始连续 n 行复制到缓冲区。

（5）p：将缓冲区的字符粘贴到光标所在位置。

注意：所有的 y 命令都要与 p 命令配合使用才可以完成复制和粘贴的功能。

2. 末行模式下的文本复制

在末行模式下，文本复制的命令如下：

```
: 行 x，行 y  co 行 z
```

即将文本 x～y 行的内容，复制到 z 行下。例如：

```
: 1, 4 co 5
```

该命令执行的结果为，当前编辑的文件 1～4 行复制到 5 行下，即原来文件内容新增了 4 行。

3.4.5　文本移动

在 vim 中移动文本也可以在命令模式和末行模式两种工作模式下完成。

1. 命令模式下文本移动

命令模式下通过以下几步完成：

（1）使用文本删除命令将要移动的文本删除。

（2）使用光标移动命令将光标移动到目标位置。

（3）使用 p 命令将刚刚删除的文本粘贴在目标位置。

2. 末行模式下文本移动

末行模式下进行文本的移动使用如下命令：

```
: 行 x，行 y  m 行 z
```

该命令表示当前编辑的文件 x～y 行的文本内容移动到 z 行下。例如：

```
: 1, 4 m 6
```

该命令执行的结果为，当前编辑的文本 1～4 行移动到 6 行下。

3.4.6　文本查找与替换

vim 编辑器为在当前行上查找字符提供了较简单的命令，同时也为在工作缓冲区中查找和选择性的替换字符串提供了较复杂的命令。

1. 命令模式下的文本查找与替换

1）文本查找

f 命令：f（Find）命令可以在当前行查找指定字符，并将光标移到该字符下一次出现的位置。

　　t 命令：t 命令将光标定位在指定字符下一次出现的前一个字符位置处。

　　/text：即斜杠（/）后加文本，然后按下回车键，开始搜索（向下）字符串下一次出现的位置。

　　?text：即问号（?）后加文本，然后按下回车键，开始搜索（向上）字符串前一次出现的位置。

　　n 命令：n 命令在不必再输入搜索字符串的情况下，重复上一次搜索。

　　2）文本的替换

　　文本的替换是指用指定的文本代替原来的文本。vim 提供的替换命令有取代命令、替换命令和字替换命令等。

　　（1）取代命令 r 和 R。

　　命令 r<字符>，表示用随后输入的字符代替当前光标处的字符。

　　例如，rx 表示将当前光标处的字符用 x 取代。

　　大写的命令 R，表示用其后输入的字符串代替从当前光标到其后面的若干字符，每输入一个字符就取代原来的字符，直到按 Esc 键结束。

　　（2）替换命令 s 和 S。

　　命令 s，表示用随后输入的文本替换当前光标处的字符。与 r 命令功能相同，但完成替换后，将工作模式从命令模式转换到插入模式，这一点与 r 命令不同。

　　命令 S，表示用新输入的文本替换光标当前行（整行），输入 S 命令后当前行被删除，工作模式切换到插入模式，等待输入替换文本。若想回到命令模式，一定要按 Esc 键。

　　（3）字替换命令 cw 和行替换命令 cc/C。

　　cw 命令，表示将某个字的内容用其他字符串替换。输入 cw 命令后，光标所在位置到该字字尾的内容被删除，然后可输入任何文本内容。输入 cw 命令后，工作模式会被切换到插入模式，需要按 Esc 键回到命令模式。

　　命令 cc，表示将光标所在行整行字符用新输入文本替换，输入 cc 后，当前行被删除，工作模式被切换到插入模式，等待输入替换文本。若想回到命令模式，一定要按 Esc 键。大写字符 C 与其功能相同。

　　2．末行模式下的文本查找与替换

　　在末行模式下，替换命令的语法格式如下：

```
: [g][address] s/search-string/replacement-string[/option]
```

其中，address 表示查找的地址；s 为替换命令；search-string 表示查找的字符串；replacement-string 表示用来替换匹配的 search-string。表 3.2 为查找替换示例。

表 3.2　查找替换示例

命　　令	描　　述
: s/smaller/smallest	将当前行中第一次出现的字符串 smaller 替换为 smallest
: 1,. s/ch1/ch2/g	将当前行之前所有行中的字符串 ch1 替换为字符串 ch2
: 1,$ s/seven/7/g	将所有出现的字符串 seven 替换为 7
: g/chapter/s/seven/7/	将第一次出现包含字符串 chapter 的所有行中的字符串 seven 替换为 7
: .,.+10 s/int/void/g	将出现的从当前行到后续 10 行内的每个字符串 int 替换为 void

3.4.7　重复与取消

1. 重复命令

重复命令可以方便地执行一次前面刚完成的某个复杂命令。在命令模式下按 "." 键即可实现。例如，命令模式下按 dd，之后连续按 ..，表示删除当前光标所在行开始的连续三行。

2. 取消命令

取消命令，也称为复原命令，可以取消前一次的误操作。在命令模式下，使用 u 键即可实现。

3.4.8　vim 中执行 Shell 命令

使用 vim 时，在末行模式下可以执行 Shell 命令。有以下多种方式可以实现 Shell 命令的执行。

```
: sh
```

按回车键确认后会生成一个新的交互式 Shell 等待用户输入 Shell 命令，执行完 Shell 命令后，通过按 Exit 键回到 vim 编辑环境。

输入下面的命令，可以在 vim 中执行 Shell 命令行。其中，command 为要执行的命令，按回车键结束输入，开始命令的执行。

```
:! command
```

3.4.9　文件的读写

在末行模式下，vim 可将当前工作缓冲区中的内容写到另外一个文件中，或者将一个已存在的文件打开，读入当前的工作缓冲区。

读（:r），该命令表示将文件读入工作缓冲区。读入缓冲区的文本并不覆盖原工作缓冲区的内容，而是被定位到指定的地址之后，如果没有指定地址，那么就定位到当前行。语法格式如下：

```
: [address] r [filename]
```

其中，address 表示指定地址，可以用行号表示；filename 表示待打开的文件。输入完毕后按回车键确认，命令开始执行，执行结束后文件 filename 被读入当前工作缓冲区。

写（:w），该命令表示将工作缓冲区内容的部分或者全部写到某个文件中。使用地址可以将工作缓冲区的部分内容写到由文件名指定的文件中。如果不指定地址和文件，那么 vim 将把整个缓冲区的内容写回到正在编辑的文件中，并更新文件，即保存现在打开的文件内容。语法格式如下：

```
: [address] w [filename]
: [address] w >> [filename]
```

其中，address 表示指定地址，可以用行号表示；filename 表示待写入的文件。输入完毕后按回车键确认，命令开始被执行，执行结束后，当前工作缓冲区内容的部分或全部写入文件 filename 中。

第二种格式中的>>，表示向原有文件追加文本。

3.5 使用 vim 创建 Shell 脚本

vim 是一个灵活的文本编辑器，可以用来编辑 Shell 脚本程序。在 vim 中编辑 Shell 脚本程序的过程和普通的文本编辑是一样的，不同的是编辑的内容都是 Shell 命令。例如：

$vim helloShell （Enter 确认，创建文件 helloShell）

进入 vim 命令模式下，使用 i 命令切换到插入模式，输入以下文本。

```
clear
echo "=========="
echo "Hello World"
echo "=========="
sleep 5
clear
echo Host is $HOSTNAME
echo User is $USER
```

输入完成后，按 Esc 键返回命令模式，然后在该模式下，按 ZZ 命令退回到 Shell。关于 Shell 脚本程序编写的详细介绍，请参考本书第 6 章内容。

3.6 使用 vim 创建 C 程序

使用 vim 创建 C 程序的源文件，创建过程也是与普通的文本编辑过程一样的。不同的是，编辑的内容符合 C 语法的程序。例如：

$ vi hello.c （vim 编写 hello.c 源程序）

按回车键确认后，进入 vim 的命令模式，切换到插入模式，输入以下内容：

```
#include<stdio.h>
main (int argc, char *argv[])
{  int i;
  for(i=0; i<argc; i++)
  printf("%s\n", argv[i]);
  exit(0);
}
```

输入完成后，按 Esc 键回到命令模式，然后在该模式下，按 ZZ 命令退回到 Shell。关于编程部分的详细介绍，请参考本书第 7 章内容。

本章小结

　　vim 是 Linux 系统中的文本编辑器，功能强大。本章首先介绍了 vim 的 3 种工作模式，说明了每种工作模式下可进行的操作及模式之间的转换关系。接着简单介绍了 vim 的进入和退出，并对 vim 中的编辑操作进行了详细的介绍。然后介绍了编辑操作可分为命令模式下的编辑操作和文本插入模式下的编辑操作，给出了具体的编辑操作命令。最后介绍了如何使用 vim 创建 Shell 基本程序及 C 程序。

本章习题

　　1．vim 有几种工作模式？各模式之间如何转换？

　　2．进入 vim 有几种方式？退出 vim 有几种方式？

　　3．在命令模式下，如何将光标定位到指定行？如何删除文本中的字符、行？如何查找匹配某个模式的行？

　　4．在末行模式下如何复制一段文本？移动一段文本？替换一段文本？

　　5．举例说明 vim 在命令模式下的插入命令（I/i）、附加命令（A/a）和打开命令（O/o）的区别。

　　6．将文本 To err is human. a computer.变成 To err is human，在 vim 中如何操作？

　　7．将文本 There is something wrong here 中的 wrong 删除，在 vim 中如何操作？

　　8．使用哪个命令可以在当前工作编辑环境中向后搜索以单词 hello 开始的行？

　　9．使用哪个命令可以将所有出现的 HELLO 替换为 hello？

　　10．如何撤销上次操作？

第4章

Linux 系统管理基础

本章学习目标

- 掌握 Linux 系统的启动与关闭。
- 掌握 Linux 系统的用户管理内容与方式。
- 掌握 Linux 系统的设备管理基本知识。
- 掌握 Linux 系统的进程管理基本知识。
- 掌握 Linux 系统的日志管理基本知识。

4.1 系统启动、运行与系统关闭

4.1.1 系统启动

4.1.1.1 系统启动过程

Linux 系统启动过程是指从计算机打开电源开始到显示用户登录界面的整个过程。Linux 操作系统启动过程如图 4.1 所示。

1. 启动第一步——加载 BIOS

当计算机打开电源后，首先加载 BIOS 信息。BIOS 信息非常重要，其中包含了 CPU 相关信息、设备启动顺序信息、硬盘信息、内存信息、时钟信息等。

BIOS 的第一步是加电自检（Power on Self Test），然后依据 BIOS 内设置的引导顺序从硬盘、软盘或 CDROM 中读入主引导记录（Master Boot Record，MBR）。MBR 大小是 512 字节，其中存放了预启动信息、分区表信息。系统找到 BIOS 所指定硬盘的 MBR 后，将其调到物理内存中。其实被调到物理内存的内容是 Boot Loader，具体到用户的 PC

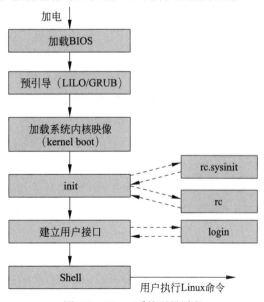

图 4.1　Linux 系统引导过程

就是 LILO 或者 GRUB。

2. 启动第二步——加载 Boot Loader

Boot Loader 是在操作系统内核运行之前运行的一段小程序。通过这段小程序，可以初始化硬件设备、建立内存空间的映射图，从而将系统的软硬件环境带到一个合适的状态，以便为最终调用操作系统内核做好一切准备。

Boot Loader 有若干种，其中 GRUB 和 LILO 是常见的 Loader，早期版本的 Linux 使用 LILO，现在版本的 Linux 大多使用 GRUB。加载 Boot Loader 时系统读取内存中的 GRUB 配置信息，并依照此配置信息来启动不同的操作系统。

3. 启动第三步——加载内核映像

根据 GRUB 设定的内核映像所在的路径，系统读取内存映像，并进行解压缩操作。

系统将解压缩后的内核放置在内存之中，并调用 start_kernel() 函数来启动一系列的初始化函数并初始化各种设备，完成 Linux 核心环境的建立。至此，Linux 内核已经建立起来了，基于 Linux 的程序应该可以正常运行了。

4. 启动第四步——执行 init 进程

内核被加载后，第一个运行的程序便是/sbin/init，该进程会读取/etc/inittab 文件，其中存放了系统启动的运行级别等信息，系统依据此文件的设置来进行初始化工作。在 Red Hat Enterprise Linux 6 中，该文件只存放运行级别的设置信息，其他信息则存放于别的文件中，具体可查看/etc 目录下的其他配置文件。

在设定了运行级别后，init 进程会调用脚本程序。该脚本程序负责启动或者停止该运行级别特定的各种服务。由于需要管理的服务数量很多，因此需要使用 rc 脚本程序。rc 脚本的位置在/etc/rc.d/rc，负责为每个运行级别按照正确的顺序调用相应的命令脚本程序。init 进程在执行过程中还会调用/etc/rc.d/rc.sysinit 脚本程序，需设定 PATH（路径）、设定网络配置（/etc/sysconfig/network）、启动 swap 分区、设定/proc 等。

根据运行级别的不同，系统会运行 rc0.d 到 rc6.d 中的相应的脚本程序来完成相应的初始化工作和启动相应的服务。

5. 启动第五步——执行/bin/login 程序，进入登录状态

此时，系统为用户建立登录接口，等待用户输入用户名和密码，可以用自己的账号登录系统。

成功登录后，系统给出 Shell 提示符，等待输入 Shell 命令被执行，或者给出图形用户界面，接收用户使用鼠标单击执行任务。

注意：如果是在一个现实中的系统上学习本节知识，可以查看所有启动过程相关的配置文件信息，也可以对其进行修改。但当试着对启动脚本程序进行修改时，要记住所做的修改可能会造成系统不能正常工作，而且无法采用重新启动的方法恢复。因此，不要在正常运行的系统上实验新的设置，对准备修改的文件要全部进行备份。

4.1.1.2　GRUB 介绍

在 Linux 装载一个系统前，必须由一个引导装载程序（Boot Loader）中的特定指令引导系统。这个程序一般是位于系统的主硬盘驱动器或是其他知道如何去开始 Linux 内核的媒介驱动器上。GNU GRUB（GRand Unified Bootloader）是一个将引导装载程序安装到主引导记录的程

序。它允许位于主引导记录区中特定的指令来装载一个 GRUB 菜单或是 GRUB 的命令环境。这使得用户能够对操作系统进行选择（提供一个菜单供选择要启动哪个操作系统），在内核引导时可传递特定指令给内核，或是在内核引导前确定一些系统参数（如可用的 RAM 大小）。

在 Red Hat Enterprise Linux 6 的安装过程中，GRUB 默认被安装。

GRUB 相关的配置信息位于/etc/grub.conf 中，如下所示。

```
#boot=/dev/sda
default=0
timeout=5
splashimage=(hd0,0)/grub/splash.xpm.gz
hiddenmenu
title Red Hat Enterprise Linux (2.6.32-71.el6.i686)
        root (hd0,0)
        kernel /vmlinuz-2.6.32-71.el6.i686 ro root=/dev/mapper/VolGro
up-lv_root rd_LVM_LV=VolGroup/lv_root rd_LVM_LV=VolGroup/lv_swap rd_N
O_LUKS rd_NO_MD rd_NO_DM LANG=zh_CN.UTF-8 KEYBOARDTYPE=pc KEYTABLE=us
 crashkernel=auto rhgb quiet
        initrd /initramfs-2.6.32-71.el6.i686.img
```

其中，各项含义解释如下。

字符#：为配置文件注释信息。

default：默认被启动的操作系统的编号。0 表示菜单指示第一个操作系统默认被启动。如果菜单接口超时，则 default 项将被载入。

timeout：设定了在 GRUB 载入由 default 命令指定的操作系统前的时间间隔，以秒为单位。

splashimage：指定在 GRUB 引导时所使用的屏幕图像的位置。

hiddenmenu：这个命令被使用时，不显示 GRUB 菜单接口，在超时时间过期后载入默认项。通过按 Esc 键，可以看到标准的 GRUB 菜单。

title：设定用来装载一个操作系统的一组特定命令的标题。

root(hd0,0)：将 GRUB 的根分区设置成第一块硬盘的第一个分区。

kernel /vmlinuz-2.6.32-71.el6.i686 ro root：表明 vmlinuz 文件是从 GRUB 的根文件系统载入的。

initrd：能够指定一个在引导时可用的初始 RAM 盘。当内核为了完全引导而需要某些模块时，这是必需的。

这个文件告诉 GRUB 建立一个以 Red Hat Enterprise Linux 6 为默认操作系统的菜单，设定 5s 后自动引导。

当硬盘装有两个或多个操作系统时，GRUB 的配置文件中这样的信息会有两个或多个，而 GRUB 提供的菜单则可提供这样两个或多个操作系统供用户选择从哪个操作系统启动。

4.1.2 系统运行级别

1. 运行级别介绍

系统的运行级别是系统运行时所处的一种状态，不同的运行级别在用户登录及使用上有一些不同。Linux 系统提供 7 种运行级别，其定义如下。

运行级别 0：系统停机状态，系统默认运行级别不能设为 0，否则不能正常启动。

运行级别 1：单用户工作状态，root 权限，用于系统维护，禁止远程登录。

运行级别 2：多用户状态（没有 NFS 支持）。

运行级别 3：完全的多用户状态（有 NFS），标准运行级别，登录后进入命令行模式。

运行级别 4：系统未使用，保留。

运行级别 5：多用户模式，X11 控制台，登录后进入 GUI 模式。

运行级别 6：系统正常关闭并重启，默认运行级别不能设为 6，否则不能正常启动。

默认情况下 Red Hat Enterprise Linux 6 使用运行级别 5。

2．运行级别配置文件

当一个 Linux 系统被启动时，默认运行级别由/etc/inittab 中的"id:……"条目确定。/etc/inittab 文件内容如下所示。

```
# Default runlevel. The runlevels used are:
#   0 - halt (Do NOT set initdefault to this)
#   1 - Single user mode
#   2 - Multiuser, without NFS (The same as 3, if you do not have net
working)
#   3 - Full multiuser mode
#   4 - unused
#   5 - X11
#   6 - reboot (Do NOT set initdefault to this)
#
id:5:initdefault:
```

文件中#表示注释信息。在 inittab 中，带有 id 字段的行完整格式如下：

```
id:runlevels:action:process
```

其中，各项含义解释如下。

id：是一个唯一标识符，由 1～4 个字符构成，通常与登录终端 tty 编号一致。

runlevels：表示系统的运行级别。当前为 5，为多用户图形模式的运行级别。

action：表示要执行的操作。当前为 initdefault，表示系统启动后的默认运行级别。如果没有该记录，系统启动时会在控制台询问要进入哪个运行级别。

process：指明具体应该执行的程序。由于 initdefault 设定进入相应的运行级别会激活对应级别的进程，对于指定 process 字段没有任何意义，因此为空。

除此之外，在/etc/rc.d 下有 7 个名为 rcN.d 的目录，N 为数字 0～6，对应系统的 7 个运行级别，系统会根据指定的运行级别进入对应的 rcN.d 目录，并按照文件名顺序检索目录下的链接文件，对于以 K 开头的文件，系统将终止对应的服务；对于以 S 开头的文件，系统将启动对应的服务。

3．运行级别切换

系统按照/etc/inittab 文件中设置的默认运行级别运行，如果在运行过程中需要改变运行级别，则可借助命令进行切换。

（1）查看运行级别。

```
$ runlevel
```

（2）进入其他运行级别。

```
$ init N
```

其中，N 表示 0～6 的数字。如 init 3 表示切换到运行级别 3。

4.1.3　系统关闭

　　Linux 系统要求关闭电源前必须执行系统关机命令，即在系统完成了关闭操作之后才可以断电。有些 Linux 初学者会使用直接关闭电源的方法来关闭 Linux，这是十分危险的。由于在 Linux 后台运行着很多进程，这些进程控制着 Linux 对系统的各种操作。如果强制关机，则可能会造成进程的混乱以至丢失数据；如果在系统工作负荷很高的情况下，突然断电，不但会丢失数据，甚至会损坏硬件设备。

　　只有超级用户才有权执行关机命令。关闭系统可分为 3 种情形：关机并关闭电源、不关电源只关机、重新引导。最常用的 Linux 关闭系统的命令有 shutdown、halt、reboot、init 等，这些命令都可以达到关闭系统重启的目的，但是每个命令的内部工作过程是不同的。通过对关机命令的讲述，详细了解 Linux 安全关机的过程。

1．shutdown 命令

　　使用 shutdown 命令可以安全地关闭 Linux 系统。shutdown 命令是用 Shell 编写的程序，必须由超级用户才能执行，shutdown 命令执行后，会以广播的形式通知正在系统中工作的所有用户，系统将在指定的时间内关闭，请保存文件，停止作业，注销用户。此时，login 指令被冻结，新的用户不能登录；当所有的用户从系统中注销或者指定时间已到时，shutdown 就发送信号给 init 程序，要求 init 程序改变系统运行级别，接着，init 程序根据 shutdown 指令传递过来的参数，相应地改变运行级别。shutdown 命令的语法格式如下：

```
shutdown [-fFhknrc(参数名称)] [-t 秒数] 时间 [警告信息]
```

具体各选项功能如下。

　　-f：重新启动时不执行 fsck（注意：fsck 是 Linux 下的一个检查和修复文件系统的程序）。

　　-F：重新启动时执行 fsck。

　　-h：将系统关机，在某种程度上功能与 halt 命令相当。

　　-k：只是送出信息给所有用户，但并不会真正关机。

　　-n：不调用 init 程序关机，而是由 shutdown 自己进行（一般关机程序是由 shutdown 调用 init 来实现关机动作的），使用此参数将加快关机速度，但是不建议用户使用此种关机方式。

　　-r：shutdown 之后重新启动系统。

　　-c：取消前一个 shutdown 命令。例如，当执行如 "shutdown -h 15:30" 的命令时，只要按 Ctrl+C 快捷键就可以中断关机命令。而执行如 "shutdown -h 15:30 &" 的命令就将 shutdown 转到后台运行了，此时，需要使用 shutdown -c 将前一个 shutdown 命令取消。

　　-t<秒数>：送出警告信息和关机信号之间要延迟多少秒。警告信息将提醒用户保存当前进行的工作。

　　时间：设置多久时间后执行 shutdown 命令。时间参数有 hh:mm 或+m 两种模式。hh:mm 格式表示在几点几分执行 shutdown 命令。例如，"shutdown 16:50" 表示将在 16:50 执行 shutdown 命令；+m 表示 m 分钟后执行 shutdown 命令；比较特别的用法是以 now 表示立即执行 shutdown 命令，需要注意的是这部分参数不能省略。

警告信息：要传送给所有登录用户的信息。

示例：立即关机重启。

```
# shutdown -r  now
```

示例：立即关机。

```
# shutdown -h  now
```

示例：设定 5min 后关机，同时发出警告信息给登录的 Linux 用户。

```
# shutdown +5  "System will shutdown after 5 minutes"
```

2．halt 命令

halt 是最简单的关机命令，相当于 shutdown -h 组合，halt 执行时，将 kill 掉所有应用程序，然后调用系统指令 sync，sync 将所有内存信息通过文件系统写入硬盘，然后停止内核。halt 命令格式如下：

```
# halt
```

halt 命令也可以带选项，部分选项及含义如下。

-f：没有调用 shutdown 命令而强制关机或重启。

-i：关机或重新启动之前，关掉所有的网络接口。

-p：关机时调用 poweroff，此选项为默认选项。

3．reboot 命令

reboot 命令的执行过程与 halt 基本类似，不同的是 halt 是用于关机，而 reboot 是关机后引发系统重启。reboot 命令格式如下：

```
# reboot
```

4．init 命令

init 进程是所有进程的祖先，其进程号始终为 1，init 命令主要用于系统不同运行级别之间的切换，切换的工作是立即完成的。

示例：将系统运行级别切换到 0，也就是关机。

```
# init 0
```

示例：将系统运行级别切换到 6，也就是重启系统。

```
# init 6
```

4.2 用户管理

Linux 是一个多用户操作系统，这就意味着可能有一个或更多的用户在同时使用这个操作系统。系统可以通过网络为许多用户提供服务，或作为一台个人桌面电脑，分时为多用户提供服务。多个用户在系统中的管理操作由 root 用户来执行，root 用户是整个系统和其他用户的创建者，具有系统最高权限，可以进行任何操作。对一名系统管理员来说，掌握 Linux 系统中用户管理的方法和技巧是必要的。

Linux 系统中的用户分为超级用户、普通用户和特殊用户 3 种类型。下面具体介绍这 3

种类型用户的概念。

1．超级用户

Linux 系统中的超级用户，在默认安装的初始情况下为 root，所以也称其为根用户（即 root 用户），root 用户具有系统最高的权限，可以对 Linux 系统做任何操作，例如添加并管理用户，安装卸载系统程序，对系统中任何文件可以读、写或执行程序等。由于此用户的权限和功能非常重要和关键，一般只有系统管理员才有超级用户的登录密码。通过超级用户权限，系统管理员可以对 Linux 系统进行日常的管理与维护、合理分配系统中的各项资源，并进行系统方面的安全加强工作等。

许多因特网服务在处理超级用户的情况时都有一些特殊的考虑。举例来说，在默认的情况下安装后，使用者是无法作为超级用户（root）使用 telnet 功能登录 Linux 系统的。如果允许这样做，就会成为一个相当大的安全漏洞，因为某个用户只要能够猜出超级用户的密码（password）就可以控制整个操作系统，这样就十分危险。

注意：除非绝对必要，否则就不要经常使用超级用户。经常使用超级用户操作会使系统存在很大的危险！

2．普通用户

超级用户对 Linux 系统有最高控制权限，一方面，如果用户自己或其他用户都使用这个账号，由于不谨慎出现一个误操作，就有可能使系统崩溃；另一方面，如果每个使用操作系统的用户都有最高的控制权限，对系统的管理来说也是一件极为混乱的事情。因此，需要给系统的其他使用者授予普通的用户权限，普通用户没有对系统的完全控制权，而且用户之间私人的资源可以相互隔离。例如，用户 A 只能修改自己用户目录下的资料，而不可以修改或查看用户 B 的资料。当然通过超级用户的授权，用户 A、B 之间可以相互访问对方的资源。

3．特殊用户

除了超级用户和普通用户外，在 Linux 系统中还存在一些特殊的与系统和程序服务相关的用户。例如，bin、daemon、shutdown、halt 等，都是任何 Linux 系统默认安装并所要求的，这些账户与 Linux 系统的进程相关，使系统得以实现正常的运行。还有一些特殊用户，如 mail、news、games、gopher、ftp、mysql 及 sshd 等用户则是与具体的服务或程序组有所关联，如果没有这些程序，系统也能正常运行。但是，如果安装了相关的程序，就不一定可以运行了，因为这些程序要确定这些用户的存在。

注意：默认情况下，这些特殊用户都是无法登录的，如果给这些用户授权登录密码后，就可以使用这些用户登录系统。但一般情况下，为了安全起见，最好不要给这些用户授权密码。

4.2.1　用户管理简介

Linux 系统中的用户管理包括对用户和组进行管理，实现对系统的访问控制。为了方便对多个用户的管理，Linux 系统引入组的概念。Linux 系统中，每个用户账号都至少属于一个组，每个用户组可以包括多个用户。一般情况，属于同一用户组的用户享有该组共有的权限。

Linux 的用户管理信息包括如下。

（1）用户账号（用户名）的增加、修改和删除。

（2）组账号（组名）的增加、修改和删除。

（3）用户账号属性信息的修改，包括登录 Shell、用户主目录、用户注释信息等。

（4）组账号属性信息的修改，包括组内用户、组 ID 等。

（5）用户和组账号密码的设置与修改，包括密码有效期、更改密码等。

4.2.2　用户管理方法

Linux 系统对用户管理一般提供如下 3 种方法。

（1）通过 GUI 方式管理。

（2）通过修改用户管理相关配置文件管理。

（3）通过系统管理命令管理。

通过 GUI 方式管理比较简单，在 Red Hat Enterprise Linux 6 中，GUI 下对用户管理只需要使用 root 登录，然后选择桌面任务栏上的"系统"→"管理"→"用户和组群"选项，如图 4.2 所示。

图 4.2　GUI 方式下用户管理

单击"用户和组群"选项后，系统弹出如图 4.3 所示的"用户管理者"窗口，在该窗口中即可实现对用户和组群的管理。

图 4.3　"用户管理者"窗口

如果没有安装 GUI，那么对用户的管理需要采用另外两种方式进行。关于另外两种用户管理方法，将在接下来的两节进行详细介绍。

4.2.3　用户管理相关配置文件

在 Linux 系统中，主要使用/etc 目录下的 3 个文件来维护用户及用户组的相关信息。

（1）/etc/passwd 文件，用来存放关于账户相关的信息。

（2）/etc/shadow 文件，是/etc/passwd 的影子文件，用来存放用户的加密密码。

（3）/etc/group 文件，用来存放用户组相关的信息资料。

通过手工编辑这 3 个文件，系统管理员可以对系统中的用户及用户组进行有效地添加和管理。首先介绍每个文件的详细内容。

1. /etc/passwd 文件

所有用户的相关信息都存放在/etc/passwd 文件中，作为一个系统管理员，需清楚了解这个文件的内容，以及内容的格式。以某一 Linux 系统中的/etc/passwd 文件（下例中内容不全，读者可自己打开该文件进行查看）为例：

```
root:x:0:0:root:/root:/bin/bash
bin:x:1:1:bin:/bin:/sbin/nologin
daemon:x:2:2:daemon:/sbin:/sbin/nologin
adm:x:3:4:adm:/var/adm:/sbin/nologin
lp:x:4:7:lp:/var/spool/lpd:/sbin/nologin
sync:x:5:0:sync:/sbin:/bin/sync
shutdown:x:6:0:shutdown:/sbin:/sbin/shutdown
halt:x:7:0:halt:/sbin:/sbin/halt
mail:x:8:12:mail:/var/spool/mail:/sbin/nologin
uucp:x:10:14:uucp:/var/spool/uucp:/sbin/nologin
operator:x:11:0:operator:/root:/sbin/nologin
games:x:12:100:games:/usr/games:/sbin/nologin
gopher:x:13:30:gopher:/var/gopher:/sbin/nologin
ftp:x:14:50:FTP User:/var/ftp:/sbin/nologin
```

可以看到 root 的信息列在第一行，root 用户常被指定用户 ID（UID）0 和组 ID（GID）0；与进程和服务相关的特殊用户账号，会被列于 root 之后，并且常常拥有低于 500 的 UID 和 GID 值；而新建立的普通用户，会被列于上面这些特殊账号之后，并且拥有的 UID 和 GID 值，从 500 数值开始，以建立的先后顺序累计加 1。下面以 root 用户这一行的信息为例，介绍此行每段信息的含义。

```
root:x:0:0:root:/root:/bin/bash
```

在/etc/passwd 文件中，以行为单位，一行表示一个用户的信息，每行信息都用冒号将信息分隔成 7 个区域。这 7 个区域代表的含义为用户名（Longin Name）、密码（Password）、用户 ID（UID）、用户组 ID（GID）、用户信息（User Info）、用户主目录（Home Directory）以及登录 Shell（Login Shell）。

- 用户名（Longin Name）：/etc/passwd 文件中的用户名称必须是唯一的，而且不能超过 8 字节。用户名虽然可以大小写混合，但一般而言，为了避免大小写字母互相混淆，通常情况下都用小写来表示。
- 密码（Password）：从技术上讲，该字段是接收用户密码的，Linux 系统使用了隐藏密码方式，密码存放在文件/etc/shadow 中。因此在文件的第二区域中，用 x 符号来表示，作为登录的指示，实际的密码却被隐藏起来。

- 用户 ID（UID）：系统中的身份识别，每个用户有唯一一个 UID，与系统启动的进程相互联系，通常是某个用户启动程序的 UID，就像现实社会中每个人都有身份证号一样。
- 用户组 ID（GID）：用户所属组的 ID，意义同 UID。每个用户在正常情况下都属于某个组，也可以同时指定多个群组。例如，root 用户登录时，所有的文件都由 root 用户和 root 组同时拥有。
- 用户信息（User Info）：这个区域是有关用户的描述信息，在这里可以写上用户的姓名、电话或住址等；也可以为空。
- 用户主目录（Home Directory）：通过验证后，Login 程序就利用此区域的信息，将用户指定到/home/$USERNAME 的目录中。例如，当用户登录后，默认指定到/home/user 的目录中。
- 登录 Shell（Login Shell）：这个区域会设置用户所使用的 Shell 环境，一个新用户登录的 Shell 将会默认设置为/bin/bash，即 Bourne Again Shell。当然管理员可以改为 csh 或 tcsh。

2. /etc/shadow 文件

/etc/shadow 文件主要用来存放加密用户密码的文件，因为/etc/passwd 文件是从系统中存储的 UID 和 GID 中获取用户名和组名，所以该文件对于系统中的任何人来说都是可读的，这样任何用户都可以将一位用户的加密密码串复制出来，并利用一些字典对照、编码转换的工具，就可以将其他用户的密码破解出来。为了消除这种安全隐患，Linux 使用隐藏（Shadow）的技术，系统通过将/etc/passwd 文件重定位密码到另外一个文件中，就是通常所说的/etc/shadow 文件，进行密码的隐藏，设定只有 root 用户才能对此文件进行读写，这样就避免了上述所说的现象。/etc/shadow 文件内容与/etc/passwd 文件内容完全对应。

以某一系统中/etc/shadow 为例（下例中内容不全，读者可自己打开该文件进行查看）说明 shadow 文件内容信息。

```
root:$6$tzYtEcpLW0RNBce6$tlnCb4Wc0EG/phKJd3o3ju4IJVhzbyQgBLMXDz5l2yqM
Amb6NttdnQkZ7MbfCCSHmPltAxng5OCMnqPmuXWnf/:15232:0:99999:7:::
bin:*:14790:0:99999:7:::
daemon:*:14790:0:99999:7:::
adm:*:14790:0:99999:7:::
lp:*:14790:0:99999:7:::
sync:*:14790:0:99999:7:::
shutdown:*:14790:0:99999:7:::
halt:*:14790:0:99999:7:::
mail:*:14790:0:99999:7:::
uucp:*:14790:0:99999:7:::
operator:*:14790:0:99999:7:::
games:*:14790:0:99999:7:::
gopher:*:14790:0:99999:7:::
ftp:*:14790:0:99999:7:::
```

/etc/shadow 文件与/etc/passwd 完全对应，所以，该文件中一行表示一个用户信息，信息之间也用冒号将每行用户密码的信息分隔成几个区域。

- 用户名：用户的账户名称，与/etc/passwd 文件中的内容相互匹配。
- 加密密码：这是利用隐藏密码的技术，加密密码串存放的区域。

- 上次更新时间：表示自 1970 年 1 月 1 日以来至最后一次更改密码的天数。
- 允许更改时间：表示现在到下次允许更改密码的天数，一般设置为 0，以便随时更改密码。
- 要求更改时间：表示被迫要求更改密码之前距今的天数，一般设置为 99999，代表不强制更改密码。
- 取消密码之前的警告时间：表示系统在取消用户密码之前，要提前通知用户的天数，一般设置为 7，代表提前 1 周通知用户。
- 取消和停用之间的时间：表示用户账户到期至系统自动取消用户密码的天数，一般设置为-1 或空白，代表账户不能自动取消。
- 账户终止时间：表示自 1970 年 1 月 1 日以后的账户将被终止的天数，一般设置为-1 或空白，代表不使用自动失效的方式来终止用户账户。
- 特殊标志：此区域预留为了将来使用，一般设置为空白。

系统管理员要熟悉并掌握 shadow 文件中每个区域的含义，这样可以很方便地进行用户密码的监视、管理和主动通知。

3．/etc/group 文件

每个用户组的相关信息都存放在/etc/group 文件中，该文件信息以行为单位，一行表示一个用户组信息，信息之间用冒号分隔为 4 个区域。下面通过实例说明具体各区域的含义。

```
root:x:0:root
bin:x:1:root,bin,daemon
daemon:x:2:root,bin,daemon
sys:x:3:root,bin,adm
adm:x:4:root,adm,daemon
tty:x:5:
disk:x:6:root
lp:x:7:daemon,lp
mem:x:8:
kmem:x:9:
wheel:x:10:root
mail:x:12:mail,postfix
uucp:x:14:uucp
man:x:15:
games:x:20:
gopher:x:30:
video:x:39:
dip:x:40:
ftp:x:50:
```

以 root 为例，4 个区域信息如下。

- 用户组名（Group Name）：每个用户组都有唯一的名称，如果创建用户时，创建的是私人组群，那么用户组名和用户名相同。
- 组密码（Password）：用户组可设置密码。
- 组 ID（GID）：每个用户组都有一个 GID，普通用户从 500 开始编号，用户组也是如此。
- 组内用户（User-list）：表示该组内都有哪些用户。

4．修改配置文件

通过编辑用户管理相关配置文件可以添加用户，不过这种方法较为复杂，而且操作过程中容易出现失误，可能导致系统所有用户无法登录。因此，只有对于熟练的系统管理员才建议这样去做。完整的手动用户添加方法如下。

（1）编辑/etc/passwd 文件，增加用户信息。

在/etc/passwd 文件末尾增加一行如下形式的信息（与/etc/passwd 文件每行信息格式相同）：

用户名：加密密码：用户 ID：用户组 ID：用户信息：用户主目录：登录 Shell

示例：添加 test 用户，假设系统中已存在一个普通用户，在增加 test 用户时，用户 ID 为 501，运行 vi /etc/passwd 命令行后，加入如下信息：

```
test::501:501::/home/test:/bin/bash
```

注意：

- 加密密码区域不要填写任何内容。
- 用户 ID 是唯一的，不要和其他用户 ID 重复。
- 用户主目录一定要在下面的步骤中建立，否则无法登录。
- 如果要添加新的用户组，则需要编辑/etc/group 文件。

（2）编辑/etc/group 文件，增加一个新组。

按照/etc/group 文件每行信息的格式，增加如下内容：

```
test::501:test
```

表示创建一个新组，组名为 test，组 ID 为 501，组内用户为自己。

（3）建立用户的主目录，并用 chown/chgrp 这两个命令设置用户主目录的权限。

具体命令如下：

```
# cp -r /etc/skel /home/test   //创建用户目录并复制该账号的环境变量
# chown test /home/test
# chgrp test /home/test
```

（4）执行 pwconv 命令，更新和创建/etc/shadow 文件，使其与/etc/passwd 文件同步。

执行 pwconv 命令可以让两个文件的条目相符，并把新加密的密码转换成正确的格式存放在 shadow 文件中；然后需要执行 passwd username 命令，为用户添加密码。具体命令如下：

```
# pwconv
# passwd test
```

这样密码设置完成后，就可以使用 test 用户进行登录了。以上就是完整的通过修改用户管理配置文件手动添加用户操作。

4.2.4　用户管理命令

Linux 系统提供了一系列用户管理命令，可以对用户进行增加、修改和删除。

1. useradd

使用 useradd 命令可以添加用户。useradd 命令的语法格式如下：

```
useradd [options] username
```

示例：

```
# useradd tom
```

该命令建立了名为 tom 的用户。此时，系统向用户 tom 分配一个可用的用户 ID（UID），并分配一个与用户名相同的用户组 ID（GID），并在/home 目录下创建用户主目录/home/tom，最后指定一种默认的 Shell。以上这些过程是由/etc/default/useradd 的文件指定默认的，可以对此文件修改，不过只有 root 用户才可以操作。该文件的具体内容如下：

```
[root@localhost ~]# cat /etc/default/useradd
# useradd defaults file
GROUP=100
HOME=/home
INACTIVE=-1
EXPIRE=
SHELL=/bin/bash
SKEL=/etc/skel
CREATE_MAIL_SPOOL=yes
```

从上面的内容可以看出，添加用户时，创建的新用户的用户主目录默认的前缀为/home，默认的 Shell 为/bin/bash，出现在用户主目录中的内容是从/etc/skel 目录中复制过来的，这是一个模型目录，用来作为一种默认的框架，useradd 命令用这种框架来决定为新用户创建哪些文件。当然该命令还有如下一些常用的参数选项。

-d dir：指定用户主目录。

-u uid：可以指定用户 ID。

-g group：已存在一个组，新增用户要加入的主要组。

-G group：已存在一个组，新增用户要加入的附加组。

-c comment：用户的注释信息。

示例：

```
# useradd -d /student mary
# useradd -g student martin
```

上面的第 1 行命令选-d 参数来表示创建用户 mary 时，指定其用户主目录为/student 目录；第 2 行命令选用-g 参数表示创建用户 martin 时，指定 martin 用户属于 student 组。

注意： 使用 useradd 命令添加用户后，如果不使用 passwd 命令为用户设置密码，此用户将无法登录。

作为管理员，可以使用 passwd 命令来修改用户的密码，命令格式如下所示：

```
passwd username
```

只有 root 用户可以用 passwd 修改其他用户的密码。输入完命令后，系统将提示输入并确认要设置的密码。

注意： root 用户使用 passwd 命令修改普通用户密码时一定要加上普通用户用户名，否则，默认修改的是 root 的密码。

2. usermod

通过使用 usermod 命令，可以修改默认设置各项用户属性，如用户 ID、用户组、用户主目录、Shell、账号过期日期等。命令格式如下：

```
usermod [-options] [arguments] username
```

常用的选项含义如下（详细的选项可使用 man 命令查看）。

-d dir：修改用户主目录。

-e expire：修改用户过期日期。

-g group：修改用户组名。

-G group：修改用户组列表。

-s Shell：修改用户登录 Shell。

-u uid：修改用户 ID。

示例：

```
# usermod -g user tom
# usermod -d /home/test tom
# usermod -s /bin/csh tom
```

第 1 行命令将 tom 用户的组名改为 user；第 2 行命令会将 tom 用户的主目录修改为 /home/test；最后一行命令将 tom 的登录 Shell 修改为/bin/csh 环境（csh 指 C Shell）。

3. userdel

如果确定不再需要某个用户，便可将其删除。userdel 命令常用的选项-r 可以完成这项任务。命令格式如下所示：

```
userdel -r username
```

-r 选项告诉 userdel 命令不仅要删除用户，还要删除用户的全部用户主目录，如果省略了这个选项，那么必须要手工才能清除用户的主目录。如果想彻底将用户的所有信息和文件从系统中删除，仅删除用户的主目录还不行，因为与用户相关的其他文件，如邮件或 crontab 文件（定时任务）可能并不在该用户的主目录下，所以需要手工来删除。可以使用命令"find / -user username -ls"找到系统中与该用户相关的文件，将其删除。

注意：当使用命令行"find /-user username -ls"，在/etc/passwd 文件中必须有 username 的记录。如果用户已经被删除（例如，使用 userdel 命令），那么 passwd 文件中的该用户记录也会消失，此时要改用命令"find　/ -uid number -ls"，number 是已经删除用户的 UID。

4. groupadd

当需要建立一个新的用户组时，系统管理员需要使用 groupadd 命令添加一个新组，该命令格式如下：

```
groupadd [-g gid] groupname
```

其中，gid 为组的 ID。

5. groupmod

通过 groupmod 命令可以修改指定组的信息，命令格式如下：

```
groupmod [-g gid] [-n newgroupname] groupname
```

其中，gid 表示组 ID；newgroupname 表示新组名。

6. groupdel

使用 groupdel 命令删除组的信息，命令格式如下：

```
groupdel groupname
```

7. groups

如果要查看自己属于哪个组，可以使用命令 groups，命令格式如下：

```
groups
```

4.3　设备管理

Linux 中的设备也是由文件来表示的，每种设备都被抽象为设备文件的形式，提供给应用程序一个统一的文件界面，即文件系统，方便应用程序和操作系统之间的通信。应用程序可以打开、关闭和读写这些设备文件，完成对设备的操作，就像操作普通的数据文件一样。Linux 系统中设备分为字符设备、块设备和网络设备 3 种。

字符设备是 Linux 最简单的设备，数据组织的单位为字节。在对字符设备发出读、写请求时，实际的硬件 I/O 一般紧接着就发生。一般来说，像鼠标、串口、键盘等设备都属于字符设备。块设备是文件系统的基础，数据组织的单位为块。系统对其读写数据时，需要使用缓冲区。即对块设备进行读、写数据请求时，需利用一块系统内存作为缓冲区，当用户进程对设备请求能满足用户的要求时，就返回请求的数据，如果不能就调用请求函数来进行实际的 I/O 操作。块设备主要有硬盘、光盘驱动器等。网络设备是通过通信网络传输数据的设备，一般指与通信网络连接的网络适配器（网卡）等。

所有设备文件集中放置在/dev 目录下，都是 Linux 系统在安装时自动创建的。需要说明的是，一台 Linux 计算机即使安装前在物理上没有安装某一种设备，或者数量只有一个，Linux 也会创建该类设备文件，而且数量足够，以备用户使用。

通常情况下，安装系统时已经创建了常用的设备文件，但在用户重新定制内核，并添加了新硬件驱动程序之后，新驱动程序对应的设备文件就可能不存在。如果/dev 目录下没有用户需要的设备文件，可以利用 MAKEDEV 命令来手工创建，MAKEDEV 记录了很多设备名与其设备号之间的关系，因此它能使用正确的设备号来创建设备。该命令的语法格式如下：

```
MAKEDEV devicename
```

示例：/dev 目录下 hd 开始的设备文件中没有/hdb20，可以通过命令创建该设备文件。

```
[root@localhost ~]# ls /dev/hd*
/dev/hdb1   /dev/hdb11  /dev/hdb13  /dev/hdb15  /dev/hdb17  /dev/hdb19
/dev/hdb10  /dev/hdb12  /dev/hdb14  /dev/hdb16  /dev/hdb18
[root@localhost ~]# MAKEDEV /dev/hdb20
[root@localhost ~]# ls /dev/hd*
/dev/hdb1   /dev/hdb11  /dev/hdb13  /dev/hdb15  /dev/hdb17  /dev/hdb19
/dev/hdb10  /dev/hdb12  /dev/hdb14  /dev/hdb16  /dev/hdb18  /dev/hdb20
[root@localhost ~]#
```

MAKEDEV 将使用设备名作参数创建设备文件，同时也创建这个设备文件依赖的其他相关设备文件。

Linux 管理员进行对设备的管理操作前，必须了解在 Linux 系统中是如何标识这些设备的。

4.3.1 设备标识

用户是通过文件系统与设备接口的，所有设备都作为设备文件，设备文件的文件名一般由两部分构成，第一部分是主设备号，第二部分是次设备号。其中，主设备号代表设备的类型，可以唯一确定设备的驱动程序和界面，如 hd 表示 IDE 硬盘，sd 表示 SCSI 硬盘，tty 表示终端设备，lp 表示打印机等；次设备号代表同类设备中的序号，如 hda 表示 IDE 主硬盘，hdb 表示 IDE 从硬盘，tty0 表示编号为 0 的终端，lp0 表示第一个打印机等。

如果计算机中安装有多块 IDE 硬盘，Linux 会创建出 hda、hdb、hdc……，直至 hdz 共 26 个 IDE 硬盘设备文件，可供使用。其他类设备也是如此，系统管理员就是通过对这些设备文件进行操作，来对设备进行配置和管理。

4.3.2 磁盘和分区管理命令

由于磁盘驱动器容量的不断增大，从技术角度上讲，某些文件系统不是为支持大于一定容量的磁盘驱动器而设计的。或者，某些文件系统可能会支持拥有巨大容量的较大的驱动器，但是由文件系统跟踪文件所强加的管理费用也随之变得过大。解决这个问题的办法是将磁盘划分为分区（Partition），每一分区都可以像一个独立的磁盘那样被访问。对硬盘进行分区除了便于管理，可以有针对性地对数据进行分类存储，更好地利用磁盘空间外，还有另外两个目的，一是使硬盘初始化，以便可以格式化和存储数据；二是用来分隔不同的操作系统，以保证多个操作系统在同一硬盘上正常运行。

计算机硬盘的分区主要分为基本分区（Primary Partition）和扩展分区（Extension Partition）两种，基本分区和扩展分区的数目之和不能大于 4 个，且基本分区可以马上被使用但不能再分区。扩展分区必须在进行分区后才能被使用，也就是说它必须还要进行二次分区。由扩展分区再分下去就是逻辑分区（Logical Partition），逻辑分区没有数量上限制。

在对硬盘分区的标识中，对于 IDE 硬盘，驱动器标识符为"hdx～"，其中，"hd"表明主设备号，即分区所在设备的类型，即 IDE 硬盘；"x"为次设备号（a 为基本盘，b 为基本从属盘，c 为辅助主盘，d 为辅助从属盘），"～"代表分区，前 4 个分区用数字 1 到 4 表示，它们是主分区或扩展分区，从 5 开始就是逻辑分区。例如，hda3 表示为第 1 个 IDE 硬盘上的第 3 个主分区或扩展分区，hdb2 表示为第 2 个 IDE 硬盘上的第 2 个主分区或扩展分区。

下面介绍跟磁盘及分区管理相关的几个命令。

1. fdisk

fdisk 命令是磁盘及分区管理工具，在硬盘设备中创建、删除、更改分区等操作通过 fdisk 命令进行，命令语法格式如下：

```
fdisk [-l] [设备名称]
```

　　-l：该选项不跟设备名会直接列出系统中所有的磁盘设备以及分区表，加上设备名会列出该设备的分区表。

示例：

```
[root@localhost ~]# fdisk -l /dev/sda2

Disk /dev/sda2: 20.9 GB, 20949499904 bytes
255 heads, 63 sectors/track, 2546 cylinders
Units = cylinders of 16065 * 512 = 8225280 bytes
Sector size (logical/physical): 512 bytes / 512 bytes
I/O size (minimum/optimal): 512 bytes / 512 bytes
Disk identifier: 0x00000000

Disk /dev/sda2 doesn't contain a valid partition table
```

　　如果不加-l 选项，则进入另一个模式，在该模式下，可以对磁盘进行分区操作。

示例：

```
[root@localhost ~]# fdisk /dev/sda1
Device contains neither a valid DOS partition table, nor Sun, SGI or
OSF disklabel
Building a new DOS disklabel with disk identifier 0x490f42d4.
Changes will remain in memory only, until you decide to write them.
After that, of course, the previous content won't be recoverable.

Warning: invalid flag 0x0000 of partition table 4 will be corrected b
y w(rite)

WARNING: DOS-compatible mode is deprecated. It's strongly recommended
 to
        switch off the mode (command 'c') and change display units t
o
        sectors (command 'u').

Command (m for help): ▊
```

　　刚进入该模式下，会有一个提示 Command(m for help)：此时按 M 键则会显示出帮助列表。在帮助列表的帮助下，可以对分区进行创建、查看、删除等操作。具体如下：

```
Command (m for help): m
Command action
   a   toggle a bootable flag
   b   edit bsd disklabel
   c   toggle the dos compatibility flag
   d   delete a partition
   l   list known partition types
   m   print this menu
   n   add a new partition
   o   create a new empty DOS partition table
   p   print the partition table
   q   quit without saving changes
   s   create a new empty Sun disklabel
   t   change a partition's system id
   u   change display/entry units
   v   verify the partition table
   w   write table to disk and exit
   x   extra functionality (experts only)
```

注意：分区危险性很高，如果不谨慎操作可能会将系统上的数据全部删除。

2. mkfs

将硬盘分区后，使用 mkfs（Make Filesystem，创建文件系统）命令可对其进行格式化。格式化的过程即创建文件系统的过程，使用 mkswap 命令可以格式化 SWAP 交换分区。

实际上，mkfs 命令是一个前端工具，可以自动加载不同的程序来创建各种类型的分区，而后端包括多个与 mkfs 命令相关的工具程序，支持 FAT16、FAT32 分区格式的 mkfs.vaft 程序，也支持 ext4 的 mkfs.ext4 程序。可以查看 "/sbin" 目录中与 mkfs 相关的命令工具。具体如下：

```
[root@localhost ~]# ls -l /sbin/mk*
-rwxr-xr-x. 1 root root 30960  5月 26 2020 /sbin/mkdosfs
-rwxr-xr-x. 1 root root 77639  8月 30 2020 /sbin/mkdumprd
-rwxr-xr-x. 5 root root 60484  7月 21 2020 /sbin/mke2fs
-rwxr-xr-x. 1 root root  7416  8月 13 2020 /sbin/mkfs
-rwxr-xr-x. 1 root root 22476  8月 13 2020 /sbin/mkfs.cramfs
-rwxr-xr-x. 5 root root 60484  7月 21 2020 /sbin/mkfs.ext2
-rwxr-xr-x. 5 root root 60484  7月 21 2020 /sbin/mkfs.ext3
-rwxr-xr-x. 5 root root 60484  7月 21 2020 /sbin/mkfs.ext4
-rwxr-xr-x. 5 root root 60484  7月 21 2020 /sbin/mkfs.ext4dev
lrwxrwxrwx. 1 root root     7  9月 16 02:31 /sbin/mkfs.msdos -> mkdosfs
lrwxrwxrwx. 1 root root     7  9月 16 02:31 /sbin/mkfs.vfat -> mkdosfs
-rwxr-xr-x. 1 root root 18600  2月 16 2020 /sbin/mkhomedir_helper
-rwxr-xr-x. 1 root root  3404  8月 20 2020 /sbin/mkinitrd
-rwxr-xr-x. 1 root root 19532  8月 13 2020 /sbin/mkswap
```

使用 mkfs 命令时，基本的命令格式如下：

```
mkfs  -t 文件系统类型 分区设备
```

示例：

```
# mkfs  -t  ext3  /dev/hdb1
```

等同于执行如下命令：

```
# mkfs.ext3 /dev/hdb1
```

3. fsck

当系统非正常关机，或其他原因破坏了文件系统时，需要对文件系统进行修复，否则文件系统将不能正常引导。fsck 命令可以修复一个受损的文件系统，该命令的命令格式如下：

```
fsck  [-sACR]  [-t fstype][filesysname]  [fsck-options]  filesys
```

各选项及参数含义如下。

filesys：设备名（如/dev/hda1）。

-s：依顺序一个一个地执行 fsck 的指令检查。

-A：对/etc/fstab 中所有列出来的分区做检查。

-C：显示完整的检查进度。

-R：检查时跳过 root 文件系统。

-t：指定文件系统的形式，若在/etc/fstab 中已有定义或 kernel 本身已支持该文件系统，则不需要此参数。

示例：

```
[root@localhost ~]# fsck /dev/sda1
fsck from util-linux-ng 2.17.2
e2fsck 1.41.12 (17-May-2010)
/dev/sda1 已挂载.

WARNING!!!  The filesystem is mounted.   If you continue you ***WILL
***
cause ***SEVERE*** filesystem damage.
```

你真的想要继续 (y/n)? █

手动修复过程中会交互的询问，如果自动回答 yes 需要加-y 选项。

4. df

df 命令功能是检查文件系统磁盘空间的占用情况。可以利用该命令获取硬盘被占用了多少空间，目前还剩下多少空间等信息。命令语法格式如下：

```
df  [选项]
```

该命令各选项的含义如下。

-a：显示所有文件系统的磁盘使用情况，包括 0 块（Block）的文件系统，如/proc 文件系统。

-k：以 k 字节为单位显示。

-i：显示 I 结点信息，而不是磁盘块。

-t：显示各指定类型文件系统的磁盘空间使用情况。

-x：列出不是某一指定类型文件系统的磁盘空间使用情况（与 t 选项相反）。

-T：显示文件系统类型。

示例：

列出各文件系统的磁盘空间使用情况。

```
[root@localhost ~]# df
文件系统                    1K-块        已用       可用 已用% 挂载点
/dev/mapper/VolGroup-lv_root
                          18102140    4869232 12313356  29% /
tmpfs                       515660       1104   514556   1% /dev/shm
/dev/sda1                   495844      29018   441226   7% /boot
```

df 命令输出的第 1 列是代表文件系统对应设备文件的路径名（一般是硬盘上的分区）；第 2 列给出分区包含的数据块（1 块 1024 字节）的数目；第 3 列和第 4 列分别表示已用的和可用的数据块数目。也许会感到奇怪的是：第 3 列和第 4 列块数之和不等于第 2 列中的块数。这是因为默认的每个分区都留了少量空间供系统管理员使用。即使遇到普通用户空间已满的情况，管理员仍能登录和留有解决问题所需的工作空间。输出结果中"已用%"列表示普通用户空间使用的百分比，即使这一数字达到 100%，分区仍然留有系统管理员使用的空间。最后，"挂载点"列表示文件系统的安装点。

5. du 命令

du 的英文原义为 disk usage，含义为显示磁盘空间的使用情况，功能为统计目录（或文件）所占磁盘空间的大小。命令语法格式如下：

```
du  [options]  [dirname]
```

该命令的各个选项含义如下。

-s：对每个 dirname 参数只给出占用的数据块总数。

-a：递归地显示指定目录中各文件及子孙目录中各文件占用的数据块数。若既不指定
-s，也不指定-a，则只显示 dirnames 中每个目录及其中各子目录所占的磁盘块数。

- -b：以字节为单位，列出磁盘空间使用情况（系统默认以 k 字节为单位）。
- -k：以 1024 字节为单位列出磁盘空间使用情况。
- -c：最后再加上一个总计（系统默认设置）。
- -x：跳过在不同文件系统上的目录不予统计。

注意：该命令逐级进入指定目录的每个子目录，并显示该目录占用文件系统数据块（1024 字节）的情况。若没有给出 dirnames，则对当前目录进行统计。

示例：

查看/home/user/dir 目录占用磁盘空间的情况。

```
[root@localhost ~]# du -a /home/user/dir
0        /home/user/dir/hello.1
0        /home/user/dir/hello
4        /home/user/dir
[root@localhost ~]#
```

输出结果中第 1 列表示各目录所占空间大小，以块为单位；第 2 列表示目录或文件名。

6. quota

quota 命令可以显示磁盘已使用的空间与限制。

Linux 是多用户操作系统，为了保证用户的公共使用，通常给每个用户分配一定的磁盘额度，只允许使用这个额度范围内的磁盘空间。

quota 这个模块主要分为 quota、quotacheck、quotaoff、quotaon、quotastats、edquota、setquota、warnquota、repquota 这几个命令，下面将分别介绍这些命令。

（1）quota 命令用来显示某个组或者某个使用者的限额。命令语法格式如下：

```
quota  [-gus]  [user,group]
```

该命令各选项的含义如下。

-g：显示某个组的限额。

-u：显示某个用户的限额。

-s：选择 inod 或硬盘空间来显示。

（2）quotacheck 用来扫描某一个磁盘的 quota 空间。命令语法格式如下：

```
quotacheck  [-auvg]  /path
```

该命令各选项的含义如下。

-a：扫描所有已经 mount 的具有 quota 支持的磁盘。

-u：扫描某个使用者的文件以及目录。

-g：扫描某个组的文件以及目录。

-v：显示扫描过程。

-m：强制进行扫描。

（3）edquota 用来编辑某个用户或者组的 quota 值。命令语法格式如下：

```
edquota  [-u user]  [-g group]  [-t]
```

该命令各选项的含义如下。

-u：编辑某个用户的 quota。

-g：编辑某个组的 quota。

-t：编辑宽限时间。

-p：复制某个用户或组的 quta 到另一个用户或组。

（4）quotaon 启动 quota，在编辑好 quota 后，需要启动才能使 quota 生效。命令语法格式如下：

```
quotaon  [-a]  [-uvg directory]
```

该命令各选项的含义如下。

-a：全部设定的 quota 启动。

-u：启动某个用户的 quota。

-g：启动某个组的 quota。

-s：显示相关信息。

（5）quotaoff 关闭 quota。命令语法格式如下：

```
quotaoff  -a
```

该命令的选项的含义如下。

-a：关闭全部的 quota。

默认情况下，Linux 并没有对任何分区做 quota 支持，如果想使用 quota 的功能，需要对/etc/fstab 文件进行修改。

4.3.3　存储设备的挂载与卸载

在 Linux 系统中，对各种存储设备中的资源访问（如读取、保存文件等）都是通过目录结构进行的，虽然系统核心能够通过“设备文件”的方式操纵各种设备，但是对于用户来说，还需要增加一个“挂载”的过程，才能像正常访问目录一样访问存储设备中的资源。

当然，在安装 Linux 操作系统的过程中，自动建立或识别的分区通常会由系统自动完成挂载，如“/”分区、“/boot”分区等。然而，对于后来新增的硬盘分区、USB 盘、光盘等设备，有时还需要管理员手动进行挂载。实际上，用户访问的是经过格式化后建立的文件系统。挂载一个分区时，必须为其指定一个目录作为挂载点，通过这个目录访问设备中的文件。

1．挂载设备

mount 命令可以实现对存储设备的挂载，基本语法格式如下：

```
mount  [-t 文件系统类型] 存储设备 挂载点
```

其中，文件系统类型通常可以省略（由系统自动识别），存储设备为对应分区的设备文件名（如“/dev/sda1”）或网络资源路径，挂载点为用户指定用于挂载的目录。

Linux 提供了可以挂载外部介质的目录/mnt，一般情况下挂载目录都在该目录下。

示例：

挂载 U 盘设备（假设 U 盘标识为 sdb1）到/mnt/usb 目录。

```
#mount  /dev/sdb1  /mnt/usb
```

示例：

查看所有挂载分区情况。

```
[root@localhost ~]# mount
/dev/mapper/VolGroup-lv_root on / type ext4 (rw)
proc on /proc type proc (rw)
sysfs on /sys type sysfs (rw)
devpts on /dev/pts type devpts (rw,gid=5,mode=620)
tmpfs on /dev/shm type tmpfs (rw,rootcontext="system_u:object_r:tmpf
s_t:s0")
/dev/sda1 on /boot type ext4 (rw)
none on /proc/sys/fs/binfmt_misc type binfmt_misc (rw)
sunrpc on /var/lib/nfs/rpc_pipefs type rpc_pipefs (rw)
gvfs-fuse-daemon on /root/.gvfs type fuse.gvfs-fuse-daemon (rw,nosui
d,nodev)
```

输出结果中第 1 列是被挂载的设备，第 2 列是其挂载点，后面说明是以何种文件系统挂载上来的。

2. 卸载设备

umount 命令可以用来把已经 mount 上的文件系统卸载，停止已经建立的挂载关系。语法格式如下：

```
umount 存储设备
```

示例：

卸载 U 盘设备。

```
#umount /dev/sdb1
```

或

```
#umount /mnt/usb
```

在卸载文件系统的时候，可能出现如下提示：

```
umount : /dev/sdb1 device busy
```

这通常是由于该文件系统仍然被某些用户进程占用，没有释放这部分空间导致的。先用 pwd 命令查看是不是自己正处于当前要卸载的文件系统中，如果是，则转到其他目录即可；如果不是，则可以使用 fuser -v 命令查看该文件系统，确定是否其他进程或者用户在使用。

3. 设置设备自动挂载

系统中的 "/etc/fstab" 文件可以看作 mount 命令的配置文件，其中存储了文件系统的静态挂载数据。Linux 系统每次开机时，会自动读取这个文件的内容，自动挂载所指定的文件系统。"/etc/fstab" 配置文件如下：

```
[root@localhost ~]# cat /etc/fstab

#
# /etc/fstab
# Created by anaconda on wed Sep 16 02:24:21 2020
#
# Accessible filesystems, by reference, are maintained under '/dev/disk'
# See man pages fstab(5), findfs(8), mount(8) and/or blkid(8) for more info
#
/dev/mapper/VolGroup-lv_root /                          ext4     defaults      1 1
UUID=5d297f22-fd5c-4b17-a23e-0a7657bd4125 /boot                  ext4     defaults
        1 2
/dev/mapper/VolGroup-lv_swap swap                    swap     defaults      0 0
tmpfs                   /dev/shm            tmpfs    defaults      0 0
devpts                  /dev/pts            devpts   gid=5,mode=620 0 0
sysfs                   /sys                sysfs    defaults      0 0
proc                    /proc               proc     defaults      0 0
```

在 "/etc/fstab" 文件中，每行记录对应一个分区或设备的挂载配置信息，从左到右包括 6 个字段（使用空格或制表符分隔），各部分的含义如下所述。

- 第 1 字段：设备名或设备卷标名。
- 第 2 字段：文件系统的挂载点目录的位置。
- 第 3 字段：文件系统类型，如 etx3、swap 等。
- 第 4 字段：挂载参数，即 mount 命令 "-o" 选择后可使用的参数，如 defaults、rw 等。
- 第 5 字段：表示文件系统是否需要 dump 备份（dump 是一个备份工具），一般设为 1 时表示需要，设为 0 时将被 dump 所忽略。
- 第 6 字段：该数字用户决定在系统启动时进行磁盘检查的顺序，0 表示不进行检查，1 表示优先检查，2 表示其次检查。对于根分区应设为 1，其他分区设为 2。

通过在 "/etc/fstab" 文件中添加相应的挂载配置，可以实现开机后自动挂载指定的分区。编辑该文件，在文件末尾增加如下内容。

```
/dev/sdb1   /mnt/usb   ext3   defaults   0   0
```

保存该文件后，需要重新启动系统，然后开机后会自动加载该 U 盘。

4.4　进程管理

进程管理是操作系统非常关键的一部分，它的设计和实现直接影响整个系统的性能。Linux 系统是一个多进程的操作系统，一个时间段内可以有多个进程并发执行。一方面，避免了较为快速的 CPU 等待较为低速的输入输出设备的情况，提高了 CPU 利用率，从而提高系统的性能。另一方面，同时运行多个进程，可以同时提供多种服务或者同时为更多的客户服务，这也是 Linux 操作系统的特点。

所以，系统管理员对进程管理的把握是非常重要的，只有这样才能合理分配系统的资源，提高系统的效率。本节内容将介绍进程管理相关的基础内容，教会读者使用各种进程管理工具来完成任务。

4.4.1　进程的概念

1．进程的引入

由于多道程序并发执行时，共享系统资源共同决定这些资源的状态，因此系统中各程序在执行过程中就出现了相互制约的关系，程序的执行出现 "走走停停" 的新状态。这些都是在程序动态执行过程中发生的。而程序本身是机器能够翻译或执行的一组动作或指令，是静止的。因此，用程序这个静态概念已不能如实反映程序并发执行过程中的这些特征。为此，人们就用 "进程"（Process）这一概念来描述程序动态执行过程的性质。

Linux 系统上所有运行的东西都可称之为一个进程。每个任务、每个系统管理守护活动都可以称之为进程。Linux 用分时管理方法使所有的任务共同分享系统资源。通常所关心的是如何去控制这些进程，让它们能够很好地为人们服务。所以，进程的定义可描述为：

程序在并发环境中的执行过程。

2. 进程的状态

进程的动态性是由它的状态和转换体现出来的。

进程的基本状态分 3 种：运行态、就绪态和阻塞态（或等待态）。

- 运行态（Running）：运行态是指当前进程已分配到 CPU，它的程序正在处理机上执行时的状态。
- 就绪态（Ready）：就绪态表明进程已具备运行条件，但因为其他进程正占用 CPU，所以暂时不能运行而等待分配 CPU 的状态。
- 阻塞态（Blocked）：阻塞态表明进程因等待某种事件发生而暂时不能运行的状态。

3 种状态的转换关系描述如下。

- 就绪态转换成运行态：处于就绪态的进程被调度程序选中，分配到 CPU 后，该进程的状态就由就绪态变为运行态。
- 运行态转换成阻塞态：正在运行的进程因某个条件未满足而放弃对 CPU 的占用，这个进程的状态就由运行态变为阻塞态。
- 阻塞态转换成就绪态：处于阻塞态的进程所等待事件发生了，系统就把该进程的状态由阻塞态变为就绪态。
- 运行态转换成就绪态：正在运行的进程如用完了本次分配给它的 CPU 时间片，就得从 CPU 上退下来，暂停运行。该进程状态就由运行态变为就绪态，如图 4.4 所示。

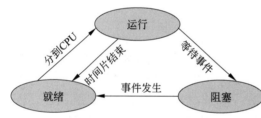

图 4.4 进程的 3 种状态转换

3. 进程的组成

用来描述进程当前的状态、本身特性的数据结构被称为进程控制块（Process Control Block，PCB），所以进程实体通常由程序、数据集合和 PCB 三部分组成。进程的这三部分构成进程在系统中的存在和活动的实体，有时也统称为进程映像。

进程控制块有时也称进程描述块（Process Descriptor），是进程组成中最关键的部分。其中含有进程描述信息和控制信息，是进程动态性的集中反映，也是系统对进程进行识别和控制的依据。

4. 进程的分类

进程大致上来讲可分为两大类：系统进程和用户进程。

系统进程与终端无关，不由用户启动，通常也叫作守护进程，是核心专用的特殊程序。下面说明 0、1 号系统进程意义。

- 进程 0：sysproc 进程。管理换入与换出的进程，对系统中运行的进程进行合理调度。将进程从硬盘交换区调入内存的过程称为换入；将进程从内存调到硬盘交换区的过程称为换出。该进程是 UNIX 核心创建的第一个进程。
- 进程 1：init 进程。系统初始化进程是所有用户进程和非 sysproc 进程的祖先。

4.4.2　启动进程

输入需要运行的程序的程序名，执行一个程序，其实也就是启动了一个进程。在 Linux 系统中每个进程都具有一个进程号，用于系统识别和调度进程。启动一个进程有两个主要途径：手工启动和调度启动。后者需事先进行设置，根据用户要求自行启动。

手工启动：由用户输入命令，直接启动一个进程便是手工启动进程。但手工启动进程又可以分为前台启动和后台启动。前台启动是手工启动一个进程的最常用的方式。一般地，输入一个命令 "ls -1"，就已经启动了一个进程，而且是一个前台的进程。这时系统其实已经处于一个多进程状态。读者或许会有疑惑：只启动了一个进程而已。但实际上有许多运行在后台的、系统启动时就已经自动启动的进程正在悄悄运行着。

直接从后台手工启动一个进程用得比较少一些，除非是该进程非常耗时，且也不急着需要结果的时候。假设要启动一个需要长时间运行的格式化文本文件的进程。为了不使整个 Shell 在格式化过程中都处于"瘫痪"状态，从后台启动这个进程是明智的选择。

调度启动：有时需要对系统进行一些比较费时而且占用资源的维护工作，这些工作适合在深夜进行，这时就可以事先进行调度安排，指定任务运行的时间或者场合，到时系统会自动完成一切工作。

4.4.3　进程管理命令

1. ps

ps 命令是最基本同时也是非常强大的进程查看命令。使用该命令可以确定有哪些进程正在运行和运行的状态、进程是否结束、有没有进程僵尸、哪些进程占用了过多的资源等。ps 命令最常用的还是用于监控后台进程的工作情况，因为后台进程是不和屏幕键盘这些标准输入输出设备进行通信的，所以如果需要检测其情况，便可以使用 ps 命令。该命令的语法格式如下：

```
ps　[选项]
```

常用选项含义如下。
-e：显示所有进程。
-f：全格式。
-h：不显示标题。
-l：长格式。
-w：宽输出。
a：显示终端上的所有进程，包括其他用户的进程。
r：只显示正在运行的进程。
x：显示没有控制终端的进程。
u：使用用户格式输出。
示例：最常用的 3 个参数 a、u、x。

```
[root@localhost ~]# ps aux
USER        PID %CPU %MEM     VSZ    RSS TTY        STAT START    TIME COMMAND
root          1  0.0  0.1    2828   1392 ?          Ss   Nov29    0:02 /sbin/init
root          2  0.0  0.0       0      0 ?          S    Nov29    0:00 [kthreadd]
root          3  0.0  0.0       0      0 ?          S    Nov29    0:00 [migration]
root          4  0.0  0.0       0      0 ?          S    Nov29    0:00 [ksoftirqd]
root          5  0.0  0.0       0      0 ?          S    Nov29    0:00 [watchdog/]
root          6  0.0  0.0       0      0 ?          S    Nov29    0:00 [events/0]
root          7  0.0  0.0       0      0 ?          S    Nov29    0:00 [cpuset]
root          8  0.0  0.0       0      0 ?          S    Nov29    0:00 [khelper]
root          9  0.0  0.0       0      0 ?          S    Nov29    0:00 [netns]
root         10  0.0  0.0       0      0 ?          S    Nov29    0:00 [async/mgr]
root         11  0.0  0.0       0      0 ?          S    Nov29    0:00 [pm]
```

2. top

top 命令和 ps 命令的基本作用是相同的，显示系统当前的进程和其他状况。但是，top 命令是一个动态显示过程，即可以通过按键来不断刷新当前状态。如果在前台执行该命令，将独占前台，直到终止该命令为止。比较准确地说，top 命令提供了实时地对系统处理器的状态监视。将显示系统中 CPU 最"敏感"的任务列表。该命令可以按 CPU 使用，内存使用和执行时间对任务进行排序，而且该命令的很多特性都可以通过交互式命令或者在用户自己定制的文件中进行设定。该命令语法格式如下：

```
top [-dqsiupSc] [-d count] [-s time] [-u username]
```

常用选项含义如下：

d：指定每两次屏幕信息刷新之间的时间间隔。

q：表示没有任何延迟地进行刷新。

s：表示安全模式下运行。

i：表示交互模式下运行，不显示空闲或僵尸进程。

p：指定监控进程 ID 来仅监控某个进程状态。

c：显示整个命令行而不是只显示命令名。

d count：表示更新屏幕显示结果 count 次后退出 top 命令。

s time：设置连续两次更新屏幕显示的时间间隔。

u username：表示只显示属于用户 username 的进程。

示例：用不带选项的 top 命令得到系统性能的使用情况。

```
[root@localhost ~]# top

top - 00:45:57 up 15:16,  5 users,  load average: 0.00, 0.05, 0.11
Tasks: 215 total,   1 running, 214 sleeping,   0 stopped,   0 zombie
Cpu(s):  0.7%us,  0.3%sy,  0.0%ni, 99.0%id,  0.0%wa,  0.0%hi,  0.0%si,  0.0%
Mem:   1031320k total,   979128k used,    52192k free,   188984k buffers
Swap:  2064376k total,        8k used,  2064368k free,   398280k cached

  PID USER      PR  NI  VIRT  RES  SHR S %CPU %MEM    TIME+  COMMAND
 1678 root      20   0 49636  20m 8456 S  1.0  2.0  49:19.20 Xorg
   19 root      20   0     0    0    0 S  0.3  0.0   0:36.45 ata/0
 9723 root      20   0  2660 1172  884 R  0.3  0.1   0:00.13 top
    1 root      20   0  2828 1392 1196 S  0.0  0.1   0:02.48 init
    2 root      20   0     0    0    0 S  0.0  0.0   0:00.01 kthreadd
    3 root      RT   0     0    0    0 S  0.0  0.0   0:00.00 migration/0
    4 root      20   0     0    0    0 S  0.0  0.0   0:00.04 ksoftirqd/0
    5 root      RT   0     0    0    0 S  0.0  0.0   0:00.00 watchdog/0
```

3．renice

renice 命令允许修改一个正在运行进程的优先权。利用 renice 命令可以在执行命令时调整其优先权。其命令语法格式如下：

```
renice -number PID
```

其中，参数 number 表示优先级别号。

示例：

```
[root@localhost ~]# renice -n 5 10
10: old priority 0, new priority 5
[root@localhost ~]#
```

使用该命令时要注意如下的三点。

（1）只能对自己所有的进程使用 renice 命令。

（2）root 用户可以在任何进程上使用 renice 命令。

（3）只有 root 用户才能提高进程的优先权。

4．wait

wait 命令将实现对一个进程的等待。命令语法格式如下：

```
wait [n]
```

等待进程号为 n 的一个进程的完成，并将报告进程的终止状态。如果没有参数，则等待所有后台进程的完成并返回代码 0。

示例：等待进程号为 13199 的进程结束。

```
[root@localhost ~]# wait 13199
```

5．sleep

sleep 命令，将进程的执行挂起一段时间。命令语法格式如下：

```
sleep time
```

即使得 Shell 挂起 time 秒后，再继续执行。

6．at

有些系统命令占用 CPU 时间长，如果 CPU 非常繁忙，可以不立即执行它，而是安排在空闲时，或指定在某时刻执行。at 命令的功能可以实现指定时刻执行指定的命令序列。也就是说，该命令至少需要指定一个命令、一个执行时间才可以正常运行。at 命令可以只指定时间，也可以时间和日期一起指定。需要注意的是，指定时间有系统判别问题。例如，现在指定了一个执行时间为凌晨 3:20，而发出 at 命令的时间是前一天晚上 20:00，那么究竟是在哪一天执行该命令呢？如果在 3:20 以前仍然在工作，那么该命令将在这个时候完成；如果 3:20 以前就退出了工作状态，那么该命令将在第二天凌晨才得到执行。下面是 at 命令的语法格式如下：

```
at [-V] [-q queue] [-f filename] [-mldbv] time
```

常用选项含义如下。

-V：输出版本编号。

-q：使用指定的队列（Queue）来储存，at 命令的资料是存放在所谓的 queue 中，使用者可以同时使用多个 queue，而 queue 的编号为 a，b，c，…，z 以及 A，B，…，Z 共 52 个。

-f filename：读入预先写好的命令档。

-m：即使程序/指令被执行完成后没有输出结果，也要给使用者寄封邮件说明。

-l：列出所有的指定（使用者也可以直接使用 atq 而不用 at -l）。

-d：删除指定作业（使用者也可以直接使用 atrm 而不用 at –d）。

-v：列出所有已经完成但尚未删除的指定作业。

time：表示执行命令的时间。

at 命令允许使用一套相当复杂的指定时间的方法，实际上是将 POSIX.2 标准扩展了。它可以接受在当天的 hh:mm（小时:分钟）式的时间指定。如果该时间已经过去，那么就放在第二天执行。当然也可以使用 midnight（深夜）、noon（中午）、teatime（饮茶时间，一般是下午 4 点）等比较模糊的词语来指定时间。还可以采用 12 小时计时制，即在时间后面加上 AM（上午）或者 PM（下午）来说明是上午还是下午。也可以指定命令执行的具体日期，指定格式为 month day（月日）或者 mm/dd/yy（月/日/年）或者 dd.mm.yy（日.月.年）。指定的日期必须跟在指定时间的后面。

示例：指定/home/user/pwd_script 在 03:15 执行。

```
[root@localhost ~]# at -f /home/user/pwd_script 03:15
job 3 at 2020-10-12 03:15
[root@localhost ~]# 
```

对于 at 命令来说，需要定时执行的命令是从标准输入或者使用-f 选项指定的文件中读取并执行的。如果 at 命令是从一个使用 su 命令切换到用户 Shell 中执行的，那么当前用户被认为是执行人，所有的错误和输出结果都会送给当前用户。

在任何情况下，超级用户都可以使用这个命令。对于其他用户来说，是否可以使用 at 命令取决于两个文件：/etc/at.allow 和/etc/at.deny。

7．cron

Linux 系统提供 cron 命令可以按一定时间自动完成任务调度。实际上，cron 命令是不应该手工启动的。cron 命令在系统启动时由一个 Shell 脚本自动启动，然后进入后台（所以不需要使用&符号）。一般的用户没有运行该命令的权限，虽然超级用户可以手工启动 cron，不过还是建议将其放到 Shell 脚本中由系统自动启动。

cron 命令执行过程中，首先 cron 命令会搜索/var/spool/cron 目录，寻找以/etc/passwd 文件中的用户名命名的 crontab 文件，将把被找到的这种文件载入内存。例如，一个名为 user 的用户，所对应的 crontab 文件就应该是/var/spool/cron/user。也就是说，以该用户命名的 crontab 文件存放在/var/spool/cron 目录下面。cron 命令还将搜索/etc/crontab 文件，这个文件是用不同的格式写成的。cron 启动以后，将首先检查是否有用户设置了 crontab 文件，如果没有则转入休眠状态，释放系统资源，所以该后台进程占用资源极少。它每分钟"醒"过来一次，查看当前是否有需要运行的命令。命令执行结束后，任何输出都将作为邮件发送给 crontab 的所有者，或者是/etc/crontab 文件中 MAILTO 环境变量中指定的用户。

上面简单介绍了一些 cron 的工作原理，cron 命令的执行不需要用户干涉，需要用户修改的是 crontab 中要执行的命令序列，所以下面介绍 crontab 命令。

8. crontab

crontab 命令用于安装、删除或者列出用于驱动 cron 后台进程的表格。也就是说，把需要执行的命令序列放到 crontab 文件中以获得执行。每个用户都可以有自己的 crontab 文件。下面将介绍如何创建一个 crontab 文件。在/var/spool/cron 下的 crontab 文件不可以直接被创建或者直接修改。crontab 文件是通过 crontab 命令得到的。现在假设 root 用户需要创建自己的一个 crontab 文件。首先可以使用任何文本编辑器建立一个新文件，然后向其中写入需要运行的命令和要定期执行的时间；然后存盘退出，假设该文件为/tmp/ test.cron；最后就是使用 crontab 命令来安装这个文件，使之成为 crontab 文件。输入内容如下：

```
# crontab test.cron
```

这样，一个 crontab 文件就被建立好了。用户可以转到/var/spool/cron 目录下面查看，会发现多了一个 root 文件。这个文件就是所需的 crontab 文件。

注意：执行 crontab 文件时，如果是系统管理员，则执行时不需要权限；如果是普通用户，则执行时需要权限。系统用/etc/cron.allow 文件和/etc/cron.deny 文件控制普通用户执行 crontab 的权限。如果没有 cron.allow 文件，cron.deny 文件内容为空，则表示所有用户都可以使用 cron 命令。

在 crontab 文件中如何输入需要执行的命令和时间？该文件中每行都包括 6 个域，其中前 5 个域是指定命令被执行的时间，最后一个域是要被执行的命令，每个域之间使用空格或者制表符分隔。语法格式如下：

```
minute hour day-of-month month-of-year day-of-week commands
```

第 1 项是分钟，第 2 项是小时，第 3 项是一个月的第几天，第 4 项是一年的第几个月，第 5 项是一周的星期几，第 6 项是要执行的命令。这些项都不能为空，必须填入。如果不需要指定其中的几项，那么可以使用*代替。因为*是通配符，可以代替任何字符，所以可以认为是任何时间，也就是该项被忽略了。

9. kill

当需要中断一个前台进程时，通常是使用 Ctrl+C 快捷键；但是对于一个后台进程就不是一个快捷键所能解决的了，这时就必须求助于 kill 命令。该命令可以终止后台进程。终止后台进程的原因，或许是该进程占用的 CPU 时间过多；或许是该进程已经"挂死"状态等。

kill 命令是通过向进程发送指定的信号来结束进程的。如果没有发送指定信号，那么默认值为 TERM 信号。TERM 信号将终止所有不能捕获该信号的进程。那些可以捕获该信号的进程可能需要使用 kill（9）信号，该信号是不能被捕捉的。

kill 命令的语法格式很简单，大致有以下两种方式。

```
kill  [-s 信号 | -p ] [ -a ] 进程号
kill  -l [信号]
```

常用选项含义如下。

-s：指定需要送出的信号，既可以是信号名，也可以对应数字。

-p：指定 kill 命令，只显示进程的 pid，并不真正送出结束信号。

-l：显示信号名称列表，这也可以在/usr/include/linux/signal.h 文件中找到，下面将描述该命令的使用。

示例：杀掉进程 16502。

```
[root@localhost ~]# kill 16502
[root@localhost ~]#
```

有时可能会遇到这样的情况，某个进程已经挂死或闲置，使用 kill 命令却杀不掉该进程。这时就必须发送信号 9，强行关闭此进程。当然这种"野蛮"的方法很可能会导致打开的文件出现错误或者数据丢失之类的错误，所以不到万不得已不要使用强制结束的办法。如果连信号 9 都不响应，那就只有重新启动计算机了。

4.5 日志管理

4.5.1 Linux 的日志

Linux 系统日志是对特定事件的记录。Linux 系统运行过程中，可能会遇到一些奇怪的问题，如网络无法连通、PPP 不能用了、X Window 无法启动等。这时通常需要借助日志文件来解决这些问题。为了保证系统正常运行，处理每天可能遇到的各种问题，认真地读取和分析日志文件是系统管理员的一项非常重要的任务。日志对于系统安全来说尤其重要，由于日志记录了系统每天发生的各种各样的事情，可以通过它来检查错误发生的原因，或者受到攻击时攻击者留下的痕迹。日志还可以帮助用户审计和监测，也可以实时地监测系统状态，监测和追踪侵入者等。

Linux 系统中有如下 3 个主要的日志子系统。

（1）连接时间日志子系统。

（2）进程统计日志子系统。

（3）错误日志子系统。

1．连接时间日志

连接时间日志由多个程序执行，把记录写入/var/log/wtmp 和/var/run/utmp 中，login 等程序更新 wtmp 和 utmp 文件，使系统管理员能够跟踪用户在何时登录系统中。utmp、wtmp 和 lastlog 日志文件是 Linux 日志系统的关键，保存用户登录和退出的记录。

有关当前登录用户的信息记录在文件 utmp 中；登录和退出记录在文件 wtmp 中；最后一次登录文件可以用 lastlog 命令查看；数据交换、关机和重启也记录在 wtmp 文件中。所有的记录都包含时间戳。这些文件（lastlog 通常不大）在具有大量用户的系统中增长十分迅速。例如，wtmp 文件可以无限增长，除非定期截取。许多系统以一天或者一周为单位把 wtmp 配置成循环使用，通常由 cron 运行的脚本来修改，这些脚本重新命名并循环使用 wtmp 文件。通常，wtmp 在第一天结束后命名为 wtmp.1；第二天后 wtmp.1 变为 wtmp.2

等，直到 wtmp.7。

 每次有一个用户登录时，login 程序在文件 lastlog 中查看用户的 UID。如果找到对应的 UID，则把用户上次登录、退出时间和主机名写到标准输出中，然后 login 程序在 lastlog 中记录新的登录时间。在新的 lastlog 记录写入后，utmp 文件打开并插入用户的 utmp 记录。该记录一直用到用户登录退出时删除。utmp 文件被各种命令文件使用，包括 who、w、users 和 finger。

 接着，login 程序打开文件 wtmp 附加用户的 utmp 记录。当用户退出时，具有更新时间戳的同一 utmp 记录附加到文件中。

 wtmp 和 utmp 文件都是二进制文件，不能被诸如 tail 命令剪贴或合并（也不能用 cat 命令），需要使用 who、w、last、ac 等命令来使用这两个文件包含的信息。

 who：who 命令查询 utmp 文件并报告当前登录的每个用户。Who 命令的默认输出包括用户名、终端类型、登录日期及远程主机。

 示例：who 命令的显示结果。

```
[root@localhost ~]# who
root     tty1        2020-11-29 09:30 (:0)
root     pts/0       2020-11-29 09:31 (:0.0)
```

 如果指明了 wtmp 文件名，则 who 命令查询所有以前的记录。命令 who /var/log/wtmp 将报告自从 wtmp 文件创建或删改以来的每一次登录。例如：

```
user     tty1        2020-09-15 18:55 (:0)
root     tty7        2020-09-15 22:56 (:1)
root     pts/0       2020-09-15 23:04 (:1.0)
root     pts/0       2020-09-15 23:08 (:1.0)
user     pts/0       2020-09-15 23:09 (:0.0)
user     pts/0       2020-09-15 23:11 (:0.0)
root     pts/0       2020-09-15 23:13 (:1.0)
```

 w：w 命令查询 utmp 文件并显示当前系统中每个用户和它所运行的进程信息。

 示例：执行 w 命令，查看结果。

```
[root@localhost ~]# w
 09:56:38 up 27 min,  2 users,  load average: 0.00, 0.00, 0.00
USER     TTY      FROM           LOGIN@   IDLE   JCPU   PCPU WHAT
root     tty1     :0             09:30    27:05  9.70s  9.70s /usr/bin/Xorg :
root     pts/0    :0.0           09:31    0.00s  0.09s  0.06s w
```

 last：last 命令往回搜索 wtmp 来显示自从文件第一次创建以来登录过的用户。

 示例：执行 last 命令，查看结果。

```
[root@localhost ~]# last
root     pts/0        :0.0              Tue Nov 29 09:31   still logged in
root     tty1         :0                Tue Nov 29 09:30   still logged in
reboot   system boot  2.6.32-71.el6.i6  Tue Nov 29 09:29 - 09:59  (00:29)
root     pts/1        :1.0              Tue Oct 11 03:17 - crash (49+06:12)
root     tty7         :1                Tue Oct 11 03:16 - crash (49+06:13)
user     pts/0        :0.0              Sun Oct  9 10:25 - crash (50+23:03)
user     tty1         :0                Sun Oct  9 10:25 - crash (50+23:04)
reboot   system boot  2.6.32-71.el6.i6  Sun Oct  9 10:20 - 09:59 (50+23:38)
user     tty7         :0                Thu Sep 29 23:15 - 00:22  (01:06)
```

 ac：ac 命令根据当前的/var/log/wtmp 文件中的登录进入和退出来报告用户连接的时间

（小时），如果不使用标志，则报告总的时间。

示例：执行 ac 命令，查看结果。

```
[root@localhost ~]# ac
        total     227.34
```

示例：执行 ac -d，显示每天的总的连接时间。

```
[root@localhost ~]# ac -d
Sep 15  total        5.04
Sep 16  total        5.30
Sep 17  total       47.75
Sep 18  total        1.59
Sep 29  total        1.64
Sep 30  total        0.37
Oct  9  total       27.15
Oct 11  total      137.44
Today   total        1.10
```

lastlog：lastlog 文件在每次有用户登录时被查询。可以使用 lastlog 命令来检查某特定用户上次登录的时间，并格式化输出上次登录日志/var/log/lastlog 的内容。它根据 UID 排序显示用户名、端口号（tty）和上次登录时间。如果一个用户从未登录过，则显示"**从未登录过**"。

示例：执行 lastlog 命令，查看结果。

```
[root@localhost ~]# lastlog
用户名          端口     来自              最后登录时间
root           tty1                      二   9月  15 23:30:54 +0800 2020
bin                                      **从未登录过**
daemon                                   **从未登录过**
adm                                      **从未登录过**
lp                                       **从未登录过**
sync                                     **从未登录过**
```

注意：需要以 root 运行 lastlog 命令。

2. 进程统计日志

进程统计日志由系统内核执行。当一个进程终止时，为每个进程往进程统计文件（pacct 或 acct）中写一个记录。进程统计的目的是为系统中的基本服务提供命令使用统计。

Linux 可以跟踪每个用户运行的每条命令，如果想知道昨晚弄乱了哪些重要的文件，进程统计子系统可以告诉用户。与连接时间日志不同，进程统计子系统默认不激活，必须启动。

利用 psacct 来监控登录服务器用户的行为。

```
# rpm -qa | grep psacct      //检查是否已经安装该软件包,若已安装则显示该软件包及版本
# chkconfig --list psacct    //chkconfig 命令检查服务是否自动启动
# chkconfig  psacct on       //若没有启动,则手工启动
# service psacct start       //启动服务
```

启动之后就可以使用 lastcomm 命令监测系统中任何时候执行的命令。若要关闭统计，则可以使用不带任何参数的 accton 命令。

lastcomm 命令报告以前执行的文件。不带参数时，lastcomm 命令显示当前统计文件生命周期内记录的所有命令的有关信息。例如：

```
[root@localhost ~]# lastcomm
ac                      root      pts/1      0.00 secs Tue Nov 29 14:06
service                 root      pts/1      0.01 secs Tue Nov 29 14:06
psacct                  root      pts/1      0.02 secs Tue Nov 29 14:06
touch                   root      pts/1      0.00 secs Tue Nov 29 14:06
accton        S         root      pts/1      0.00 secs Tue Nov 29 14:06
```

还可以根据用户而不是命令来提供一个摘要报告。

示例：执行 sa -m，显示用户的进程数量及 CPU 时间数。

```
[root@localhost ~]# sa -m
                              6       0.00re        0.00cp        1064k
root                          6       0.00re        0.00cp        1064k
```

其中，re 是指"实际时间"，单位为分钟；cp 是指系统和用户时间总数（CPU 时间单位为分钟）；k 是指核心所占的平均 CPU 时间，一个单元的大小为 1k。

3．系统和服务日志

系统和服务日志由 syslogd（8）执行。各种系统守护进程、用户程序和内核通过 syslog（3）向文件/var/log/messages 报告值得注意的事件。以下日志文件都是由 syslog 驱动的。

- /var/log/lastlog：记录最后一次用户成功登录的时间、登录 IP 等信息。
- /var/log/messages：记录 Linux 操作系统常见的系统和服务错误信息。
- /var/log/secure：Linux 系统安全日志，记录用户和工作组变坏情况、用户登录认证情况。
- /var/log/btmp：记录 Linux 登录失败的用户、时间以及远程 IP 地址。
- /var/log/cron：记录 crond 计划任务服务执行情况。

4.5.2　常用日志文件

前面内容提到的 3 个日志子系统是 Linux 日志系统的基础，利用这些日志的常用方式就是查看阅读日志文件。日志文件一般都是纯文本的文件，每一行就是一个消息。只要是在 Linux 下能够处理纯文本的工具都能用来查看日志文件。例如，简单地用 cat 命令就能把/var/log/messages 文件中的消息显示到屏幕上。

日志文件总是很大，因为从第一次启动 Linux 开始，消息都累积在日志文件中。请注意：最好不要用 cat 命令显示日志文件的内容，最好也不要用文本编辑器打开日志文件。这是因为一方面很耗费内存，另一方面不允许随意改动日志文件。查看日志文件的一个比较好的方法是用像 more 或 less 这样的分页显示程序，或者用 grep 查找特定的消息。先用 more 显示/var/log/messages。

```
[root@localhost ~]# more /var/log/messages
Nov 29 10:24:03 localhost kernel: imklog 4.6.2, log source = /proc/kmsg st
arted.
Nov 29 10:24:03 localhost rsyslogd: [origin software="rsyslogd" swVersion=
"4.6.2" x-pid="1159" x-info="http://www.rsyslog.com"] (re)start
Nov 29 10:24:35 localhost qpidd[1576]: 2020-11-29 10:24:35 warning Timer w
oken up 565ms late
Nov 29 13:31:31 localhost qpidd[1576]: 2020-11-29 13:31:31 warning Timer w
oken up 321ms late
Nov 29 13:31:38 localhost qpidd[1576]: 2020-11-29 13:31:37 warning Timer w
oken up 2851ms late
```

在结果中可以看到从日志文件中取出来的一些消息。每个消息，而且都由如下 4 个域的固定格式组成。

- 时间标签（Timestamp）：表示消息发出的日期和时间。
- 主机名（Hostname）：在这里例子中主机名为 localhost，表示生成消息的计算机的名字。
- 生成消息的子系统的名字：可以是 kernel，表示消息来自内核，或者是进程的名字，表示发出消息的程序的名字。在方括号里的是进程的 PID。
- 消息（Message）：剩下的部分就是消息的内容了。

下面介绍 Linux 中两个重要的、功能全面的日志文件 /var/log/dmesg 和 /var/log/messages。

1. /var/log/dmesg

/var/log/dmesg 文件保存内核启动的信息。在这个文件里，可以看到内核和各种驱动程序的加载，加载硬件驱动时系统也会显示出相应的信息。一般可以通过 /var/log/dmesg 查看某个硬件设备是否已经被系统识别，或是看它是否正常运行。如果某个驱动由于配置错误或硬件本身有问题时，就可以使用 /var/log/dmesg 文件来找原因。这个文件可以用文本编辑器来查看，也可以通过 dmesg 命令将其显示出来。

下面列出一个 dmesg 文件的例子：

```
[root@localhost ~]# dmesg |more
Initializing cgroup subsys cpuset
Initializing cgroup subsys cpu
Linux version 2.6.32-71.el6.i686 (mockbuild@x86-004.build.bos.redhat.com)
(gcc version 4.4.4 20100726 (Red Hat 4.4.4-13) (GCC) ) #1 SMP Wed Sep 1 01
:26:34 EDT 2010
KERNEL supported cpus:
  Intel GenuineIntel
  AMD AuthenticAMD
  NSC Geode by NSC
  Cyrix CyrixInstead
  Centaur CentaurHauls
  Transmeta GenuineTMx86
  Transmeta TransmetaCPU
  UMC UMC UMC UMC
BIOS-provided physical RAM map:
 BIOS-e820: 0000000000000000 - 000000000009f800 (usable)
 BIOS-e820: 000000000009f800 - 00000000000a0000 (reserved)
 BIOS-e820: 00000000000ca000 - 00000000000cc000 (reserved)
```

2. /var/log/messages

/var/log/messages 文件是 Linux 系统中最全面的日志文件，记录了内核和应用程序发生错误时的信息和系统运行的一般信息。如果在 /var/log/messages 里面没有找到想要的信息，或者需要某些程序更为详细的信息，可以到 /var/log 目录下查找是否有以此程序命名的文件。

在使用 /var/log/messages 文件时，注意该文件是不断变大的，而且在繁忙的系统中更是以非常快的速度增大。这为查看带来很多不便，在这里给出一些查看大日志文件的技巧。新的消息加在日志文件的末尾，因此最新的消息总是在文件的末尾出现。显示一个长文件末尾几行的一个方便的方法是使用带 "-n" 参数的 tail 命令。

示例：显示 messages 日志文件的最后 3 行。

```
[root@localhost ~]# tail -n 3 /var/log/messages
Nov 29 23:46:03 localhost gdm-simple-slave[7170]: GLib-GObject-CRITICAL: g
_signal_handlers_disconnect_matched: assertion `G_TYPE_CHECK_INSTANCE (ins
tance)' failed
Nov 29 23:46:03 localhost gdm-simple-slave[7170]: GLib-GObject-WARNING: in
valid (NULL) pointer instance
Nov 29 23:46:03 localhost gdm-simple-slave[7170]: GLib-GObject-CRITICAL: g
_signal_handlers_disconnect_matched: assertion `G_TYPE_CHECK_INSTANCE (ins
tance)' failed
```

/var/log/messages 内容已在前面介绍，在此不再解释。

4.5.3　日志分析工具

用肉眼去读系统日志文件是一件枯燥而且容易出错的事情，而且很可能忽略一些重要的信息。管理员需要一个好的工具来筛选出重要的系统日志信息。下面简单介绍 swatch 日志管理工具，读者可以根据自己的需要来使用。

swatch 能浏览日志文件，对找到的关键信息进行处理。swatch 使用 perl 在日志文件中寻找某种表达式，它有 3 个组成部分：控制程序，启动库文件和一个配置文件。配置文件由以下的数据格式组成。

- 匹配模式。
- 处理方式。
- 时间间隔。
- 时间戳域。

时间间隔用于指明信息的出现频度，如果磁盘受到物理性的损坏，每隔数秒将显示出一条坏扇区的记录，这些内容一样的记录用户不用详细地逐条来看，swatch 会忽略这种内容相同的记录，直到时间到期为止。时间戳域与时间间隔一起使用，在存储日志信息时去除其时间标记。

swatch 有如下 7 种预定义的处理方式。

echo：把信息显示在控制台。

bell：向控制台发送 control+g。

ignore：不做任何处理。

write：给用户发送信息。

mail：给用户发送电子邮件。

pipe：给某些命令传送数据。

exec：提供参数运行某个命令。

配置文件写好之后，swatch 就根据它来创建一个 perl 脚本，启动一个守护进程，持续地监控日志信息。swatch 能对标准信号做出反应，一个 SIGHUP 信号可以终止已启动的守护进程，并从配置文件重新产生一个进程。这样在修改配置文件的时候，仍能持续地监控系统。swatch 能根据不同的配置文件为任何指定的用户启动很多个守护进程，每个用户在其根目录下都有一个.swatch 文件，可以用 swatch 来得到一些系统事件。例如，某个文件被复制到某个目录下。

使用 swatch 需要下载 swatch 软件包，然后在系统中安装后使用。

本章小结

系统管理员维护一个 Linux 系统时，涉及各种类型的工作：在系统中增加新用户、配置用户的运行环境，如 Shell、主目录和各种权限；安装新的软件，其中包括应用软件、操作系统的升级、补丁和 bug 修复等；安装新的硬件设备；监控文件系统的使用情况，确保系统中有足够的磁盘空间，确保所有的备份正常；解决用户的问题，尽量找到问题所在，必要时可以与产品提供商联系来解决问题；确保所有网络服务正常运行，如电子邮件和远程系统的存取。本章重点介绍了 Linux 系统启动与关闭、用户管理、设备管理、进程管理和日志管理知识。

在学习 Linux 系统中，这些基本的管理工作是最基础的知识。只有对这些知识非常熟悉，才能真正掌握和应用 Linux 系统。

本章习题

1. 简述 RHEL 6.0 系统启动引导过程。
2. 在 RHEL 6.0 系统中运行级别分为几级？分别有何特点？
3. 关闭系统的 shutdown、halt、reboot、init 命令各有何特点？
4. Linux 系统用户的类型都有哪些？
5. RHEL 6.0 用户管理有哪几种方法？
6. RHEL 6.0 中用户管理相关的文件有哪些？并解释文件内容。
7. 使用 useradd 命令添加用户 student，然后使用 userdel 删除该用户。
8. RHEL 6.0 系统中设备如何标识？
9. 如何进行 U 盘挂载？卸载？
10. 什么是进程？
11. 练习使用进程管理命令对进程进行查看、调度、终止。
12. RHEL 6.0 系统的日志分为哪几类？
13. RHEL 6.0 系统中主要的日志文件有哪些？并解释其文件内容。

第5章

Linux 的网络管理及应用

本章学习目标

- 了解 Linux 网络服务分类和原理。
- 掌握 Linux 常用网络命令的使用。
- 掌握 Linux 各种网络服务器的基本概念。
- 掌握 Linux 常用网络服务器的配置过程。

5.1 Linux 网络管理命令

5.1.1 ifconfig

ifconfig 用于查看和更改网络接口的地址和参数。常用选项及参数含义如下。

interface：网络接口名，如 eth0 和 eth1。

up：激活网卡设备。

down：关闭网卡设备。

broadcast address：设置接口的广播地址。

pointpoint：启动点对点方式。

address：指定设备的 IP 地址。

netmask address：设置子网掩码。

示例：

```
ifconfig eth1                          //查看网卡 eth1 状态
ifconfig eth0 up                       //激活网卡 eth0
ifconfig eth0 down                     //关闭网卡 eth0
ifconfig eth0 192.168.1.105 netmask 255.255.255.0 broadcast 192.168.1.255 up
//设置 eth0 的 IP 地址为 192.168.1.105 子网掩码 255.255.255.0 广播地址 192.168.1.255
并且马上激活它
ifconfig eth1 mtu 9000                 //修改其 MTU 内容
ifconfig eth1 192.168.0.1              //设置网卡 IP
ifconfig eth1 -arp                     //禁止 arp 协议
ifconfig eth1 arp                      //开启 arp 协议
```

```
ifconfig eth1 hw ether 00:AA:BB:CC:DD:EE //修改MAC(修改硬件地址必须先关闭设备)
ifconfig eth0:0 192.168.78.25 netmask 255.255.255.0
ifconfig eth0:1 192.168.0.25 netmask 255.255.255.0 //为一块网卡绑定多个IP地址
```

5.1.2　ping

ping 使用 ICMP 协议检测整个网络的连通情况，一般用法如下：

```
ping 本机IP                         //查看本机网络接口是否正确配置
ping 本机主机名                      //检查计算机名是否正确
ping 网关                           //检查和局域网的主机是否连通
```

示例：

```
ping -c 3 192.168.1.105           //设置回应3次
ping -c 3 www.163.com
ping -c 3 127.0.0.1               //查看本机是否安装TCP/IP，网卡是否工作正常
ping -c 3 -s 2000 192.168.1.105  //找出最大MTU数值
ping -c 3 -R 192.168.1.105        //查看IP记录路由
```

5.1.3　netstat

netstat 用于查看网络状态，一般用法如下：

```
netstat -antpu                    //常用查看命令
netstat -a                        //显示已经建立连接的接口
netstat -rn                       //显示路由表状态，且直接使用IP及端口号
```

其他选项及参数含义如下。

-s：按照各个协议分别显示其统计数据。

-t：显示 TCP 传输协议的连接状态。

-u：显示 UDP 传输协议的连接状态。

-w：显示 RAW 传输协议的连接状态。

-p：显示正在使用 socket 的程序识别码和程序名称。

示例：

```
netstat -tulnp   //目前已经启动的网络服务
netstat -l       //仅列出在监控的端口
netstat -i       //显示本机网络接口信息和ifconfig命令输出接口一致
netstat -t       //显示TCP传输协议的连接状态
netstat -u       //显示UDP传输协议的连接状态
netstat -g       //查看组播成员信息
netstat -s       //显示网络工作协议的统计信息
```

5.1.4　其他常用命令

traceroute 是数据包路由跟踪诊断命令，可以查看数据包在网络上传输的路径情况，常

见用法如下：

```
traceroute 192.168.1.105
traceroute www.dlpu.edu.cn
traceroute -n www.sohu.com
```

dig 域信息搜索器，常见用法如下：

```
dig sohu.com +nssearch  //查看包含 sohu.com 的授权域名服务器，并显示网段中每台域名
                        //服务器的 SOA 记录
dig dlpu.edu.cn +trace  //从根服务器开始追踪域名 dlpu.edu.cn 的解析过程
dig -x 210.30.49.180    //对 210.30.49.180 进行逆向查询
dig www.163.com         //根据域名来查询 IP 地址
```

地址解析协议（Address Resolution Protocol，ARP）表也称 ARP 缓存，包含一个本地
网络上所有 MAC 地址到 IP 地址的完整映射。常用选项及参数含义如下。

-a：显示所有接口当前缓存。

-d：删除指定的 IP 地址项。

-v：使用冗长形式显示。

-n：使用数值形式的地址代替主机名。

-s：增加指定 IP 缓存。

示例：

```
arp -a                                  //显示本地网络的所有入口
arp -v
arp -a -n 192.168.1.105
arp -s 192.168.1.105 00:0C:29:75:B9:BD //将 IP 和物理地址绑定
arp -H ether                            //查看 ether 类型的网卡
arp -a 10.10.1.24                       //显示主机 10.10.1.24 的所有入口
```

还有很多网络应用命令，如 nslookup、telnet、ftp、mail、tcpdump、nmap，这里不再
一一介绍，有兴趣的读者可以自己查阅相关资料。

5.2　文件服务器配置：NFS 和 Samba

本节将要介绍 Linux 两种常用文件服务器软件 NFS 和 Samba 的配置及使用，NFS 服
务主要用于 Linux 主机间的共享文件。Linux 系统与 Windows 系统间的文件共享可以通过
Samba 服务来实现。

注意：如果配置有问题，请关注防火墙和 SELinux 相关设置。

5.2.1　NFS 配置

NFS（Network File System，网络文件系统）是 UNIX、Linux 支持的文件系统中的一
种。NFS 允许一个系统在网络上与他人共享目录和文件。通过使用 NFS，用户和程序可以

像访问本地文件一样访问远端系统上的文件。NFS 有以下 3 个优点。

（1）本地工作站使用更少的磁盘空间，因为通常的数据可以存放在另一台机器上，而且可以通过网络访问到。

（2）不必在每个网络上和机器中都有一个 home 目录。home 目录可以被放在 NFS 服务器上，并且在网络上处处可用。

（3）诸如 CDROM 之类的存储设备，可以在网络上共享，并被别的机器使用。这可以减少整个网络上可移动存储设备的数量。

NFS 采用的是 C/S 体系结构，至少有两个主要部分：一台服务器和一台（或者更多）客户机。客户机远程访问存放在服务器上的数据。

如图 5.1 所示，假设要把计算机 B 上的/usr/man 挂载到计算机 A 的/usr/man，首先要在计算机 B 上安装 NFS 服务器端软件并完成配置，然后只需要在计算机 A 的主机上运行 mount -t nfs B_machine_name（or IP）:/usr/man   /usr/man 命令，就可达到共享目的。

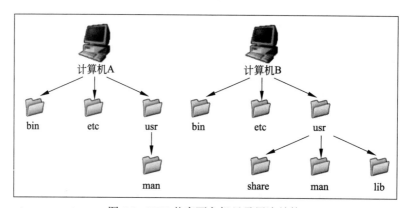

图 5.1 NFS 共享两主机目录层次结构

下面将介绍 Red Hat Enterprise Linux 中 NFS 服务器图形下和终端下两种配置过程。

如果是 Red Hat Enterprise Linux 6 以前的版本，服务器配置带有图形界面，所以配置起来相对容易很多。如 Red Hat Enterprise Linux 5.5 就能在 gnome 界面下的服务器设置看到的 NFS。单击"系统"菜单下的"管理"→"服务器设置"→"NFS"选项，打开如图 5.2 所示的界面。

按照图 5.2 所示很容易就能配置起 NFS 共享服务器及共享的目录，用 service nfs start 命令启动 nfs 服务，这样客户端就能通过 mount 挂载映射到客户端本地目录上。例如，mount -t nfs 192.168.0.129:/home/share /mnt 命令将 192.168.0.129 主机上的/home/share 目录挂载到本地的/mnt 上。

Red Hat Enterprise Linux 6 默认安装不带以上图形化操作界面，所以这里介绍在终端下如何配置 NFS 服务器。需要说明的是：无论是图形化操作还是直接去修改配置文件，效果都是一样的，图形化操作界面最后修改的也是对应配置文件，只是有图形化操作界面相对来说容易一些。对于 Linux 服务器管理员来说，一般都是直接远程登录机器，在终端界面上直接修改配置文件达到配置服务器的目的。在本章其他服务器的配置中，一般都提供两种配置方式，只是要注意本章图形化配置界面都是在 Red Hat Enterprise Linux 5.5 版本基础之上完成的，Red Hat Enterprise Linux 5.5 默认安装有服务器设置图形操作工具，而 Red Hat Enterprise Linux 6 默认没有。

图 5.2　NFS 服务器配置图形操作界面

首先要明确 NFS 服务的配置文件是 etc/exports，要注意图形界面上配置服务器的各参数最终还是以 etc/exports 文件形式存在的，只是图形操作对用户而言相对容易些。

exports 文件内容格式：

<输出目录>[客户端 1 选项（访问权限，用户映射，其他）] [客户端 2 选项（访问权限，用户映射，其他）]

1. 输出目录

输出目录是指 NFS 系统中需要共享给客户机使用的目录。

2. 客户端

客户端是指网络中可以访问这个 NFS 输出目录的计算机。客户端常用的指定方式为：指定 IP 地址的主机 192.168.60.20；指定子网中的所有主机 192.168.60.0/24；指定域名的主机 pc1.dlpu.edu.cn；指定域中的所有主机*.dlpu.edu.cn；所有主机*。

3. 选项

选项用来设置输出目录的访问权限、用户映射等。NFS 主要有如下 3 类选项。

1）访问权限选项

（1）设置输出目录只读 ro。

（2）设置输出目录读写 rw。

2）用户映射选项

（1）all_squash 将远程访问的所有普通用户及所属组都映射为匿名用户或用户组（nfsnobody）。

（2）no_all_squash 与 all_squash 取反（默认设置）。

（3）root_squash 将 root 用户及所属组都映射为匿名用户或用户组（默认设置）。

（4）no_root_squash 与 rootsquash 取反。

（5）anonuid=xxx 将远程访问的所有用户都映射为匿名用户，并指定该用户为本地用户（UID=xxx）。

（6）anongid=xxx 将远程访问的所有用户组都映射为匿名用户组账户，并指定该匿名用户组账户为本地用户组账户（GID=xxx）。

3）其他选项

（1）secure 限制客户端只能从小于 1024 的 TCP/IP 端口连接 NFS 服务器（默认设置）。

（2）nsecure 允许客户端从大于 1024 的 TCP/IP 端口连接服务器。

（3）sync 将数据同步写入内存缓冲区与磁盘中，虽然效率低，但可以保证数据的一致性。

（4）async 将数据先保存在内存缓冲区中，必要时才写入磁盘。

（5）wdelay 检查是否有相关的写操作，如果有则将这些写操作一起执行，这样可以提高效率（默认设置）。

（6）no_wdelay 若有写操作则立即执行，应与 sync 配合使用。

（7）subtree 若输出目录是一个子目录，则 NFS 服务器将检查其父目录的权限（默认设置）。

（8）no_subtree 即使输出目录是一个子目录，NFS 服务器也不检查其父目录的权限，这样可以提高效率。

了解了 NFS 配置文档中各选项的基本含义，现在来看一个 NFS 服务器配置实例。

在终端下建立以下目录，注意本章中的操作都是用 root 用户直接操作的，目录拥有者是 root，注意目录访问权限。

```
[root@localhost~]#mkdir -p /nfs/public
[root@localhost~]#mkdir /nfs/test
[root@localhost~]#mkdir /nfs/root
[root@localhost~]#mkdir /nfs/users
```

要共享的目录建完后，打开配置文档/etc/exports。

```
[root@localhost~]#vi /etc/exports
```

并对文件内容作出以下修改：

```
/nfs/public 192.168.1.0/24(rw, async)*(ro)
/nfs/test 192.168.1.253(rw, sync)
/nfs/root *.dlpu.edu.cn(ro, no_root_squash)
/nfs/users *.dlpu.edu.cn(rw, insecure, all_squash, sync, no_wdelay)
```

vi 保存退出，并重启 NFS 服务，至此服务已经配置完成。

```
[root@localhost~]#service nfs restart
```

5.2.2 Samba 配置

SMB（Server Message Block）通信协议是微软和英特尔在 1987 年制定的协议，主要是作为微软网络的通信协议。由于 SMB 协议通常是被 Windows 系列用来实现磁盘和打印机共享，为了与 Windows 共享文件，UNIX 类系统也需要有相关的软件支持。Samba 就是在 Linux 和 UNIX 系统上实现 SMB 协议的一个免费软件，采用的是 C/S 结构，由服务器及客户端程序构成。Samba 能轻松解决 Linux 平台到 Windows 平台的文件共享问题，如图 5-3 所示。通过 Samba，可以把 Linux 系统变成一台 SMB 服务器，使 Windows 平台用户能够使用 Linux 的共享文件和打印机。同样地，Linux 用户也可以通过 SMB 客户端使用 Windows 上的共享文件和打印机资源。

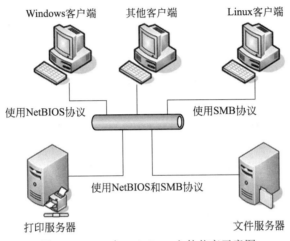

图 5.3　Linux 与 Windows 文件共享示意图

Samba 的主要功能如下。

（1）提供 Windows 风格的文件和打印机共享。Windows 操作系统可以利用 Samba 共享 Linux 等其他操作系统上的资源，而从外表看起来和共享 Windows 的资源没有区别。

（2）在 Windows 网络中解析 NetBIOS 的名字。为了能够利用局域网上的资源，同时使自己的资源也能被别人利用，各个主机都定期向局域网广播自己的身份信息。负责收集这些信息，提供检索的服务器也被称为浏览服务器，而 Samba 能够实现这项功能。同时在跨越网关时，Samba 还可以作为 WINS 服务器使用。

（3）提供 SMB 客户功能。利用 Samba 程序集提供的 smbclient 程序可以在 Linux 系统中以类似于 FTP 的方式访问 Windows 共享资源。

默认情况下，Red Hat Enterprise Linux 6 安装了 Samba 服务，只是没有配备图形操作界面。下面先以 Red Hat Enterprise Linux 5.5 为例说明图形化操作界面的具体配置过程。

（1）启动 Samba 配置界面，单击"系统"→"管理"→"服务器设置"→"Samba"选项，打开如图 5.4 所示窗口。

（2）添加 Samba 用户，单击"首选项"→"Samba 用户"→"添加用户"选项，这里添加一个系统已经存在的用户 forkp，设置 Samba 密码并确定，如图 5.5 所示。若用户不存在，则先通过运行 adduser 或 useradd 命令自行添加。

（3）添加共享文件夹，单击添加共享按钮，打开如图 5.6 所示对话框。浏览目录，这里以/home/share 目录为例，注意目录所有者及访问权限问题，要确保用户 forkp 对此目录有相应操作权限，可在该目录上右击，然后在弹出的快捷菜单中单击"属性"→"权限"

查看并修改。

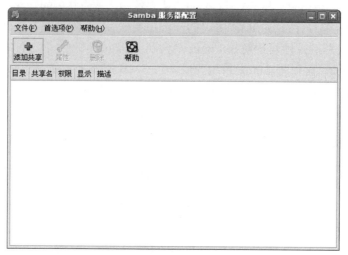

图 5.4　Samba 服务器配置

图 5.5　添加 Samba 用户

图 5.6　设置要被共享的文件夹

单击"访问"菜单项设置允许访问的用户，这里允许 forkp 访问，也可以设置成允许任何人访问，如图 5.7 所示。

图 5.7　指定可访问的用户

图 5.8　设置读写权限

设置读写权限及 list 显示并确定，如图 5.8 所示。

现在可以在 Windows 下测试配置是否成功。在 Windows 下执行"开始"→"运行"

命令，输入\\IP 地址，以 Red Hat Enterprise Linux 5.5 主机地址 192.168.0.129 为例，输入 \\192.168.0.129 并等待输入 forkp 用户名和密码，出现如图 5.9 所示界面。如果不成功，则 检查防火墙和 SELinux，查看是不是防火墙阻拦或是 SELinux 功能没禁用。

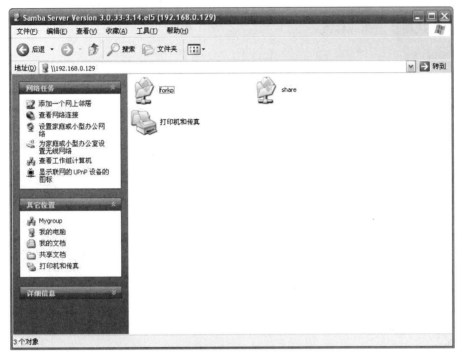

图 5.9　在 Windows 下访问 Samba 服务器

接下来介绍 Samba 的终端配置法，Samba 的配置文件位于/etc/samba 目录下，主要的 文档是基本配置文件 smb.conf 和用户配置文件 smbusers。以实现前面图形操作界面完成的 操作为例，终端的命令行操作步骤如下。

（1）添加 Linux 用户。

```
[root@localhost~]#useradd forkp      //添加用户名 forkp
[root@localhost~]#passwd forkp       //给用户名 forkp 添加密码
```

（2）给 Samba 服务器添加用户。注意：登录 Samba 的用户必须已经是 Linux 中的用户。

```
[root@localhost~]#smbpasswd -a forkp    //添加并给 forkp 设置 Samba 密码
```

（3）建立共享目录。

```
[root@localhost~]#mkdir /home/share
```

因为是 root 建立的目录，其他用户只有读的权限，所以需要修改权限。当然也可以简 单地用#chmod 777 /home/share 命令进行修改。还有个问题就是共享里目录的文件，如果有 些能访问有些不能访问，那肯定也是权限的问题，需进入/home/share 目录，直接用#chmod 777 *命令来解决。

```
[root@localhost~]#chown -R forkp:forkp /home/share
```

（4）smb.conf 设置。

```
[root@localhost~]#cd /etc/samba                    //进入设置目录
[root@localhost~]#cp smb.conf  smb.conf.bak    //做好备份
[root@localhost~]#vi smb.conf                      //修改 smb.conf 文件
```

对以下选项作出相应修改：

```
[global]
workgroup=MYGROUP                    //设置局域网中的工作组名
server string=Samba Server          //设置 Linux 主机描述性文字，如 Samba Server
security=user          //Samba 的安全等级，user 代表需要输入用户名和密码，改成 share
                       //则不需要输入用户名和密码
path=/home/share       //要共享的文件夹名，在共享前还要建立这个文件夹，并设好权限以便访问
valid users=forkp      //这个 share 共享目录只允许 forkp 用户进入
public=no  //no 表示除了 forkp 用户，其他用户在进入 Samba 服务器后看不见 forkp 目录，如果
           //为 yes，虽然能看见 forkp 目录，但除了 forkp 用户能进入这个目录，其他人进不了
writable=yes           //允许 forkp 在 share 目录中进行读和写操作，反之 no
```

最后 vi 存盘退出。

（5）重启 Samba 服务使修改生效。

```
[root@localhost~]#/etc/init.d/samba restart
```

或者

```
service smb restart
```

设置 Samba 服务要注意以下两点，即两个两次。

（1）添加两次用户：一次添加系统用户#useradd 的用户名；再一次是添加 Samba 用户#smbpasswd -a 用户名。

（2）设置两次权限：一次是在 smb.conf 中设置共享文件夹的权限；再一次是在系统中设置共享文件夹的权限#chmod 777 文件夹名。

5.3　DNS 服务器配置

DNS（Domain Name System，域名系统）用于命名组织到域层次结构中的计算机和网络服务。DNS 命名用于 Internet 等 TCP/IP 网络中，通过用户名称查找计算机和服务。当在应用程序中输入 DNS 名称时，DNS 服务可以将此名称解析为与之相关的其他信息，如 IP 地址。应用最多的就是浏览器应用，例如，在浏览器中输入一个网址，最终要通过 IP 地址寻址找到主机，而网址到 IP 地址的对应关系是由 DNS 服务器来解析的。

DNS 服务器又分为主 DNS 服务器、辅/从 DNS 服务器、缓存 DNS 服务器、转发 DNS 服务器等多种类型，每种服务器在域名服务系统中所起的作用都不一样。

（1）主 DNS 服务器：承担基本的域名解析服务的是主 DNS 服务器。每个网络至少有一个主 DNS 服务器，用来解析网络上的域名或 IP。

（2）辅/从 DNS 服务器：在一些比较大的网络中，为了保证 DNS 服务器能够提供可靠

的域名解析服务，通常会在建立主 DNS 服务器的基础上，建立至少一个辅 DNS 服务器。辅 DNS 服务器可以直接从主 DNS 服务器上进行更新，是主 DNS 服务器的替换服务器。由于辅 DNS 服务器保留了一份所在域信息的完整副本，因此能够以授权的方式回答相关域的查询请求。辅 DNS 服务器具备主 DNS 服务器的大部分功能，因此也被称为备份 DNS 服务器。

（3）缓冲 DNS 服务器：为减轻工作负担，本地 DNS 服务器可以设置为缓冲 DNS 服务器。缓冲 DNS 服务器会缓冲部分从其他服务器上获得的查找结果，并在解析请求发送到主 DNS 服务器之前首先进行匹配，一些重复的请求可以由缓冲服务器直接进行应答，但这种应答不能完全保证解析结果的有效性。

（4）转发 DNS 服务器：转发 DNS 服务器用于将发往本地 DNS 服务器的解析请求发送到本地网络之外的 DNS 服务器上，本身不保留任何 FQDN（完全规范域名）信息或 IP 地址信息。转发 DNS 服务器可以用于保持局域网上的 DNS 服务器对 Internet 的隐藏。

对于任何一个有效的域名来说，都应该有一台该域名的权威域名服务器（DNS）记录着一条或多条针对于该域名的资源记录。

一条资源记录共有 5 项，分别是域名（Domain_name）、生存时间（Time_to_live）、类型（Type）、类别（Class）和值（Value）。其中，域名是这条记录指向的域；生存时间指出记录的存在时间秒数；类型指出记录的类型，其中重要的类型如下。

（1）主机（A）：用于将 DNS 域名映射到计算机使用的 IPv4 地址。

（2）别名（CNAME）：用于将 DNS 域名的别名映射到另一个主要的或规范的名称。别名资源记录有时也称为规范名称。这些记录允许使用多个名称指向单个主机，使得某些任务更容易被执行。例如，在同一台计算机上有 FTP 服务器和 Web 服务器。

（3）邮件交换器（MX）：用于将 DNS 域名映射为交换或转发邮件的计算机的名称。由电子邮件应用程序使用，用以根据在目标地址中使用的 DNS 域名为电子邮件接收定位邮件服务器。

（4）指针（PTR）：用于映射基于指向正向 DNS 域名的计算机的 IP 地址反向 DNS 域名，支持在 in-addr.arpa 域中创建和确立的区域的反向搜索过程。这些记录用于通过 IP 地址定位计算机，并将该计算机信息解析为 DNS 域名。

DNS 也是 C/S 结构的，nslookup 命令就是一个典型的 DNS 客户端，可以用 nslookup www.dlpu.edu.cn 的方式来获得 dlpu 主机 IP。下面介绍大家不太熟悉的 DNS 服务器端是如何配置运行的。

bind 是 UNIX 类系统下实现 DNS 服务器端的软件，Red Hat Enterprise Linux 6 默认安装了此软件，bind 也有第三方开发的图形化配置界面，这里不再做介绍，直接介绍终端下如何配置 bind。

1. 说明

一般情况下，bind 的配置文件 named.conf 在/etc 目录下，由于 Red Hat Enterprise Linux 6 在 bind 软件中使用了 chroot 技术，因此要求 named.conf 及全部的区域数据文件都在/var/named/chroot 目录下，在配置 bind 时不用考虑其在原来的位置的情况。例如，配置文件 named.conf 在 Red Hat Enterprise Linux 6 中的位置应该为/var/named/chroot/etc，系统自带的区域数据文件及自己建立的区域数据文件的位置应该放置到/var/named/chroot/var/named/

目录下。

　　默认情况下，系统没有安装 caching-nameserver 包，因此配置 DNS 需要的配置文件都没有例如，没有 named.conf 及任何区域数据文件。这时可以手动安装 caching-nameserver 包，它提供了 Red Hat Enterprise Linux 6 下初始化文件的方法。安装此包后，在/var/named/chroot/etc/目录下，多出了配置文件 localtim、med.caching-nameserver.conf、named.rfc1912.zones 和 rndc.key。

2. 配置过程

　　这里将 192.168.1.201 这台主机安装配置成一台 DNS 服务器，并为它添加两个域名，分别为 dlpu.edu.cn 和 forkp.com，这两个域名都对应指向 192.168.1.201。

　　在这里，通过复制 named.rfc1912.zones 作为 named.conf 文件，并在此文件中添加自己的区域。

```
[root@localhost~]# cp named.rfc1912.zones  named.conf
[root@localhost~]# vi named.conf
```

　　这里设置了两个域，分别为 dlpu.edu.cn 和 forkp.com，并修改 named.conf 内容如下。请读者自行用 vi 命令打开文件修改，在这里只调用 more 命令显示最终文件内容。

```
[root@localhost~]# more named.conf
// named.rfc1912.zones:
// Provided by Red Hat caching-nameserver package
// ISC BIND named zone configuration for zones recommended by
// RFC 1912 section 4.1 : localhost TLDs and address zones
// See /usr/share/doc/bind*/sample/ for example named configuration files.
options {

directory     "/var/named";

};
zone "." IN {
      type hint;
      file "named.ca";
};
zone "localdomain" IN {
      type master;
      file "localdomain.zone";
      allow-update { none; };
};
zone "localhost" IN {
      type master;
      file "localhost.zone";
      allow-update { none; };
};
zone "0.0.127.in-addr.arpa" IN {
      type master;
      file "named.local";
```

```
        allow-update { none; };
};
zone "0.0.0.0.0.0.0.0.0.0.0.0.0.0.0.0.0.0.0.0.0.0.0.0.0.0.0.0.0.0.0.0.
ip6.arpa" IN {
        type master;
        file "named.ip6.local";
        allow-update { none; };
};
zone "255.in-addr.arpa" IN {
        type master;
        file "named.broadcast";
        allow-update { none; };
};
zone "0.in-addr.arpa" IN {
        type master;
        file "named.zero";
        allow-update { none; };
};
zone "dlpu.edu.cn" IN {
        type master;
        file "dlpu.edu.cn.zone";
        allow-update { none; };
};
zone "1.168.192.in-addr.arpa" IN {
        type master;
        file "1.168.192.zone";
        allow-update { none; };
};
zone "forkp.com" IN {
        type master;
        file "forkp.com";
        allow-update { none; };
};
```

在/var/named/chroot/var/named/目录下，多出了系统常见的区域数据文件。可以复制这些文件作为自定义的区域数据文件。

```
[root@localhost~]# cp localhost.zone  dlpu.edu.cn.zone
[root@localhost~]# cp localhost.zone  forkp.com.zone
[root@localhost~]# cp named.local  1.168.192.zone
```

分别对它们进行编辑，修改内容如下：

```
[root@localhost~]# more dlpu.edu.cn.zone
$TTL    86400
@            IN SOA  ns.dlpu.edu.cn.   root.dlpu.edu.cn. (
                                42              ; serial (d. adams)
                                3H              ; refresh
                                15M             ; retry
```

```
                                         1W          ; expiry
                                         1D )        ; minimum
                      IN NS      ns.dlpu.edu.cn.
                      IN A       192.168.1.201
ns                    IN A       192.168.1.201

[root@localhost~]# more forkp.com.zone
$TTL    86400
@             IN SOA         ns.forkp.com.    root.forkp.com. (
                                         42          ; serial (d. adams)
                                         3H          ; refresh
                                         15M         ; retry
                                         1W          ; expiry
                                         1D )        ; minimum
                      IN NS      ns.forkp.com.
                      IN A       192.168.1.201
ns                    IN A       192.168.1.201
www                   IN A       192.168.1.201

[root@localhost~]# more 1.168.192.zone
$TTL    86400
1.168.192.in-addr.arpa.  IN SOA  ns.forkp.com. root.mictrotrend.cn. (
                                         42          ; serial (d. adams)
                                         3H          ; refresh
                                         15M         ; retry
                                         1W          ; expiry
                                         1D )        ; minimum
                      IN NS   ns.forkp.com.
201                   IN PTR  ns.dlpu.edu.cn.
201                   IN PTR  ns.forkp.com.
```

3. 将本机的 DNS 服务器指向自身 IP 并进行测试

也就是配置本机的 DNS 服务器为自己的 IP 192.168.1.201，现在由刚配置好的 DNS 服务器做 DNS 解析。

```
[root@localhost~]# nslookup
> www.forkp.com
Server:        192.168.1.201
Address:       192.168.1.201#53

Name:   www.forkp.com
Address:       192.168.1.201
> ns.dlpu.edu.cn
Server:        192.168.1.201
Address:       192.168.1.201#53

Name:   ns.dlpu.edu.cn
Address:       192.168.1.201
> 192.168.1.201
```

```
Server:          192.168.1.201
Address:         192.168.1.201#53

201.1.168.192.in-addr.arpa      name=ns.dlpu.edu.cn.
201.1.168.192.in-addr.arpa      name=ns.forkp.com.
```

注意：如果要用其他机器测试，需将其他机器的 DNS 设置成 Red Hat Enterprise Linux
DNS 服务器主机地址。

4. 故障排查

每次修改完 named.conf 或区域数据文件后，都需要重新启动 named 服务。

```
[root@localhost~]# service named restart
```

当出现错误时，如重启 named 出错，可以查看日志文件中的记录，具体问题具体分析。

```
[root@localhost~]# tail /var/log/message
```

5.4　Web 服务器配置

　　Linux 很适合作各种服务器，对于 Linux 系统而言能轻易搭建起支持 PHP 或者 JSP 的
服务器。在 Linux 下面实现 Web 服务，通常使用 Apache 来实现，Apache 一直是 Internet
上面最流行的 Web 服务器。Red Hat Enterprise Linux 6 默认安装了 httpd 支持 WWW 服务，
在 Red Hat Enterprise Linux 5.5 中对于 httpd 的配置很简单，有相应的图形操作界面，单击
"系统"→"管理"→"服务器设置"→"HTTP"选项，在打开的 HTTP 对话框里设置，如
图 5.10 所示。

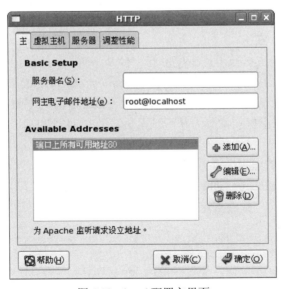

图 5.10　httpd 配置主界面

默认情况下 Web 服务器没有启动，需要在终端里运行 service httpd start 开启，或者在 "系统"→"管理"→"服务器设置"→"服务"选项里开启。启动之后就可以在 firefox 浏览器里输入 http://localhost 测试是否成功，如图 5.11 所示。

图 5.11　测试首页

图形操作界面的所有操作同样可以通过修改配置文件来实现，HHTP 服务的配置文件在/etc/httpd/conf/httpd.conf 中，网页默认路径在/var/www/html 中。

下面介绍在 Red Hat Enterprise Linux 6 中如何进行有关构建虚拟 Web 主机和访问控制的高级配置，当然虚拟主机也可以通过图形操作界面来添加。

1．构建虚拟 Web 主机

WWW 服务器虚拟主机技术是指使用同一台 WWW 服务器，运行多个不同的网站服务并且互不干扰的技术。例如，一台机器同时提供 http://www.forkp.com 和 http://www.dlpu.edu.cn 等 WWW 服务，而浏览这些站点的用户感觉不到这种方式下跟不同的机器提供不同的服务有什么差别。虚拟主机技术分为基于域名、基于 IP 地址和基于端口号 3 种方式，下面就来介绍它的配置。

1）构建基于域名的虚拟 Web 主机

修改配置文件/usr/local/apache2/conf/extra/httpd-vhosts.conf，建立两个虚拟主机域名 forkp.com 和 dlpu.edu.cn，并且重定向各自文件目录。

```
NameVirtualHost 192.168.1.1
<VirtualHost 192.168.1.1>
DocumentRoot /usr/local/apache2/htdocs/forkp    //存放网页内容的目录
ServerName www.forkp.com                         //网站域名
</VirtualHost>
```

```
<VirtualHost 192.168.1.1>
DocumentRoot /usr/local/apache2/htdocs/dlpu
ServerName www.dlpu.edu.cn
</VirtualHost>
```

2）构建基于 IP 地址的虚拟 Web 主机

首先给一个网卡配置多个 IP 地址命令为 ifconfig eth0:1 192.168.1.2/24。

```
<VirtualHost 192.168.1.1>
DocumentRoot /usr/local/apache2/htdocs/forkp
ServerName www.forkp.com
</VirtualHost>
<VirtualHost 192.168.1.2>
DocumentRoot /usr/local/apache2/htdocs/dlpu
ServerName www.dlpu.edu.cn
</VirtualHost>
```

3）构建基于端口的虚拟 Web 主机

```
Listen 192.168.1.1:81
Listen 192.168.1.1:82
<VirtualHost 192.168.1.1:81>
DocumentRoot /usr/local/apache2/htdocs/forkp
ServerName www.forkp.com
</VirtualHost>
<VirtualHost 192.168.1.1:82>
DocumentRoot /usr/local/apache2/htdocs/dlpu
ServerName www.dlpu.edu.cn
</VirtualHost>
```

2. Apache 服务的访问控制

Apache 可以支持多种访问控制，下面介绍的是基于客户端地址的访问控制，只允许 192.168.1 段 IP 访问 Apapche（192.168.1.100 除外）。

编辑 Apache 的主配文件/usr/local/apache2/conf/httpd.conf 添加如下内容：

```
<Directory /usr/local/apache2/htdocs/11/>
Order allow, deny
Allow from 192.168.1.0/24
Deny from 192.168.1.100
</Directory>
```

5.5　Mail 服务器配置

邮件服务器是电子邮件系统的核心构件，它的主要功能是发送和接收邮件，同时向发件人报告邮件的传送情况。邮件服务器涉及的协议有 SMTP、POP、IMAP。根据用途的不同，可以将邮件服务器分为发送邮件服务器（SMTP 服务器）和接收邮件服务器（POP3

服务器或 IMAP4 服务器）。

SMTP 即简单邮件传输协议，是一组用于由源地址到目的地址传送邮件的协议，由它来控制信件的中转方式。SMTP 属于 TCP/IP 协议簇，帮助每台计算机在发送或中转信件时找到下一个目的地。通过 SMTP 所指定的服务器，可以把 E-mail 寄到收件人的服务器上。SMTP 服务器则是遵循 SMTP 的发送邮件服务器，用来发送或中转发出的电子邮件。

POP3 即邮局协议的第 3 个版本，规定怎样将个人计算机连接到 Internet 的邮件服务器和下载电子邮件的协议。它是 Internet 电子邮件的第 1 个离线协议标准，POP3 允许从服务器上把邮件存储到本地主机即自己的计算机上，同时删除保存在邮件服务器上的邮件。遵循 POP3 来接收电子邮件的服务器是 POP3 服务器。

IMAP4 即 Internet 信息访问协议的第 4 个版本，是用于从本地服务器上访问电子邮件的协议，是一个客户/服务器模型协议，用户的电子邮件由服务器负责接收保存，可以通过浏览信件头来决定是否要下载此信。也可以在服务器上创建或更改文件夹或邮箱，删除信件或检索信件的特定部分。虽然 POP 和 IMAP 都是处理接收邮件的，但两者在机制上却有所不同。在访问电子邮件时，IMAP4 需要持续访问服务器，POP3 则是将信件保存在服务器上；当阅读信件时，所有内容都会被立即下载到用户的机器上。因此，可以把 IMAP4 看成是一个远程文件服务器，而把 POP3 看成是一个存储转发服务器。就目前情况看，POP3 的应用远比 IMAP4 广泛得多。

对于 Red Hat Enterprise Linux 系统来说，默认安装的邮件服务器软件是 sendmail，在这里以 sendmail 为例介绍配置过程。

在搭建邮件服务器之前要搭建 DNS 服务器，在本章前面的内容中 DNS 服务已经开启并配置好。之前已经配置了一个域名为 forkp.com 的解析，所以针对 forkp.com 建立一个 mail 服务器。

首先编辑/var/named/chroot/var/named/目录下的域文件 forkp.com.zone。在之前设置好的文件下面添加如下两行：

```
[root@localhost~]#vi /var/named/chroot/var/named/forkp.com.zone
mail          IN A          192.168.1.201
@             IN MX 5       mail.forkp.com
```

重启 named 服务。

```
[root@localhost~]# service named restart
```

Red Hat Enterprise Linux 6 默认已经安装了 sendmail，并且默认是开启的，目前要做的就是修改配置文件：

```
[root@localhost~]# cd /etc/mail
[root@localhost~]# vi sendmail.cf
```

查找 Addr=127.0.0.1 所在行，改为 Addr=0.0.0.0，或者注销当前行，保存并退出。

```
[root@localhost~]# vi local-host-names
```

添加如下两行：

```
mail.forkp.com
forkp.com
```

保存退出，重启服务：

```
[root@localhost~]# service sendmail restart
```

创建两个普通账户：

```
[root@localhost~]# useradd user1
[root@localhost~]# useradd user2
```

passwd 设置两个账户的密码，并切换到 user1。

```
[root@localhost~]# passwd user1
[root@localhost~]# passwd user2
[root@localhost~]# su user1
[user1@localhost~]$ mail user2@mail.forkp.com
```

输入主题内容，按 Ctrl+D 快捷键结束，退出，再切换到 user2，运行命令 mail 就可以收到 user1 的邮件了。也可以不用 mail 命令测试邮件系统，改用图形界面的邮件客户端测试。例如，Windows 下的 outlook，Linux 下的 Evolution、Thunderbird 等。有关邮件客户端的设置由于篇幅有限在此不做介绍。

5.6　FTP 服务器配置

文件传送协议（File Transfer Protocol，FTP）是一个用于从一台主机到另一台主机传输文件的协议。Linux 下有许多 FTP 服务器软件可供选择，常见的有 Proftpd、Wu-FTP、vsftp。vsftp（Very Secure FTP）是一种在 UNIX/Linux 中非常安全且快速稳定的 FTP 服务器，目前已经被许多大型站点所采用，本节主要讲述 vsftp 相关配置方法。

1. 安装 vsftp

```
[root@localhost~]# rpm -ivh vsftpd-2.2.2-6.el6.i686.rpm
```

也可自行找其他版本的 RPM 包安装，版本号不一定要求一致，注意不要有版本冲突就行。或者直接使用 yum install 命令安装。安装完成后，通过以下命令可启动 vsftpd 并将其设置为自动启动。

```
[root@localhost~]# service vsftpd restart
[root@localhost~]# chkconfig vsftpd on
```

2. 参数说明

vsftpd 的配置文件为/etc/vsftpd/vsftpd.conf，可以直接修改，主要参数含义如表 5.1 所示。

表 5.1 vsftpd 参数

参　数	说　明
listen_address=ip address	指定侦听 IP
listen_port=port_value	指定侦听端口，默认 21
anonymous_enable=YES	是否允许使用匿名账户
local_enable=YES	是否允许本地用户登录
nopriv_user=ftp	指定 vsftpd 服务的运行账户，不指定时使用 FTP
write_enable=YES	是否允许写入
anon_upload_enable=YES	匿名用户是否可上传文件
anon_mkdir_write_enable=YES	匿名用户是否建立目录
dirmessage_enable=YES	进入每个目录时显示欢迎信息，在每个目录下建立.message 文件在里面写欢迎信息
xferlog_enable=YES	上传/下载文件时记录日志
connect_from_port_20=YES	是否使用 20 端口传输数据（是否使用主动模式）
chown_uploads=YES、chown_username=whoever	修改匿名用户上传文件的拥有者
xferlog_file=/var/log/vsftpd.log	日志文件
xferlog_std_format=YES	使用标准文件日志
idle_session_timeout=600	会话超时，客户端连接到 FTP 但未操作
data_connection_timeout=120	数据传输超时
async_abor_enable=YES	是否允许客户端使用 sync 等命令
ascii_upload_enable=YES、ascii_download_enable=YES	是否允许上传/下载二进制文件
chroot_local_user=YES	限制所有的本地用户在自家目录
chroot_list_enable=YES、chroot_list_file=/etc/vsftpd/chroot_list	指定不能离开家目录的用户，将用户名一个一行写在/etc/vsftpd/chroot_list 文件里，使用此方法时必须 chroot_local_user=NO
ls_recurse_enable=YES	是否允许使用 ls -R 等命令
listen=YES	开启 IPv4 监听
listen_ipv6=YES	开启 IPv6 监听
pam_service_name=vsftpd	使用 pam 模块控制，vsftpd 文件在/etc/pam.d 目录下
userlist_enable=YES	此选项被激活后，vsftpd 将读取 userlist_file 参数所指定的文件中的用户列表。当列表中的用户登录 FTP 服务器时，该用户在提示输入密码之前就被禁止了。即该用户名输入后，vsftpd 查到该用户名在列表中，vsftpd 就直接禁止掉该用户，不会再进行询问密码等后续步骤
userlist_deny=YES	决定禁止还是只允许由 userlist_file 指定文件中的用户登录 FTP 服务器。此选项在 userlist_enable 选项启动后才生效。YES：默认值，禁止文件中的用户登录，同时也不向这些用户发出输入密码的提示；NO：只允许在文件中的用户登录 FTP 服务器

续表

参　　数	说　　明
tcp_wrappers=YES	是否允许 tcp_wrappers 管理
local_root=/home/ftp	所有用户的根目录，对匿名用户无效
anon_max_rate	匿名用户的最大传输速率，单位是 Byte/s
local_max_rate	本地用户的最大传输速率，单位是 Byte/s
download_enable= YES	是否允许下载

3. 配置实例

现在配置一个简单的 vsftp 服务器，让匿名用户无法访问，让 Red Hat Enterprise Linux 上的用户输入用户名和密码后才能访问到自己目录里的内容。

首先找到设置 vsftpd 的配置文件/etc/vsftpd/vsftpd.conf，修改之前最好先备份下这个文件。

```
[root@localhost~]# cp /etc/vsftpd/vsftpd.conf /etc/vsftpd/vsftpd. conf.old
[root@localhost~]# vi /etc/vsftpd/vsftpd.conf
```

对配置文件以下部分进行修改。

```
#不让匿名用户使用
#anonymous_enable=NO
#本地用户可用
local_enable=YES
#可用写操作
write_enable=YES
#不需要显示某目录下文件信息
#dirmessage_enable=YES
#加点 banner 提示
ftpd_banner=Hello~~
#FTP 服务器最大承载用户
max_clients=100
#限制每个 IP 的进程
max_per_ip=5
#最大传输速率（Byte/s）
local_max_rate=256000
#隐藏账号
hide_ids=YES
```

保存退出，最后重启 vsftp 查看效果。

```
[root@localhost~]#service vsftpd restart
```

本章小结

Linux 是一个优秀的操作系统，尤其是它的网络功能，可以与各种操作系统轻松连接，实现多种网络服务。由于 Linux 系统的高稳定性和高可靠性，以及低廉的价格，使它受到越来越多用户的青睐。本章首先介绍了 Red Hat Enterprise Linux 6 的常用网络管理命令，方便管理员对网络的管理；然后针对 Red Hat Enterprise Linux 6 详细介绍了 NFS、Samba、DNS、Web、Mail、FTP 等主流服务器配置过程。

本章习题

1. 为什么 Linux 更适合做网络操作系统？
2. Ping 命令的返回值有哪些？各有什么含义？
3. 使用 Nslookup 命令进行域名解析的全过程是什么？
4. NFS 和 Samba 有什么异同点？
5. 有哪几种虚拟 Web 主机技术，各起什么作用？
6. 邮件服务器有哪几种服务器？哪些是发邮件的，哪些是收邮件的？
7. 练习邮件服务器的配置过程，查找资料学会 Outlook 邮件客户端的设置和使用？
8. 练习 FTP 服务器的配置过程，学会字符界面下 ftp 命令连接服务器上下载文件的基本使用方法。
9. 查找资料了解什么是 LAMP 服务器？它需要哪些程序？

第6章

Linux 下 Shell 编程

本章学习目标

- 掌握 Shell 基本知识。
- 掌握什么是 Shell 脚本。
- 掌握 Shell 脚本执行方式。
- 掌握 Shell 的变量及控制结构。

6.1 Shell 简介

6.1.1 什么是 Shell

在各类操作系统中,用户与操作系统内核打交道都要通过特定的接口,在这些接口中,图形用户接口(GUI)最为常见,使用范围最广。与图形界面类似,操作系统也为用户提供另外一种形式的用户接口:命令接口。在 DOS 操作系统中,命令接口通过 command.com 提供;在 Windows 操作系统中命令接口通过 explorer.exe 实现;而在 Linux 操作系统中,Shell 就是这样的接口,它是 Linux 操作系统的外壳,为用户与 Linux 内核之间的交互提供媒介。同时,Shell 管理用户和操作系统之间的交互,等待用户输入命令,向操作系统解释用户输入,并且处理各种各样的操作系统的输出结果,如图 6.1 所示。

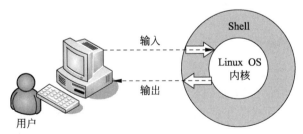

图 6.1 用户与 Linux 操作系统的 Shell

综上,Shell 是一个用户接口,是一个命令解释器。除此之外,Shell 命令本身还可以作为程序设计语言,将多个 Shell 命令组合起来,编写能实现系统或用户所需功能的程序。本章将重点介绍 Linux 操作系统下的 Shell 脚本编程。

6.1.2　Shell 种类介绍

Linux 中的 Shell 有多种类型，其中最常用的是 Bourne Shell（sh）、C Shell（csh）和 Korn Shell（ksh），这 3 种 Shell 各有优缺点。

1．Bourne Shell（sh）

Bourne Shell 是 UNIX 最初使用的 Shell，并且在每种 UNIX 上都可以使用。最初的 UNIX Shell 是由 Stephen R. Bourne 于 20 世纪 70 年代中期在新泽西的 AT&T 贝尔实验室编写的，这就是 Bourne Shell。Bourne Shell 在 Shell 编程方面相当优秀，但在处理与用户的交互方面做得不如其他几种 Shell。Linux 操作系统默认的 Shell 是 Bourne Again Shell，它是 Bourne Shell 的扩展，简称 bash。bash 完全向后兼容，并且在 Bourne Shell 的基础上增加、增强了很多特性。在 Linux 系统下面，sh 是 bash 的符号链接。bash 放在/bin/bash 中，它有许多特色，可以提供如命令补全、命令编辑和命令历史表等功能，它还包含了很多 C Shell 和 Korn Shell 中的优点，有灵活和强大的编程接口，同时又有很友好的用户界面。

2．C Shell（csh）

Bill Joy 于 20 世纪 80 年代早期，在 Berkeley 的加利福尼亚大学开发了 C Shell，主要是为了让用户更容易地使用交互式功能，它的语法与 C 语言很相似。Linux 为喜欢使用 C Shell 的人提供了 Tcsh。Tcsh 是 C Shell 的一个扩展版本。Tcsh 包括命令行编辑、可编程单词补全、拼写校正、历史命令替换、作业控制等，它不仅和 Bash Shell 提示符兼容，而且还提供比 Bash Shell 更多的提示符参数。

3．Korn Shell（ksh）

有很长一段时间，只有两类 Shell 供人们选择，Bourne Shell 用来编程，C Shell 用来交互。为了改变这种状况，AT&T 贝尔实验室的 David Korn 开发了 Korn Shell。ksh 结合了所有的 C Shell 的交互式特性，并融入了 Bourne Shell 的语法。Linux 系统提供了 pdksh（ksh 的扩展），支持任务控制，可以在命令行上挂起、后台执行、唤醒或终止程序。

Red Hat Enterprise Linux 系统默认的 Shell 也是 bash，对普通用户用$作提示符，对超级用户用#作提示符，一旦出现了 Shell 提示符就可以输入命令名称及命令所需要的参数。

6.2　Shell 基础

当启动 Shell 时，运行初始化文件初始化自己。具体运行那个文件取决于该 Shell 是一个登录 Shell 还是一个交互式非登录 Shell，又或者是一个非交互式 Shell（用来执行一个 Shell 脚本）。本节介绍关于 Shell 的基础知识均基于 Linux 系统中默认的 bash 介绍。

1．登录 Shell

登录 Shell 属于交互式 Shell。

Shell 首先执行/etc/profile 中的命令。通过设置这个文件，超级用户可以为全系统内的所有 bash 用户建立默认特征。

然后 Shell 依次查找～/.bash_profile、～/.bash_login、～/.profile，并执行它找到的首个文件中的命令。可以将命令放置在这些文件中以覆盖/etc/profile 文件中的默认设置。

当用户注销时，bash 执行文件～/.bash_logout 中的命令，这个文件包含了退出会话时需要执行的清理任务常用的命令，如删除临时文件等。

2. 交互式非登录 Shell

在交互式非登录 Shell 中并不执行前面提到的初始化文件中的命令。然而，交互式非登录 Shell 从登录 Shell 继承了由这些初始化文件设置的 Shell 变量。

交互式非登录 Shell 执行～/.bashrc 文件中的命令，而登录 Shell 的初始化文件通常会运行这个文件。这样，登录 Shell 和非登录 Shell 都可以用.bashrc 中的命令。

3. 非交互式 Shell

非交互式 Shell 并不执行前面描述的初始化文件中的命令。然而，这些 Shell 从登录 Shell 那里继承了由这些初始化文件设置的 Shell 变量。

6.2.1　Shell 命令处理过程

Shell 的重要功能之一就是命令解释，Linux 系统中所有的可执行文件都可以作为 Shell 命令来解释执行。在 Linux 系统中，可执行文件的分类如表 6.1 所示。

表 6.1　Linux 的可执行文件的分类

类　　别	位　　置
Linux 命令	存放在/bin、/sbin 目录下
内置命令	基于效率考虑，将一些常用的命令程序构造在 Shell 的内部
实用程序	存放在/usr/bin、/usr/sbin、/usr/local/bin 等目录下
用户程序	经过编译生成的可执行文件，也可以作为 Shell 命令运行
Shell 脚本	由 Shell 命令编写的脚本文件

当输入一个命令后，Shell 首先判断是否为内部命令，如果是就通过 Shell 内部的解释器进行解释，将其结果交给内核完成；如果是外部命令或实用程序就试图在硬盘中查找其命令并将其调入内存，再将其解释为系统功能调用并转发给内核执行。在查找该命令时有如下两种情况。

（1）用户给出了命令的路径，Shell 就沿着用户给出的路径进行查找，若找到则调入内存；否则给出提示信息。

（2）用户没有给出命令的路径，Shell 就在环境变量 PATH 所规定的路径中依次去查找，若找到则调入内存；否则给出提示信息。

如果 Shell 找到与用户输入命令相同的可执行文件时，Shell 将启动一个新的进程对其执行，并将命令行上的命令名、参数、选项传递给可执行文件。当命令（可执行文件）被执行时，Shell 将等待进程的结束，这时 Shell 处于非活跃状态，称为睡眠（Sleep）状态。当命令（可执行文件）被执行完毕时，进程的退出状态传递给 Shell，这样 Shell 被唤醒，显示提示符，等待下一个命令的输入。Shell 对命令行上命令的解释过程如图 6.2 所示。

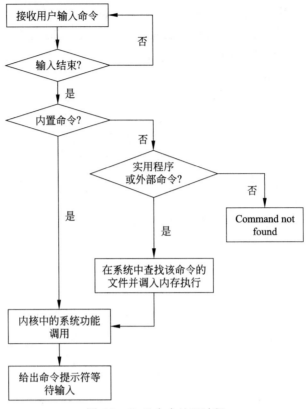

图 6.2　Shell 命令处理过程

6.2.2　标准输入输出和重定向

1．标准输入输出

执行一个 Shell 命令时，Linux 系统通常会自动打开 3 个标准文件，即标准输入文件（stdin），通常对应终端的键盘；标准输出文件（stdout）和标准错误输出文件（stderr），这两个标准输出文件都对应终端的屏幕。进程将从标准输入文件中得到输入数据，将正常输出数据输出到标准输出文件，而将错误信息送到标准错误文件中，如图 6.3 所示。

图 6.3　标准输入输出

以 cat 命令为例。cat 命令的功能是从命令行给出的文件中读取数据，并将这些数据直接送到标准输出。若使用如下命令：

```
$ cat test
```

将会把文件 test 的内容依次显示到屏幕上。但是，如果 cat 命令的命令行中没有参数，就会从标准输入中读取数据，并将其送到标准输出。

示例：

```
$ cat
Hello world
Hello world
Just a test
Just a test
<ctrl+d>
$
```

用户输入的每一行都立刻被 cat 命令输出到屏幕上，命令被执行时，Shell 使用标准输入输出文件。

直接使用标准输入输出文件存在以下两个问题。

（1）输入数据从终端输入时，用户输入的数据只能用一次。下次再想用这些数据时就得重新输入。而且在终端上输入时，若输入有误修改起来不是很方便。

（2）输出到终端屏幕上的信息只能看不能动。用户无法对输出作更多处理，例如将输出作为另一命令的输入进行进一步的处理等。

为了解决上述问题，Linux 系统引入了重定向机制，重定向是指改变 Shell 标准输入来源和标准输出去向的各种方式，Linux 系统中提供了两种重定向，即输入输出重定向。

2．输入重定向

输入重定向是指把命令（或可执行程序）的标准输入重定向到指定的文件中。也就是说，输入不来自键盘，而来自一个指定的文件。输入重定向主要用于改变一个命令的输入源，特别是改变那些需要大量输入的输入源，如图 6.4 所示。

输入重定向的一般形式如下：

```
command ［参数］ < 文件名
```

图 6.4　重定向标准输入

例如，wc 命令统计指定文件包含的行数、单词数和字符数。如下例所示，wc 命令将返回该文件所包含的行数、单词数和字符数。

```
[user@localhost ~]$ wc /etc/passwd
  48   93 2511 /etc/passwd
[user@localhost ~]$ 
```

另外一种把/etc/passwd 文件内容传给 wc 命令的方法是重定向 wc 的输入。可以用下面的命令把 wc 命令的输入重定向为/etc/passwd 文件。

```
[user@localhost ~]$ wc < /etc/passwd
   48    93 2511
[user@localhost ~]$ █
```

　　由于大多数命令都以参数的形式在命令行上指定输入文件的文件名，因此输入重定向并不经常使用。尽管如此，当要使用一个不接受文件名作为输入参数的命令，而需要的输入内容又存在一个文件中时，就能用输入重定向解决问题。

图 6.5　重定向标准输出

3.　输出重定向

　　输出重定向是指把命令（或可执行程序）的标准输出或标准错误输出重新定向到指定文件中。这样，该命令的输出就不显示在屏幕上，而是写入指定文件中，如图 6.5 所示。

　　输出重定向的一般形式如下：

```
command [参数] > 文件名
```

　　输出重定向比输入重定向更常用，很多情况下都可以使用这种功能。例如，某个命令的输出很多，在屏幕上不能完全显示，那么将输出重定向到一个文件中，然后再用文本编辑器打开这个文件，就可以查看输出信息。如果想保存一个命令的输出，也可以使用这种方法。另外，输出重定向可以用于把一个命令的输出当作另一个命令的输入。还有一种更简单的方法，就是使用管道，将在下面介绍。

　　示例：

```
[user@localhost ~]$ ls > ls.out
[user@localhost ~]$ cat ls.out
bash_script
cat.man
dir
ls.out
man.bs
pwd_script
公共的
模板
视频
图片
文档
下载
音乐
桌面
```

将 ls 命令的输出保存为一个名为 ls.out 的文件。

　　注意：如果 > 符号后边的文件已存在，那么这个文件将被重写。

　　为避免输出重定向中指定文件只能存放当前命令的输出重定向内容，Shell 提供了输出重定向的一种追加手段。输出追加重定向与输出重定向的功能非常相似，区别仅在于输出追加重定向的功能是把命令（或可执行程序）的输出结果追加到指定文件的最后，而该文件原有内容不被破坏。

如果要将一条命令的输出结果追加到指定文件的后面，可以使用追加重定向操作符>>。命令格式如下：

```
command  >> 文件名
```

示例：

```
[user@localhost ~]$ ls >> ls.out
[user@localhost ~]$ cat ls.out
```

和程序的标准输出重定向一样，程序的错误输出也可以重新定向。使用符号 2>（或追加符号 2>>）表示对错误输出设备重定向。命令格式如下：

```
command  [选项]  2> 错误文件名
command  [选项]  2>> 错误文件名
```

示例：

```
[user@localhost ~]$ ls /usr/tmp 2> err.file
[user@localhost ~]$ cat err.file
[user@localhost ~]$ ■
```

命令执行成功，err.file 文件内容为空；否则将命令执行中的错误信息送到文件 err.file 中，以备将来检查时使用。

4．避免文件的重写

Shell 提供了一种称为 noclobber 的功能，该功能可防止重定向时不经意地重写了已存在的文件。通过设置变量 noclobber 可以启用此功能。启用后若重定向输出到某个已存在的文件，则 Shell 将报告出错信息，并且不执行重定向命令。

示例：

```
[user@localhost ~]$ echo "hello world " > tmp
[user@localhost ~]$ set -o noclobber
[user@localhost ~]$ echo "hello world " > tmp
bash: tmp: cannot overwrite existing file
[user@localhost ~]$ set +o noclobber
[user@localhost ~]$ echo "hello world " > tmp
[user@localhost ~]$ ■
```

上例中，命令$set +o noclobber 表示禁用 noclobber 功能。

6.2.3　管道

Shell 使用管道将一个命令的输出直接作为另一个命令的输入。

管道可以把一系列命令连接起来，这意味着第 1 个命令的输出会作为第 2 个命令的输入通过管道传给第 2 个命令，第 2 个命令的输出又会作为第 3 个命令的输入，以此类推。显示在屏幕上的是管道行中最后一个命令的输出（如果命令行中未使用输出重定向）。

通过使用管道符|来建立一个管道，命令行语法格式如下：

```
command_a  [参数]  |  command_b  [参数]
```

示例：

```
[user@localhost ~]$ ls dir
examtest  expr          for2_script  func1_script  hello.1   hello.a
export1   file1         for3_script  func_script   hello1.c  hello.c
export2   for1_script   for_script   hello         hello.2   hello.o
[user@localhost ~]$ ls dir | wc -w
18
```

上例中，命令 ls dir 的输出结果作为 wc -w 命令的输入，统计目录 dir 下面的文件个数。

6.2.4　特殊字符

Shell 中除使用普通字符外，还可以使用一些具有特殊含义和功能的特殊字符。在使用时应注意其特殊的含义和作用范围。下面分别对这些特殊字符加以介绍。

1．通配符

通配符用于模式匹配，如文件名匹配、路径名搜索、字符串查找等。常用的通配符有 *、? 和括在方括号 [] 中的字符序列。可以在文件名中包含这些通配符，构成一个所谓的"模式串"，在执行过程中进行模式匹配。

（1）*代表任何字符串（包括 0 个）。例如，f*匹配以 f 打头的任意字符串。

示例：

```
[user@localhost dir]$ ls
examtest  expr          for2_script  func1_script  hello.1   hello.a
export1   file1         for3_script  func_script   hello1.c  hello.c
export2   for1_script   for_script   hello         hello.2   hello.o
[user@localhost dir]$ ls f*
file1         for2_script  for_script    func_script
for1_script   for3_script  func1_script
[user@localhost dir]$ ▊
```

（2）?代表任何单个字符。

示例：

```
[user@localhost dir]$ ls
examtest  expr          for2_script  func1_script  hello.1   hello.a
export1   file1         for3_script  func_script   hello1.c  hello.c
export2   for1_script   for_script   hello         hello.2   hello.o
[user@localhost dir]$ ls hello.?
hello.1  hello.2  hello.a  hello.c  hello.o
[user@localhost dir]$ ▊
```

（3）[] 代表指定的一个字符范围，只要文件名中 [] 位置处的字符在 [] 中指定的范围之内，那么这个文件名就与这个模式串匹配。方括号中的字符范围可以由直接给出的字符组成，也可以由表示限定范围的起始字符、终止字符及中间的连字符（-）组成。例如，f [a-d] 与 f [abcd] 的作用相同。Shell 将把与命令行中指定的模式串相匹配的所有文件名都作为命令的参数，形成最终的命令，然后再执行这个命令。

示例：

```
[user@localhost ~]$ ls hello.[0-9a-z]
hello.1  hello.2  hello.a
[user@localhost ~]$ ▊
```

最后说明使用通配符时需要注意的一些问题。由于*、?和 [] 对于 Shell 来说，具有比较特殊的意义，因此在正常的文件名中不应出现这些字符。特别是在目录名中不要出现它们，否则 Shell 匹配起来可能会无穷的递归下去。另外要注意的一点是，如果目录中没有与指定的模式串相匹配的文件名，那么 Shell 将使用此模式串本身作为参数传给有关命令。这可能就是命令中出现特殊字符的原因所在。

2. 引号

在 Shell 中，引号分为 3 种，分别是：单引号、双引号和反引号。

（1）单引号（'）。由单引号括起来的字符都作为普通字符出现。特殊字符用单引号括起来以后也会失去原有意义，而只作为普通字符解释。

示例：

```
[user@localhost ~]$ string='$PATH'
[user@localhost ~]$ echo $string
$PATH
[user@localhost ~]$
```

可见，$保持了其本身的含义，作为普通字符出现。

（2）双引号（"）。由双引号括起来的字符，除"$""\"" ' """"这几个字符仍是特殊字符并保留其特殊功能外，其余字符作为普通字符对待。对于"$"来说，就是用其后指定的变量的值来代替这个变量和"$"；对于"\"而言，是转义字符，它告诉 Shell 不要对其后面的那个字符进行特殊处理，只当作普通字符即可。

示例：

```
[user@localhost dir]$ teststring="$PATH"
[user@localhost dir]$ echo $teststring
/usr/lib/qt-3.3/bin:/usr/local/bin:/usr/bin:/bin:/usr/local/sbin:/usr/s
bin:/sbin:/home/user/bin
[user@localhost dir]$
```

（3）反引号（'）。反引号（'）这个字符所对应的键一般位于键盘的左上角，不要将其同单引号（'）混淆。反引号括起来的字符串被 Shell 解释为命令，在执行时，Shell 首先执行该命令，并以它的标准输出结果取代整个反引号（包括两个反引号）部分。

示例：

```
[user@localhost ~]$ pwd
/home/user
[user@localhost ~]$ string="current directory is 'pwd'"
[user@localhost ~]$ echo $string
current directory is /home/user
[user@localhost ~]$
```

Shell 执行echo命令时，首先执行'pwd'中的命令pwd，并将输出结果/home/user取代'pwd'这部分，最后输出替换后的整个结果。

利用反引号的这种功能可以进行命令置换，即把反引号括起来的执行结果赋值给指定变量。

示例：

```
[user@localhost ~]$ today='date'
[user@localhost ~]$ echo today is $today
today is 2020年 10月 09日 星期五 19:37:45 CST
[user@localhost ~]$
```

3. 注释符

在 Shell 编程中经常要对某些正文行进行注释，以增加程序的可读性。在 Shell 中以字符#开头的正文行表示注释行，例子见本章 6.3 节。

6.2.5　别名

命令别名通常是其他命令的缩写，用来减少键盘输入。命令格式如下：

```
alias alias-name ='original-command'
```

其中，alias-name 表示用户给命令取的别名；original-command 表示原来的命令和参数。需要注意的是，bash 是以空格或回车来识别原来的命令，所以如果不使用引号可能导致 bash 只截取第 1 个字，从而出现错误。另外，等号前后不能有空格，否则 Shell 不能确定命令行的含义。

示例：

```
[user@localhost ~]$ alias cdir='cd /home/user/dir'
[user@localhost ~]$ cdir
[user@localhost dir]$ pwd
/home/user/dir
[user@localhost dir]$ █
```

定义别名后，除非退出 bash，否则输入 cdir 和 cd /home/user/dir 的作用相同。

如果想取消别名，在 bash 提示符下输入如下命令：

```
[user@localhost ~]$ unalias cdir
```

不加参数的 alias 命令执行结果将显示当前系统中定义的所有命令别名。

示例：

```
[user@localhost ~]$ alias
alias l.='ls -d .* --color=auto'
alias ll='ls -l --color=auto'
alias ls='ls --color=tty '
alias vi='vim'
alias which='alias | /usr/bin/which --tty-only --read-alias --show-dot
--show-tilde'
[user@localhost ~]$ █
```

6.2.6　命令历史

Linux 系统的 bash 提供了命令历史的功能，通过 history 命令可以对当前系统中执行过的所有 Shell 命令进行显示。

示例：

```
[user@localhost dir]$ history
    1  clear
    2  exit
    3  logout
    4  exit
    5  ls
    6  cd ..
    7  ls
    8  clear
    9  ls
   10  passwd
```

若想重复执行命令历史中指定的命令，可使用如下格式：

```
!命令编号
```

示例：

```
[user@localhost dir]$ !5
ls
examtest   expr           for2_script  func1_script  hello.1   hello.a
export1    file1          for3_script  func_script   hello1.c  hello.c
export2    for1_script    for_script   hello         hello.2   hello.o
[user@localhost dir]$
```

环境变量 HISTSIZE 的值保存历史命令记录的总行数，该值的范围正常情况下是 100～1000，当从 Shell 中退出时，最近执行的命令将保存在 HISTFILE 变量指定的文件中。可以使用如下命令进行查看：

```
[user@localhost ~]$ echo $HISTSIZE
1000
[user@localhost ~]$
```

可修改 HISTSIZE 的值，但需要写入.bash_profile 文件中，重新登录 bash 才生效。

环境变量 HISTFILE 指定存放命令历史的文件名称，可以使用如下命令进行查看：

```
[user@localhost ~]$ echo $HISTFILE
/home/user/.bash_history
```

默认情况下，命令历史存放在～/.bash_history 文件中。如果修改命令历史存放文件，需要修改.bash_profile 文件，并重新登录 bash 才能生效。

示例：

```
[user@localhost ~]$ vi .bash_profile
```

增加如下行：

```
HISTFILE=/home/user/.commandline_test
```

变量 HISTFILESIZE 的值决定了保存在 HISTFILE 中的历史行数（不一定与 HISTSIZE 相同），显示其值用如下命令：

```
[user@localhost ~]$ echo $HISTFILESIZE
1000
```

6.3　Shell 脚本

6.3.1　什么是 Shell 脚本

Shell 脚本是使用 Shell 命令编写的文件，也称为 Shell script。Shell 脚本中的命令可以是在 Shell 提示符后面输入的任何命令。除了使用用户命令行下面输入的命令外，Shell 脚本还可以使用控制结构，使用控制结构可以改变脚本中命令的执行顺序，就像结构化程序编程语言改变语句的执行顺序一样。

与结构化程序不同，Shell 不需要编译成目标程序，也不需要链接成可执行的目标码，Shell 是按行一条接着一条地解释并执行 Shell 脚本中的命令。这样，使用 Shell 脚本可以简单快速地启动一个复杂的任务序列或者是一个重复性的过程。

Shell 脚本由 vim 编辑器创建，和编辑普通文件过程一样，为便于脚本理解，可以使用#作为注释符，以#开始的行表示注释行，并非文件内容。

6.3.2 Shell 脚本执行方式

有 3 种方式可以执行一个 bash 脚本。

（1）为脚本文件加上可执行权限，然后在命令行直接输入 Shell 脚本文件名执行。

这种执行方式表示启动一个新的 Shell 执行该脚本。需要注意的是，使用该方式执行时，当前系统 PATH 变量中如果没有包含当前工作目录，只有输入./文件名的方式或者是输入文件的全路径告诉 Shell 到当前目录下查找文件执行。例如，编写脚本 pwd_script，内容如下：

```
#! /bin/bash
#this script is to test Shell running
date
cd /home/user/dir
echo "The working directory is:"
pwd
#end
```

在 Shell 脚本文件的第 1 行放置的一行特殊的字符串，告诉操作系统使用哪个 Shell 来执行这个文件。因为操作系统在试图执行文件前将检查改程序的开头字符串，如果脚本的前两个字符是#!，那么系统将两个字符后面的那些字符作为用来执行该脚本的命令解释器的绝对路径名。在上述脚本文件中，指定了使用 bash 对该脚本进行解释执行，而第 2 行的#表示注释行。

将该脚本 pwd_script 设置为可执行，然后执行，结果如下：

```
[user@localhost ~]$ chmod u+x pwd_script
[user@localhost ~]$ ./pwd_script
2020年 10月 09日 星期五 18:49:32 CST
The working directory is:
/home/user/dir
[user@localhost ~]$ pwd
/home/user
[user@localhost ~]$ █
```

由执行结果可以看出，脚本运行的当前工作目录并没有发生变化，原因是脚本执行时启动了一个新的 Shell 进程，脚本执行完立即结束新的 Shell 进程，又回到原来的主 Shell。

（2）sh Shell 脚本名。

这种方式表示启动新的 Shell 执行该脚本。以 pwd_script 脚本为例，内容如下：

```
[user@localhost ~]$ sh pwd_script
2020年 10月 09日 星期五 18:55:59 CST
The working directory is:
/home/user/dir
[user@localhost ~]$ pwd
/home/user
[user@localhost ~]$ █
```

运行结果与方式 1 相同。需要注意的是，使用这种方式执行 Shell 脚本，不需要对 pwd_script 脚本的权限进行修改。

（3）Shell 脚本名。

这种方式表示在原 Shell 下执行该脚本。以 pwd_script 脚本为例，内容如下：

```
[user@localhost ~]$ . pwd_script
2020年 10月 09日 星期五 18:58:31 CST
The working directory is:
/home/user/dir
[user@localhost dir]$ pwd
/home/user/dir
[user@localhost dir]$ 
```

脚本执行结果与命令行上用 pwd 命令结果所显示的目录均是/home/user/dir。之所以这样，是因为脚本执行没有启动新的 Shell，整个运行都在原来的 Shell 下，Shell 执行命令 pwd 将目录切换到/home/user/dir 中。在这种方式下也不需要提前对 pwd_script 脚本进行权限修改。

在实际 Shell 脚本执行过程中，可以根据自己的具体应用需要选择一种执行方式。

6.4　Shell 变量

在 Shell 脚本中也可以使用变量，一个变量就是内存中被命名的一块存储空间。一个 Shell 变量的名字可以包含数字、字母和下画线，变量名的开头只准许是字母和下画线。变量名中的字母是大小写敏感的，例如，Shell 认为变量 var 与 Var 是不同的，而这两者与 VAR 又是不同的。变量名在理论上的长度没有限制。

在 Shell 中，使用变量之前通常并不需要事先为它们做出声明。只是简单地通过使用它们（例如，当给它们赋初始值时）来创建它们。默认情况下，所有变量都被看作字符串并以字符串来存储，即使它们被赋值为数值时也是如此。Shell 和一些工具程序会在需要时把数值型字符串转换为对应的数值以对它们进行操作。

在 Shell 编程中可以使用 4 种变量：用户自定义变量、环境变量、位置变量和特殊变量。接下来详细介绍每种变量的详细用法。

6.4.1　用户自定义变量

用户定义的变量在 Shell 脚本中用来作为临时的存储空间，可根据需要自己定义，其值在脚本执行的过程中是可以改变的。这些变量在命名时可以使用字母、数字、下画线和其他文字，长度不限。一般情况下，用户自定义变量使用小写变量名。在 bash 编程中，不需要定义并初始化一个 Shell 变量，一个没有被初始化的 Shell 变量将自动地被初始化为一个空串。

1．变量的定义与使用

用户自定义变量的格式如下：

```
Variable-name=value
```

注意：如果字符串中包含空格，就必须用引号把它们括起来。还要注意：在等号两边不能有空格。

在 Shell 中，可以通过在变量名前加一个$符号来访问它的内容。无论何时想要获取变量内容，都必须在它前面加一个$字符。当为变量赋值时，只需要使用变量名。此时，如果需要，该变量就会被自动创建。一种检查变量内容的简单方式就是在变量名前加一个$符号，再用 echo 命令将它的内容输出到终端上。

在命令行上，可以通过设置和检查变量 var 的不同值来实际查看变量的使用。

示例：

```
[user@localhost ~]$ var=hello
[user@localhost ~]$ echo $var
hello
[user@localhost ~]$ var="hello world"
[user@localhost ~]$ echo $var
hello world
[user@localhost ~]$ var=1+2
[user@localhost ~]$ echo $var
1+2
[user@localhost ~]$ █
```

2. 清除变量

如果所有设置的变量不需要时，则可以将它们清除，清除变量格式如下：

```
unset variable-name
```

示例： 定义变量 homevar 为/home/user，然后清除 homevar。

```
[user@localhost ~]$ homevar=/home/user
[user@localhost ~]$ echo $homevar
/home/user
[user@localhost ~]$ unset homevar
[user@localhost ~]$ echo $homevar

[user@localhost ~]$ █
```

6.4.2 环境变量

当一个 Shell 脚本程序开始被执行时，一些变量会根据环境设置中的值进行初始化。这就是环境变量，决定了用户的工作环境，通常用大写字母作为变量名，以便把它们和用户在脚本程序中定义的变量区分开来。环境变量的值在系统的配置文件中设置，可对其进行修改。表 6.2 中列出了常用的环境变量。

表 6.2　常用环境变量

环 境 变 量	含 义 说 明
HOME	当前用户的主目录，即用户登录时默认的目录
PATH	以冒号分隔的用来搜索命令的路径列表
PS1	命令提示符，root 用户为#，bash 中普通用户通常是$字符，在 c Shell 中通常是%
PS2	二级提示符，用来提示后续的输入，通常是>字符
IFS	输入域分隔符。当 Shell 读取输入时，用来分隔单词的一组字符，通常是空格、制表符和换行符
TERM	用来设置用户的终端类型，系统主控台（Console）不用设置

如果想查看系统环境变量的值，可以通过执行 env <command>命令来查看。

示例：

```
[user@localhost ~]$ env
ORBIT_SOCKETDIR=/tmp/orbit-user
HOSTNAME=localhost.localdomain
IMSETTINGS_INTEGRATE_DESKTOP=yes
TERM=xterm
SHELL=/bin/bash
XDG_SESSION_COOKIE=06455f01e08aee9abbd9fa640000001a-1322545061.999057-2
53258352
HISTSIZE=1000
GTK_RC_FILES=/etc/gtk/gtkrc:/home/user/.gtkrc-1.2-gnome2
WINDOWID=23068675
QTDIR=/usr/lib/qt-3.3
QTINC=/usr/lib/qt-3.3/include
IMSETTINGS_MODULE=IBus
USER=user
```

6.4.3　位置变量

如果脚本程序在执行时带有参数，就会创建一些额外的变量。这些额外的变量因跟变量所在命令行位置有关，因此被称为位置变量或位置参数。

Shell 提供的位置变量有$0、$1、$2、$3、$4、$5、$6、$7、$8、$9。这 10 个位置变量在 Shell 脚本执行时用于存放 Shell 脚本名及参数。其中位置变量$0 存放脚本名，$1~$9 存放从左至右的命令行上的参数。

当命令行上命令参数超过 9 个时，Shell 提供了 shift 命令可以把所有参数变量左移一个位置，使$2 变成$1，$3 变成$2，以此类推。原来$1 的值将被丢弃，而$0 仍将保持不变。如果调用 shift 命令时指定了一个数值参数，则表示所有的参数将左移指定的次数。使用格式如下：

```
shift [n]
```

其中，n 表示向左移动参数的个数，默认值为 1。

读者可通过下面的例子理解位置变量及 shift 命令。首先编写脚本 shift_script，内容如下：

```
# !/bin/bash
#This script test shift
echo $0
echo $1,$2,$3,$4,$5,$6,$7,$8,$9
shift
echo $1,$2,$3,$4,$5,$6,$7,$8,$9
shift
echo $1,$2,$3,$4,$5,$6,$7,$8,$9
shift 2
echo $1,$2,$3,$4,$5,$6,$7,$8,$9
shift 2
echo $1,$2,$3,$4,$5,$6,$7,$8,$9
```

```
#script end
```

执行该脚本后，结果输出如下：

```
[user@localhost ~]$ sh shift_script  11 22 33 44 55 66 77 88 99 00
shift_script
11,22,33,44,55,66,77,88,99
22,33,44,55,66,77,88,99,00
33,44,55,66,77,88,99,00,
55,66,77,88,99,00,,,
77,88,99,00,,,,,
[user@localhost ~]$ 
```

6.4.4　特殊变量

Shell 中有一些变量是系统定义的，有特殊的含义，变量值由系统指定，这些变量被称为特殊变量，因经常和环境变量及位置变量一起使用，有时被一起统称为系统特殊变量。常见的特殊变量如下。

$#：表示传递给脚本的实际参数个数。

$$：当前 Shell 脚本的进程号。

$*：位置参数的值，各个参数之间用环境变量 IFS 中定义的字符分隔开。

$@：也表示位置参数的值，它不使用 IFS 环境变量，所以当 IFS 为空时，参数值不会结合在一起。

$!：上一个后台命令的进程号。

$?：执行最后一条命令的退出状态。

通过以下例子可得$@和$*的区别。

示例：

```
[user@localhost ~]$ IFS=''
[user@localhost ~]$ set aa bb cc
[user@localhost ~]$ echo "$@"
aa bb cc
[user@localhost ~]$ echo "$*"
aabbcc
[user@localhost ~]$ 
```

上例中，set 命令表示设置位置变量的值，当 IFS 值为空时，$@和$*的值是不相同的。

关于特殊变量的例子，这里编写脚本 specialvar_demo，内容如下：

```
# !/bin/bash
#This script test special variable
echo "the script name is :$0"
echo "the total arguments number is :$#"
echo "the arguments are $@"
echo "the arguments are $*"
echo '$$' is $$
echo "end"
```

对该脚本执行，结果如下：

```
[user@localhost ~]$ sh specialvar_demo 1 2 3
the script name is :specialvar_demo
the total arguments number is :3
the arguments are 1 2 3
the arguments are 1 2 3
$$ is 9813
end
[user@localhost ~]$ █
```

6.5　Shell 编程基础

6.5.1　Shell 脚本的输入输出

1. 输入命令

可以通过使用 read 命令来将用户的输入赋值给一个变量。这个命令需要一个参数，即准备读入用户输入数据的变量名，然后它会等待用户输入数据。通常情况下，在按下回车键时，read 命令结束。当从终端上读取一个变量时，一般不需要使用引号，命令格式如下：

```
read variable-name1 [variable-name2…]
```

示例：

```
[user@localhost ~]$ read var
aa
[user@localhost ~]$ echo $var
aa
[user@localhost ~]$ █
```

2. 输出命令

echo 默认情况下是换行标准输出语句。echo 输出多个空格时必须用单引号，否则再多的空格也被认为是一个。在使用 echo 语句时可以使用通配符，也可以通过加选项的形式去掉换行符。方法如下：

```
[user@localhost ~]$ echo "please input :"
please input :
[user@localhost ~]$ echo -n "please input :"
please input :[user@localhost ~]$ echo -e "please input :\c"
please input :[user@localhost ~]$ echo "please input :"
please input :
[user@localhost ~]$ █
```

3. export 命令

export 命令可将在 Shell 脚本中定义的变量导出到子 Shell 中，并使之在子 Shell 中有效。在默认情况下，在一个 Shell 中被创建的变量在这个 Shell 调用的下级（子）Shell 中是不可用的。export 命令把自己的参数创建为一个环境变量，而这个环境变量可以被其他脚本和当前程序调用的程序看见。用下面两个脚本 export1 和 export2 来说明它的用法。

（1）编写脚本 export2。

```
#!/bin/bash
echo "$var1"
echo "$var2"
```

（2）编写脚本 export1。在这个脚本的结尾调用了 export2。

```
#!/bin/bash
var1="The first variable"
export var2="The second variable"
sh export2
```

运行这个脚本程序，将得到如下的输出：

```
[user@localhost ~]$ sh export1

The second variable
[user@localhost ~]$ ▉
```

第 1 个空行的出现是因为变量 var1 在 export2 中不可用，所以$var1 被赋值为空，echo 一个空变量将输出一个空行。

当变量被一个 Shell 导出后，就可以被该 Shell 调用的任何脚本使用，也可以被后续调用的任何 Shell 使用。如果脚本 export2 调用了另一个脚本，var2 的值对新脚本来说仍然有效。

6.5.2 Shell 的逻辑运算

所有程序设计语言的基础是对条件进行测试判断，并根据测试结果采取不同的操作。在 Shell 脚本编程中也提供了条件结构，下面首先介绍这些条件结构，然后再来说明使用这些条件的控制结构。

一个 Shell 脚本能够对任何可以从命令行上被调用命令的退出码进行测试，其中也包括自己编写的脚本程序。在 Shell 脚本编程中，脚本成功执行退出码为 0，这也就是要在所有自己编写的脚本程序的结尾包括一条 exit 0 命令的重要原因。

1. 条件测试

Shell 脚本编程中有两种条件测试命令，语法格式如下：

（1）test 条件表达式
（2）[条件表达式]

注意：使用第（2）种方法进行条件测试时，必须在[ ]前后保留空格，否则 Shell 提示 error。

以一个最简单的条件为例来介绍 test 命令的用法：检查一个文件是否存在。用于实现这一操作的命令是 test -f <filename>，所以在 Shell 脚本中可以写出如下所示的代码：

```
if test -f file
then
.......
fi▉
```

还可以写成如下所示的代码:

```
if [ -f file ]
then
......
fi
```

test 或[ ]命令的退出码（表明条件是否被满足）决定是否需要执行后面的条件语句。

test 或[ ]命令可以测试的条件类型可以归为 3 类：字符串比较、算术比较和与文件有关的
条件测试，表 6.3~表 6.5 描述了这 3 类条件测试类型。

表 6.3　字符串比较

字符串比较	结　果
string1 = string2	如果两个字符串相同则结果为真
string1 != string2	如果两个字符串不同则结果为真
-n string	如果字符串不为空则结果为真
-z string	如果字符串为空（一个空串）则结果为真

注意：进行字符串比较时，"="前后必须要有空格，否则 Shell 会将其视为赋值符号。

表 6.4　算　术　比　较

算　术　比　较	结　果
expression1 -eq expression2	如果两个表达式相等则结果为真
expression1 -ne expression2	如果两个表达式不等则结果为真
expression1 -gt expression2	如果 expression1 大于 expression2 则结果为真
expression1 -ge expression2	如果 expression1 大于或等于 expression2 则结果为真
expression1 -lt expression2	如果 expression1 小于 expression2 则结果为真
expression1 -le expression2	如果 expression1 小于或等于 expression2 则结果为真
! expression	如果表达式为假则结果为真，反之亦然

表 6.5　文　件　测　试

文件条件测试	结　果
-d file	如果文件是一个目录则结果为真
-e file	如果文件存在则结果为真。要注意的是-e 选项是不可移植的，所以通常使用的是-f 选项
-f file	如果文件是一个普通文件则结果为真
-g file	如果文件的 SGID 位被设置则结果为真
-r file	如果文件可读则结果为真
-s file	如果文件的长度不为 0 则结果为真
-u file	如果文件的 SUID 位被设置则结果为真
-w file	如果文件可写则结果为真
-x file	如果文件可执行则结果为真

set-group-id 和 set-user-id 也叫作 set-gid 和 set-uid 位。set-uid 位把程序拥有者的访问权限而不是用户的访问权限分配给程序，而 set-gid 位把程序所在组的访问权限分配给程序。这两个特殊位都是通过 chmod 命令的 s 和 g 选项设置的。set-gid 和 set-uid 标志对 Shell 脚本程序不起作用。

各种与文件有关的条件测试的结果为真的前提是文件必须存在。上述列表仅列出了 test 和[]命令比较常用的选项，完整的选项清单请查阅它的使用手册。

因为 test 命令在 Shell 脚本程序以外用得很少，所以那些很少编写 Shell 脚本的 Linux 用户往往会自己编写一个简单的程序并将这个文件命名为 test。如果这个程序不能正常工作，则很可能是因为它与 Shell 中的 test 命令发生了冲突。要想查看用户系统中是否有一个指定名称的外部命令，可以试试用 which test 这样的命令来检查执行的是哪一个 test 命令，或者可以使用./test 这种执行方式，以确保执行的是当前目录下的脚本程序。

2. 逻辑运算

在进行条件判断时，Shell 提供了复杂的逻辑运算，分别是 AND 运算和 OR 运算。

1）AND 运算

AND 运算允许用户按照如下方式执行一系列命令：只有在前面所有的命令都执行成功的情况下才执行后一条命令。AND 运算符为&&，它的语法格式如下：

```
statement1 && statement2 && statement3…
```

从左开始顺序执行每条命令，如果一条命令返回的是 true，它右边的下一条命令才能够被执行。如此循环直到有一条命令返回 false，或者列表中的所有命令都被执行完毕。&& 的作用是检查前一条命令的返回值。作为一个整体，如果 AND 列表中的所有命令都被执行成功，就算它执行成功，否则就算它失败。

示例：

编写 and_script 脚本，内容如下：

```
#!/bin/bash
touch file1
rm -f file2
if [ -f file1 ] && echo "hello" && [ -f file2 ] && echo "world"
then
    echo "in if"
else
    echo "in else"
fi
exit 0
```

执行这个脚本，输出结果如下：

```
[user@localhost ~]$ sh and_script
hello
in else
[user@localhost ~]$ 
```

touch 和 rm 命令确保当前目录中的有关文件处于已知状态。然后&&列表执行[-f file1]语句，这条语句肯定会被执行成功，因为已经确保该文件是存在的了。由于前一条命令执行成功，因此 echo 命令得以执行，它也执行成功（因为 echo 命令总是返回 true）。当执行第 3 个测试[-f file2]时，因为该文件并不存在，所以它执行失败了。这条命令的失败导致最后一条 echo 语句未被执行。而因为该命令列表中的一条命令失败了，所以&&列表的总的执行结果是 false，if 语句将执行它的 else 部分。

2）OR 运算

OR列表结构允许持续执行一系列命令直到有一条命令成功为止，其后的命令将不再被执行。OR 运算符为||，它的语法格式如下：

```
statement1 || statement2 || statement3…
```

从左开始顺序执行每条命令。如果一条命令返回的是 false，它右边的下一条命令才能够被执行。如此循环直到有一条命令返回 true，或者列表中的所有命令都被执行完毕。

||列表和&&列表很相似，只是继续执行下一条命令的条件现在变为其前一条语句必须执行失败。

示例：

修改 and_script 脚本，变为 or_script，内容如下：

```
#!/bin/bash
touch file1
rm -f file2
if [ -f file1 ] || echo "hello" || [ -f file2 ] || echo "world"
then
    echo "in if"
else
    echo "in else"
fi
exit 0
```

执行该脚本，输出结果如下：

```
[user@localhost ~]$ sh or_script
in if
```

在||命令列表中，[-f file1]为真值，因此后续的命令都不会被执行，整个 if 条件的结果返回一个真值，所以，脚本执行最后输出"in if"。读者可以自己修改该脚本，让条件[-f file1]为假，然后后续命令得到执行，查看输出结果。

AND 运算和 OR 运算的执行方式与 C 语言中对多个条件进行测试的执行方式很相似，只需执行最少的语句就可以确定其返回结果，不影响返回结果的语句不会被执行。在 Shell 编程时，可将这两种结构结合在一起使用。

6.5.3　Shell 的算术运算

所有 Shell 变量的值都以字符串的形式存储。如果需要对其进行算术运算和逻辑操作，必须先将其转换为整数，得到运算结果后再转回字符串，以便正确保存在 Shell 变量中。

bash 提供了如下 3 种方法对数值数据进行算术运算。

（1）使用 expr 命令。

（2）使用 Shell 扩展$((expression))。

（3）使用 let 命令。

表达式在求值时以长整数进行，并且不作溢出检查。当在表达式中使用 Shell 变量时，变量求值前首先被扩展（变量被替换为它们的值）和强制转换（转换数据类型）为长类型。

1. expr 命令

expr 命令将它的参数当作一个表达式来求值。语法格式如下：

```
expr expression
```

示例：

```
[user@localhost ~]$ var1=1
[user@localhost ~]$ var1=`expr $var1 + 1`
[user@localhost ~]$ echo $var1
2
[user@localhost ~]$ ▊
```

例子中使用了反引号（``），表示使 var 取值为命令 expr $var + 1 的执行结果。也可以用语法$()替换反引号（``），如下所示：

```
var1=$(expr $var1 + 1)
```

注意：在使用 expr 时，运算符前后要有空格，且乘法要用"\"转义，即"*"的形式。

expr 命令，允许对简单的算术命令进行处理，但这个命令执行起来相当慢，因为它需要调用一条新的 Shell 来处理 expr 命令。在最新的脚本编程中，expr 命令通常被替换为更有效的$((…))语法。

2. $((expression))

$((expression))命令用于计算一个 expression，并返回它的值。

示例：

```
[user@localhost ~]$ a=2 b=3
[user@localhost ~]$ echo "the result of c is $((a+b))"
the result of c is 5
[user@localhost ~]$ ▊
```

注意：这与 x=$(…)命令不同，两对圆括号用于算术替换，而之前见到的一对圆括号用于命令的执行和获取输出。

3. let 命令

用来求算术表达式的值，如果最后表达式的值为 0，let 命令返回 1；否则返回 0。语法格式如下：

```
let expression
```

示例：

```
[user@localhost ~]$ let "a=2" "b=3"
[user@localhost ~]$ let c=a*b
[user@localhost ~]$ echo "the value of c is $c."
the value of c is 6.
[user@localhost ~]$ ▊
```

注意：使用 let 命令时，变量前的$不是必须的，乘法也不需转义使用。

上例中，第 1 个 let 命令中使用引号，是因为命令中的表达式含有空格。

6.6　Shell 的控制结构

与 C 语言编程类似，Shell 编程时也提供了 3 种控制流程，分别是顺序、分支和循环。在 bash 编程中，顺序语句可由简单的输入输出命令组成；分支语句由 if、case 实现；循环语句是 for、while 和 until。

在下面的各节中，将分别介绍这 3 种控制结构。

6.6.1　if 语句

if 语句提供条件测试，根据测试的条件结果执行相应的语句。If 语句有如下 3 种形式。

1. 基本 if 语句

基本的 if 语句格式如下：

```
if  condition
then
  statements
else
  statements

fi
```

其中，condition 表示条件判断；statements 表示待执行的命令列表；一行一个命令，命令末尾不需要分号表示结束；若 then 或 else 分支中要执行多个命令，直接换行即可。

示例：

编写脚本 if_script，内容如下：

```
#!/bin/bash
#this script is about if
echo "abc is the  user's name? please answer yes or no"
read name
if [ $name = "yes" ]
then
    echo "hello abc!"
else
    echo "abc isn't the user's name?"
fi
exit 0
```

执行该脚本，输出结果如下：

```
[user@localhost ~]$ sh if_script
 abc is the  user's name? please answer yes or no
yes
hello abc!
[user@localhost ~]$ ▮
```

这个脚本程序用[ ]命令对变量 name 的内容进行测试，测试结果由 if 命令判断，由它来决定执行对应部分的代码。

2. elif 语句

上述非常简单的脚本程序存在一个问题，会把所有不是 yes 的回答都看作是 no。可以通过使用 elif 结构来避免出现这样的情况，允许在 if 结构的 else 部分被执行时增加第 2 个测试条件。elif 语句格式如下：

```
if  condition1
then
   statements
elif condition2
then
   statements
elif condition3
then
   statements
…
else
   statements
fi
```

使用 elif 对基本 if 语句中的脚本程序做些修改，让它在输入 yes 或 no 以外的其他任何东西时报告一条出错信息。通过将 else 替换为 elif 并且增加其他测试条件的方法来实现它。脚本内容如下：

```
#!/bin/bash
#this script is about elif
echo "abc is the user's name? please answer yes or no"
read name
if ["$name" = "yes"]
then
    echo "hello abc!"
elif ["$name" = "no"]
then
    echo "abc isn't the user's name."
else
    echo "input error!"
fi
exit 0
```

执行该脚本，输出结果如下：

```
[user@localhost ~]$ sh elif_script
 abc is the  user's name? please answer yes or no
hello
input error!
[user@localhost ~]$ 
```

3. if 语句其他形式

有时，想要将几条命令连接成一个序列。例如，可能想在执行某个语句之前满足好几个不同的条件，即 if 语句嵌套形式，具体语法格式如下：

```
if  condition  ; then
  if  condition ; then
      if condition ; then
            statements
    fi
  fi
fi
```

或者将 elif 格式修改为如下：

```
if  condition1 ; then
  statements
elif condition2 ; then
  statements
elif condition3 ; then
  statements
…
else
  statements
fi
```

其中，";"表示命令分隔符，如果多个命令在同一行，要想顺序依次执行，须用";"隔开。

示例：

编写脚本 elif1_script，内容如下：

```
#!/bin/bash
echo "please input filename:"
read file
if [ -r $file];then
    echo "$file is an ordinary file."
elif [ -d $file];then
    echo "$file  is an directory."
else
    echo "$file isn't an ordinary file or directory."
fi
exit 0
```

执行该脚本，输出结果如下：

```
[user@localhost ~]$ sh elif1_script
please input filename:
file1
file1 is an ordinary file.
[user@localhost ~]$ sh elif1_script
please input filename:
mydir
mydir isn't an ordinary file or directory.
[user@localhost ~]$
```

6.6.2　case 语句

case 是一个多分支结构，根据变量与哪种模式匹配确定执行相应的语句序列。它的语法如下：

```
case variable in
pattern1) statements;;
pattern2) statements;;
…
patternn) statements;;
*) statements;;
esac
```

其中，variable 表示变量名；pattern1）, …, patternn)表示带匹配的模式；*）表示默认情况下的分支；esac 表示 case 语句结束。

注意：每个模式行都以双分号（;;）结尾。因为用户可以在前后模式之间放置多条命令，所以需要使用一个双分号来标记前一个语句的结束和后一个模式的开始。当有多条命令时，一行一条命令，在最后一条命令后加;;表示该分支结束；*表示以上模式均不匹配情况下的处理分支。

因为 case 结构具备匹配多个模式然后执行多条相关语句的能力，这使得它非常适用于处理用户的输入。下面通过一个例子说明。

示例：
编写脚本 case_script，内容如下：

```
#!/bin/bash
echo "please enter the number of the week:"
read number
case $number in
 1) echo "Monday";;
 2) echo "Tuesday";;
 3) echo "Wednsday";;
 4) echo "Thursday";;
 5) echo "Friday";;
 6) echo "saturday";;
 7) echo "Sunday";;
 *) echo "your enter must be in 1-7.";;
esac
```

执行该脚本，输出结果如下：

```
[user@localhost ~]$ sh case_script
please enter the number of the week:
5
Friday
[user@localhost ~]$ sh case_script
please enter the number of the week:
hello
your enter must be in 1-7.
[user@localhost ~]$ 
```

case 支持合并匹配模式，即在每个模式中，可以使用通配符或逻辑符号。

示例：编写脚本 case1_script，内容如下。

```
#!/bin/bash
echo "abc is the  user's name? please answer yes or no"
read name
case "$name" in
y|Y|yes|YES)   echo "hello abc!";;
n*|N*)    echo "abc isn't the user's name!";;
*)  echo "sorry,  your input isn't recognized.";;
esac
exit 0
```

执行该脚本，输出结果如下：

```
[user@localhost ~]$sh case1_script
abc is the user's name? please answer yes or no
never
abc isn't the user's name!
[user@localhost ~]$sh case1_script
abc is the user's name? please answer yes or no
y
hello abc!
[user@localhost ~]$sh case1_script
abc is the user's name? please answer yes or no
no
abc isn't the user's name!
[user@localhost ~]$
```

在这个脚本程序中，每个 case 条目中都使用了多个字符串，case 将对每个条目中的多个不同的字符串进行测试，以决定是否需要执行相应的语句。这使得脚本程序的长度不仅变短而且实际上也更容易阅读。同时还显示了*通配符的用法，但这样做有可能匹配意料之外的模式。例如，输入 never，就会匹配 n*并显示出"abc isn't the user's name"，而这并不是人们希望的行为。

在 case 结构中，每个分支模式可以执行多条命令，举例脚本 case2_script 内容如下：

```
#!/bin/bash
echo "abc is the  user's name? please answer yes or no"
read name
case "$name" in
 y|Y|yes|YES)
    echo "hello abc!"
    echo "yes!";;
n*|N*)
    echo "abc isn't the user's name?"
    echo "no!";;
*)
    echo "sorry,your input isn't recognized."
    echo "please answer yes or no"
    exit 1
    ;;
esac
exit 0
```

执行该脚本，输出结果如下：

```
[user@localhost ~]$ sh case2_script
 abc is the  user's name? please answer yes or no
ye
sorry,your input isn't recognized.
please answer yes or no
[user@localhost ~]$ sh case2_script
 abc is the  user's name? please answer yes or no
n
abc isn't the user's name?
no!
[user@localhost ~]$ ▮
```

上面例子中，为了演示模式匹配的不同用法，改变了模式 no 情况下的匹配方法；还演示了如何在 case 语句中为每个模式执行多条语句。注意，一般情况下把最精确的匹配放在最开始，把最一般化的匹配放在最后。这样做很重要，因为 case 将执行它找到的第 1 个匹配而不是最佳匹配。如果把*）放在开头，那不管输入的是什么，都会匹配上这个模式。

注意：case 前面的双分号（;;）是可选的。在 C 语言程序设计中，即使少一个 break 语句都算是不好的程序设计做法；但在 Shell 脚本编程中，如果最后一个 case 模式是默认模式，那么省略最后一个双分号（;;）是没有问题的，因为后面没有其他的 case 模式需要被考虑。

6.6.3　for 语句

for 结构可以用来循环处理一组值，这组值可以是任意字符串的集合，可以在脚本里被简单地列出。而更常见的做法是把它与 Shell 的文件名扩展结果结合在一起使用，即配合通配符使用。for 语句的语法格式如下：

```
for variable in values
do
  statements
done
```

其中，variable 表示变量名；values 表示变量取值列表；do 和 done 之间是循环体的内容；statements 表示循环体内待执行的命令语句。循环执行的过程为：变量 variable 每次从 values 值列表中取值并执行一次循环体内容，当 values 值列表中所有值被取完后，循环结束。

示例：

编写脚本 for_script，内容如下：

```
#!/bin/bash
for var in hello world 123
do
  echo $var
done
exit 0
```

执行该脚本，输出结果如下：

```
[user@localhost ~]$ sh for_script
hello
world
123
```

如果把第 1 行由 for var in hello world 123 修改为 for var in "hello world 123"会怎样呢？别忘了，加上引号就等于告诉 Shell 把引号之间的一切东西都看作是一个字符串。这是在变量里保留空格的一种办法。那么该脚本循环执行一次，输出结果就变为一行：hello world 123。读者可自己实验。

for 循环经常与 Shell 的文件名扩展一起使用。这意味着在字符串的值中使用一个通配符，并由 Shell 在脚本执行时填写出所有的值。

脚本程序用 Shell 扩展把*扩展为当前目录中所有文件的名字，然后它们依次作为 for 循环中的变量$file 使用。

下面介绍另外一个通配符扩展的例子。假设想显示当前目录中所有以字符串_script 结尾的文件，可编写如下脚本 for1_script，内容如下：

```
#!/bin/bash
for file in $(ls *_script)
do
  echo $file
done
exit 0
```

执行该脚本，输出结果如下：

```
[user@localhost ~]$ sh for1_script
and_script
bash_script
case1_script
case2_script
case_script
elif1_script
elif_script
for1_script
for_script
if_script
or_script
pwd_script
shift script
```

这个例子中，$(command)表示取命令执行的结果输出作为变量值列表，即 for 命令的参数表来自括在$()中的命令的输出结果。Shell 扩展*_script 给出所有匹配此模式的文件的名字。

注意：Shell 脚本程序中所有的变量扩展都是在脚本程序被执行时而不是在编写它时完成的。所以，变量声明中的语法错误只有在执行时才会被发现。

for 循环中的参数值也可以从命令行取得。

编写脚本 for2_script，内容如下：

```
#!/bin/bash
```

```
for var in $*
do
  echo "print the arguments $var in the command line."
done
exit 0
```

执行该脚本，输出结果如下：

```
[user@localhost ~]$ sh for2_script aa bb cc dd
print the arguments aa in the command line.
print the arguments bb in the command line.
print the arguments cc in the command line.
print the arguments dd in the command line.
[user@localhost ~]$ 
```

这个例子中，$*表示命令行上的所有参数值，在脚本执行过程中，$*取得值后，for循环中的变量 var 依次获取该参数表中的值，然后进行循环体语句的执行。

6.6.4 while 语句

因为在默认情况下所有 Shell 变量值都被认为是字符串，所以 for 循环特别适合对一系列字符串进行循环处理，但在需要执行特定次数命令的场合就显得有些笨拙了。

例如，想让循环执行 10 次，使用 for 循环的脚本 for3_script 如下：

```
#!/bin/bash
for var in 1 2 3 4 5 6 7 8 9 10
do
  echo "ok,ready!"
done
exit 0
```

如果让循环执行 100 次，那 for 循环语句就特别冗长，即使使用通配符扩展，可能也会陷入不知道到底会执行多少次循环的窘境。在这种情况下，可以使用一个 while 循环，其语法格式如下：

```
while condition
do
  statements
done
```

其中，condition 表示循环条件；do 和 done 之间是循环体的内容；statements 表示循环体待执行的命令语句。

下面将编写脚本 while_script，内容如下：

```
#!/bin/bash
echo -n "please enter password:"
read password
while ["$password" != "123456"]
do
  echo "sorry, try again"
```

```
    read password
done
exit 0
```

执行该脚本，输出结果如下：

```
[user@localhost ~]$ sh while_script
please enter password: hello
sorry,try again
123456
[user@localhost ~]$ █
```

这个例子不是一种询问密码非常安全的办法，但确实演示了 while 语句的作用。do 和 done 之间的语句将反复被执行，直到条件不再为真为止。

通过将 while 结构和数值条件结合在一起，就可以让某个命令执行特定的次数。这比前面见过的 for 循环要简化多了。修改脚本内容如下：

```
#!/bin/bash
var=1
while ["$var" -le 10]
do
  echo "ok,ready!"
  let var=var+1
done
exit 0
```

在这个例子中，即使执行 100 次循环，也只需要将 10 改为 100 即可。

6.6.5　until 语句

until 语句与 while 语句一样，都是循环语句，但处理方式正好相反，即当判断条件为真时，循环停止。它的语法格式如下：

```
until condition
do
  statements
done
```

其中，condition 表示判断条件，当该条件为假时，循环执行；否则循环终止。until 语句非常适合于应用在这样的情况：如果想让循环不停地执行，直到某些事件发生。

示例：
编写脚本 until_script，内容如下：

```
#!/bin/bash
until [-z "$1"]
do
  echo -n "$1"
  shift
done
echo
exit 0
```

执行该脚本，输出结果如下：

```
[user@localhost ~]$ sh until_script 1 2 3
1 2 3
```

这个例子中，-z "$1" 表示判断命令行上第 1 个位置参数值是否为空，若为空时，则循环结束。脚本中最后一个 echo 是为了换行。

在 while 语句关于循环 10 次的例子中，如果改用 until 循环，则需要把条件改为 $var –gt 10，读者可自己验证脚本执行结果。

6.6.6 break 语句和 continue 语句

1. break 语句

break 语句的功能是在控制条件未满足之前，跳出 for 循环、while 循环或 until 循环。可以为 break 语句提供一个额外的数值参数来表明所要跳出的循环层数，但一般情况下并不建议这么做，因为它将大大降低程序的可读性。在默认情况下，break 语句只跳出一层循环。

示例：

编写脚本 break_script，内容如下：

```
#!/bin/bash
var=0
while ["$var" -le 5]
do
  var=$(($var+1))
  if ["$var" -gt 2]
  then
    break
  fi
  echo -n "$var"
done
echo
exit 0
```

执行该脚本，输出结果如下：

```
[user@localhost ~]$ sh break_script
 1 2
```

这个例子中，break 不仅从 if 中跳出，也从 while 循环中跳出。脚本最后一个 echo 表示换行。

2. continue 语句

continue 语句与 C 语言中的同名语句非常类似。该语句使 for 循环、while 循环或 until 循环跳到下一次循环继续执行，循环变量取循环列表中的下一个值。

continue 可以带一个可选的参数以表示希望继续执行的循环嵌套层数，也就是说可以部分跳出嵌套循环。这个参数很少使用，因为它会致使脚本程序极难理解。

编写脚本 continue_script，内容如下：

```
#!/bin/bash
echo "printing numbers 1-10 (but not 3 and 7)."
```

```
var=0
while [$var -lt 10]
do
  let var=var+1
  if [$var -eq 3] || [$var -eq 7]
  then
     continue
  fi
  echo -n "$var"
done
echo
exit 0
```

执行该脚本，输出结果如下：

```
[user@localhost ~]$ sh continue_script
printing numbers 1-10 (but not 3 and 7).
1 2 4 5 6 8 9 10
```

在这个例子中，与 break 语句跳出整个循环不同，continue 语句只中断了循环的第 3 次和第 7 次，其他循环照常执行。

在 break 语句和 continue6 语句的两个脚本例子中，分别使用了 var=$(($var+1))和 let var=var+1，进行算术表达式求值，读者可根据自己习惯任意选择其中一种。

6.7　Shell 函数

Shell 除了可以定义变量外，还可以定义函数。如果读者想编写大型的 Shell 脚本程序，可以用函数来构造自己的代码。

作为另一种选择，可以把一个大型的脚本程序分成许多小一点的脚本程序，让每个脚本完成一个小任务。但这种做法有几个缺点：在一个脚本程序中执行另外一个脚本程序要比执行一个函数慢得多；返回执行结果变得更加困难，而且可能存在非常多的小脚本。当准备将一个大型脚本程序分解为一组小脚本时，应该把自己的脚本程序中可以明显单独存在的最小部分作为衡量的尺度。

6.7.1　函数定义

定义一个 Shell 函数，语法格式如下：

```
function_name() {
  statements
}
```

其中，function_name 表示函数名；{}内为函数体内容。

6.7.2　函数调用

通常将函数看成是脚本中的一段代码，在使用函数前必须先定义该函数，使用时利用函数名直接调用。

示例：

编写脚本 func_script，内容如下：

```
#!/bin/bash
REPEAT=3
fa()
{
  echo "Now  fa function is starting…"
  echo
}
fb()
{
  i=0
  echo  "And now the fb bebins."
  sleep 1
  while [$i -lt $REPEAT]
  do
    echo "---functions---"
    echo "-----are-------"
    echo "------fb-------"
    echo
    let i=i+1
  done
}
echo "This main script is starting..."
fa
fb
echo "main script ended."
```

执行该脚本，输出结果如下：

```
[user@localhost ~]$ sh func_script
This main script is starting...
Now  fa function is starting...

And now the fb bebins.
---functions---
-----are-------
------fb-------

---functions---
-----are-------
------fb-------

---functions---
-----are-------
------fb-------

main script ended.
[user@localhost ~]$ 
```

这个例子中，Shell 脚本从第 1 行开始执行，遇到 fa(){结构时，Shell 知道定义了一个名为 fa 的函数。Shell 会记住 fa 代表一个函数并从}字符之后的位置继续执行。同样地，fb

被做同样处理，之后脚本从 echo "This main script is starting…" 开始执行，当执行到单独的行 fa 时，Shell 就知道应该去执行刚才定义的函数了，当这个函数执行完毕以后，执行过程会返回到调用 fa 函数的那条语句的后面继续执行，即开始执行 fb 函数。

这个例子中，定义了两个函数 fa 和 fb，fa 是一个简单的函数，fb 是一个较复杂的函数，在 fb 中为了在执行过程中分开两个函数的执行，使用了 sleep 命令让其睡眠了 1 秒钟。

当一个函数被调用时，脚本程序的位置参数$*、$@、$#、$1、$2 等会被替换为函数的参数。这也是读取传递给函数参数的办法。当函数执行完毕后，这些参数会恢复为它们先前的值。

在函数中可以使用 return 命令使函数返回。return 命令有一个数值参数，这个参数在调用该函数的脚本程序中被看作是该函数的返回值。如果没有指定参数，return 命令默认返回最后一条命令的退出码。其中，return 返回值为 0 时，表示函数调用无错；return 返回值为 1 时，表示函数调用有错。

示例：

编写脚本 func1_script，内容如下：

```
#!/bin/bash
yesorno()
{
  echo "Is your name $* ?"
  while true
  do
    echo -n "Enter yes or no: "
    read enter
    case "$enter" in
      y|yes|Y|YES) return 0;;
      n|no|N|NO) return 1;;
      *)  echo "please answer yes or no"
    esac
  done
}
echo "original paramenters are $* "
if yesorno "$1"
then
  echo "Hello $1."
else
  echo "sorry."
fi
exit 0
```

执行该脚本，输出结果如下：

```
[user@localhost ~]$ sh func1_script user
original paramenters are user
Is your name user ?
Enter yes or no: yes
Hello user.
[user@localhost ~]$ sh func1_script root
original paramenters are root
Is your name root ?
Enter yes or no: no
sorry.
[user@localhost ~]$ 
```

脚本程序开始被执行时，函数 yesorno 被定义，但先不会被执行。在 if 语句中，脚本程序执行到函数 yesorno 时，先把$1 替换为脚本程序的第 1 个参数 user，再把它作为参数传递给这个函数。函数将使用这些参数，它们现在被保存在$1、$2 等位置参数中，并向调用者返回一个值。if 结构再根据这个返回值去执行相应的语句。

本章小结

本章主要讲述了 Linux 操作系统下 Shell 脚本编程的内容。

首先讲述了 Shell 基础知识；然后介绍了如何编写一个脚本、如何执行一个脚本；接着介绍了 Shell 脚本编程涉及的变量、运算、控制结构及函数的用法，并通过示例的形式进行了详细讲解。

熟练掌握 Shell 脚本编程，对日常系统管理及维护有很大帮助，很多重复性的、烦琐的工作都可以交给 Shell 脚本完成，实现高效的系统管理。

本章习题

1．什么是 Shell？RHEL 6.0 系统中 Shell 主要有哪几种类型？

2．如何编辑一个 Shell 脚本？Shell 脚本的执行方式有哪些？

3．Shell 变量都有哪些？

4．Shell 中都有哪些引号？它们之间的区别是什么？

5．一个 Shell 脚本，内容如下：

```
#!/bin/bash
# finduser----寻找是否有第一个参数指定的用户登录
if  [$# -ne 1]
then
echo usage: finduser username >&2
exit 1
  fi
  who | grep $1
```

验证该脚本的执行结果。

6．一个 Shell 脚本内容如下：

```
echo "enter username: "
read user
until who | grep "$user" > /dev/null
do
sleep 30
done
```

验证该脚本的执行结果。

7．一个 Shell 脚本，内容如下：

```
#!/bin/bash
```

```
if  [$# -ne 2]
then
  echo "usage: $0 mdays size" 1>&2
  exit 1
fi
if  [$1 -lt 0 -o $1 -gt 30]
then
  echo "mdays is out of range"
  exit 2
fi
if  [$2 -le 20]
then
  echo "size is out of range"
  exit 3
fi
find / -xdev -mtime $1 -size +$2 -print
```

验证该脚本的执行结果。

8．一个 Shell 脚本，内容如下：

```
echo -n  "which color do you like?"
read color
case "$color" in
[Bb]l??)
  echo I feel $color
  echo The sky is $color;;
[Gg]ree*)
  echo $color is for trees
  echo $color is for seasick;;
red | orange)
echo $color is very warm!;;
*)
echo no such color as $color;;
esac
echo "out of case"
```

验证该脚本的执行结果。

9．设计一个 Shell 脚本：求命令行上所有整数的和。

10．设计一个 Shell 脚本：判断当前工作目录下所有的文件类型，如果是目录则显示目录名；如果是文件则查看文件内容；如果都不是则显示提示信息。

第7章

Linux 下 C 编程

本章学习目标

- 了解 Linux 下 C 编程基础知识。
- 掌握 Linux 下的编译器 GCC、程序调试工具 GDB、程序维护工具 make 的使用。
- 熟练掌握 Linux 下和进程及文件相关的系统调用，并编写相关应用程序。

7.1 Linux 下 C 编程基础

C 语言是一种与 Linux 紧密相关的程序设计语言，Linux 操作系统的内核主要就是用 C 语言编写的。另外，Linux 下很多软件也是用 C 语言写的，特别是一些著名的服务软件，如 MySQL、Apache 等。在 Linux 下用 C 语言编写程序，具有很高的效率。

在 Linux 下进行 C 编程，首先要选择编辑器，常用的编辑器为 vim（考虑到 Linux 各版本的兼容性，vim 是通用的，当然还有其他的编辑器，如 emacs、gedit 等）；然后要选择编译器，常用的是 GNU C/C++编译器 GCC（GCC 是一种开源的编译器，安装 Linux 时自带，兼容各个版本）；接下来选择调试器，应用最广泛的调试器是 GDB（编写程序时，有语法错误，还有逻辑错误，语法错误在编译器中可以修改，调试器用来处理逻辑错误，类似 debug）；同时还可以利用程序维护工具进行程序维护，make 是 Linux 下较常用的程序维护工具。

在安装 Linux 操作系统时选中"程序开发"中的"开发工具"，就可以自动安装 GCC/GDB；若想开发图形界面，还需选中 GNOME/KDE 软件开发（可以利用现成的图形库等）。

Linux 内核中设置了一组用于实现各种系统功能的子程序，称为系统调用。用户可以通过系统调用命令在自己的应用程序中调用它们。从某种角度来看，系统调用和普通的函数调用非常相似。区别仅在于：系统调用由操作系统核心提供，运行于核心态；而普通的函数调用由函数库或用户自己提供，运行于用户态。

伴随 Linux 核心还提供了一些 C 语言函数库，这些库对系统调用进行了一些包装和扩展，因为这些库函数与系统调用的关系非常紧密，所以习惯上把这些函数也称为系统调用。Linux 系统中，系统调用与库函数之间的关系如图 7.1 所示。

因为 Linux 下的编辑程序在前面章节已经介绍过，本章主要介绍 Linux 下 C 编程所用

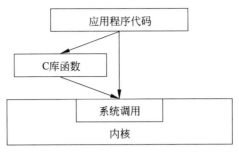

图 7.1　Linux 系统调用与库函数关系示意图

到的编译器 GCC、程序调试工具 GDB、程序维护工具 make 的使用，以及和进程、文件相关的系统调用。

7.2　常用开发工具

7.2.1　GCC 简介

目前，Linux 下最常用的 C 语言编译器是 GCC（GNU Compiler Collection），它是 Linux 平台编译器的事实标准。GCC 是 GNU 项目中符合 ANSI C 标准的编译系统，能够编译用 C、C++和 Object C 等语言编写的程序。GCC 是 Linux 平台下最重要的开发工具，不仅功能强大，结构也非常灵活。例如，可以通过不同的前端模块来支持各种语言，包括 Java、Fortran、Pascal、Modula-3 和 Ada 等。

GCC 之所以被广泛采用，还因为它能支持各种不同的目标体系结构。例如，它既支持基于宿主的开发（即在 A 平台上编译的程序是供 A 平台使用的），也支持交叉编译（即在 A 平台上编译的程序是供 B 平台使用的）。目前，GCC 支持的体系结构有 40 余种，常见的有 x86 系列、ARM、PowerPC 等。同时，GCC 还能运行在不同的操作系统上，如 Linux、Solaris、Windows 等。

使用 GCC 编译程序时，编译过程可以被细分为如下 4 个阶段。

（1）预处理（Pre-Processing）。

（2）编译（Compiling）。

（3）汇编（Assembling）。

（4）链接（Linking）。

在这 4 个阶段中可以设置选项生成扩展名分别为“.i”“.s”“.o”的文件，以及最终可执行文件，各扩展名文件含义如下。

.c：最初的 C 源代码文件。

.i：经过编译预处理的源代码。

.s：汇编处理后的汇编代码。

.o：编译后的目标文件，含有最终编译出的机器码，但它里面所引用的其他文件中函数的内存位置尚未定义。

GCC 编译过程如图 7.2 所示。

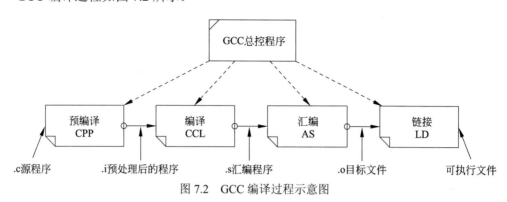

图 7.2　GCC 编译过程示意图

下面以程序 hello.c 为例具体介绍 GCC 是如何完成以上 4 个阶段的，程序 hello.c 源代码如下：

```
#include<stdio.h>
 int main(void)
 {
    printf("Hello World!\n");
    return 0;
 }
```

具体过程如下所示。

1．预处理阶段

在预处理阶段，编译器将上述代码中的 stdio.h 编译。GCC 首先调用 CPP 进行预处理，根据以字符#开头的命令修改原始的 C 程序。例如，hello.c 中的指令#include <stdio.h>告诉预处理器读系统头文件 stdio.h 中的内容，并把它直接插入程序文本中去，结果就得到经过编译预处理的源代码 hello.i。

但实际工作中通常不用专门生成这种文件，因为基本上用不到。若非要生成这种文件不可，则可以利用下面的示例命令。

```
$gcc -E hello.c -o hello.i
```

2．编译阶段

GCC 调用 CCL 检查代码的规范性，是否有语法错误等，以确定代码实际要做的工作，在检查无误后，把代码翻译成汇编语言，生成汇编处理后的汇编代码 hello.s。这个阶段对应的 GCC 命令如下：

```
$gcc -S hello.i -o hello.s
```

汇编语言是非常有用的，它为不同高级语言、不同编译器提供了通用的语言。如 C 编译器和 Fortran 编译器产生的输出文件用的都是一样的汇编语言。

3．汇编阶段

GCC 调用 AS 把编译阶段生成的 hello.s 文件转成编译后的目标文件 hello.o，但 hello.c 中所引用其他文件中函数（如 printf）的内存位置尚未定义。这个阶段对应的 GCC 命令如下：

```
$gcc -c hello.s -o hello.o
```

4. 链接阶段

GCC 调用 LD 将程序的目标文件与需要的所有附加的目标文件链接起来，最终生成可执行文件。如 GCC 找到 hello.c 所调用的函数 printf 所在函数库的位置/user/lib，把函数的实现链接进来，生成最终的可执行文件 hello，可以利用下面的命令完成。

```
$gcc hello.o -o hello
```

如果不想生成中间的各类型文件，可用如下命令由源文件直接编译链接成可执行文件。

```
$gcc hello.c -o hello
```

7.2.2　GCC 的使用

格式：gcc　[选项|文件]…

常用选项：GCC 提供的编译选项超过 100 个，但只有少数几个会被频繁使用，下面仅对一些常用选项进行介绍。

（1）总体选项。GCC 命令常用的总体选项及含义如表 7.1 所示。

表 7.1　GCC 命令常用的总体选项

选　　项	含　　义
-c	只编译不链接，生成对应源文件的目标文件 ".o"
-S	只编译不汇编，生成汇编代码
-E	预处理后即停止，不进行编译
-o file	指定输出文件为 file，file 可以是可执行文件、目标文件、汇编文件等
-v	显示编译器内部编译各过程的命令行信息和编译器的版本号
-I dir	在头文件的搜索路径列表中添加 dir 目录
-g	指示编译程序在目标代码中加入供调试程序 gdb 使用的附加信息

（2）链接选项。GCC 命令的常用链接选项及含义如表 7.2 所示。

表 7.2　GCC 命令的常用链接选项

选　　项	含　　义
-static	在支持动态链接库系统中，强制使用静态链接库，对其他系统不起作用
-shared	生成一个共享目标文件，可以和其他目标文件链接产生可执行文件
-L dir	把指定的目录 dir 加到链接程序搜索库文件的路径表中
-library	链接时搜索由 library 命名的库
-fpic	编译器输出位置无关目标码，适用于共享库（shared library）
-fPIC	编译器输出位置无关目标码，适用于动态链接（dynamic linking）

（3）警告选项。GCC 命令的常用警告选项及含义如表 7.3 所示。

表 7.3　GCC 命令的常用警告选项

选　项	含　义
-pedantic	打开完全服从 ANSI C 标准所需的全部警告诊断
-pedantic-errors	该选项和-pedantic 类似，但是显示的是错误而不是警告
-w	禁止所有警告信息
-Wall	允许发出 GCC 提供的所有有用的报警信息
-Werror	视警告为错误，出现任何警告即放弃编译

示例：

（1）编译当前目录下的文件 helloworld.c。

```
$gcc  helloworld.c
```

该命令将 helloworld.c 文件预处理、汇编、编译并链接形成可执行文件。这里未指定输出文件，默认输出为 a.out，a.out 为可执行程序文件名。

（2）将当前目录下的文件 helloworld.c 编译成名为 helloworld 的可执行文件。

```
$gcc  -o  helloworld  helloworld.c
```

（3）将当前目录下的文件 helloworld.c 编译为汇编语言文件。

```
$gcc  -S  helloworld.c
```

该命令生成 helloworld.c 的汇编文件 helloworld.s，使用的是 AT&T 汇编。

（4）将文件 testfun.c 和文件 test.c 编译成目标文件 test.o。

方法 1：

```
$gcc  testfun.c  test.c  -o  test
```

方法 2：

```
$gcc  -c  testfun.c      //将 testfun.c 编译成 testfun.o
$gcc  -c  test.c         //将 test.c 编译成 test.o
$gcc   testfun.o  test.o  -o  test      //将 testfun.o 和 test.o 链接成 test
```

以上两种方法相比较，方法 1 编译时需要所有文件重新编译，而方法 2 可以只重新编译修改的文件，未修改的文件不用重新编译。

（5）编译当前目录下的程序 bad.c，同时查看编译过程中所有报警信息。

程序 bad.c 的源码如下：

```
#include<stdio.h>
int main (void)
{
  printf ("Two plus two is %f\n", 4);
  return 0;
}
```

编译并运行该程序，结果如下：

```
[user@localhost ~]$ gcc -Wall bad.c -o bad
bad.c: 在函数'main'中：
bad.c:4: 警告：格式'%f'需要类型'double'，但实参 2 的类型为'int'
```

上述结果表明文件 "bad.c" 第 4 行中的格式字符串用法不正确，GCC 的消息格式为 "文件名:行号:消息"。编译器对错误与警告区别对待，前者将阻止编译，后者表明可能存在的问题但并不阻止程序编译。

本例中，对整数值来说，正确的格式控制符应该是 %d。如果不启用 -Wall，程序表面看起来编译正常，但是会产生不正确的结果，具体如下：

```
[user@localhost ~]$ gcc  bad.c -o bad
[user@localhost ~]$ ./bad
Two plus two is 0.000000
```

显而易见，开发程序时不检查警告是非常危险的。如果有函数使用不当，将可能导致程序崩溃或产生错误的结果。开启编译器警告选项 -Wall 可捕捉 C 编程时的多数常见错误。

7.2.3　简单的 C 语言程序

前面已经介绍了一个简单的 C 语言程序 hello.c 的编辑和编译过程，下面以几个 C 语言程序为例，说明在 Linux 下 C 语言编程过程。

例 1：编写程序将 a、b、c 3 个字符压入堆栈，然后依次从堆栈中弹出 3 个字符并显示在屏幕上。

程序包括两个文件：stack.c 和 main.c。其中，stack.c 实现堆栈；而 main.c 使用堆栈。具体过程如下。

（1）选择 vim 或 emacs 编辑 C 语言源程序 stack.c，内容如下：

```c
/* stack.c */
char stack[512];
int top=-1;
void push(char c)
{
    stack[++top]=c;
}
char pop(void)
{
    return stack[top--];
}
int is_empty(void)
{
    return top==-1;
}
```

（2）选择 vim 或 emacs 编辑 C 语言源程序 main.c，内容如下：

```c
/* main.c */
#include<stdio.h>
void push(char);
char pop(void);
```

```
int is_empty(void);
int main(void)
{
    push('a');
    push('b');
    push('c');
    while(!is_empty())
        putchar(pop());
    putchar('\n');
    return 0;
}
```

（3）将两个文件编译链接成可执行文件 main，并运行。

```
[user@localhost ~]$ gcc main.c  stack.c  -o main
[user@localhost ~]$ ./main
cba
```

该程序将 a、b、c 3 个字符压进堆栈，然后从堆栈中依次弹出，并显示到屏幕上。

例 2：编写程序将 a、b、c 3 个字符压入堆栈，然后从堆栈中依次弹出 3 个字符并显示在屏幕上。注：利用头文件的形式。

假设又有一个文件 foo.c 也使用这 3 个函数的功能，main.c 和 foo.c 中就要各自写 3 个函数声明。为尽量避免重复的代码，可以采用头文件的形式。

（1）利用 vim 或 emacs 编辑头文件 stack.h，内容如下：

```
/* stack.h */
void push(char);
char pop(void);
int is_empty(void);
```

这样，在 main.c 中只需包含头文件 stack.h 即可，不需要写 3 个函数声明，修改后的 main.c 文件内容如下：

```
/* main.c */
#include<stdio.h>
#include "stack.h"
int main(void)
{
    push('a');
    push('b');
    push('c');
    while(!is_empty())
        putchar(pop());
    putchar('\n');
    return 0;
}
```

首先说明为什么#include<stdio.h>用尖角括号，而#include "stack.h"用引号。对于用角括号包含的头文件，GCC 首先查找-I 选项指定的目录，然后再查找系统的头文件目录（通常是/usr/include）；对于用引号包含的头文件，GCC 首先查找包含头文件的.c 文件所在的目录，

然后再查找 -I 选项指定的目录,最后查找系统的头文件目录。因为本例中编写的头文件 stack.h 和引用的源文件 main.c 在同一个目录下,所以采用引号。

（2）编译成目标文件。

因为 stack.h 和 main.c 在同一个目录下,所以用如下命令编译并运行。

```
[user@localhost ~]$ gcc -c stack.c
[user@localhost ~]$ gcc -c main.c
[user@localhost ~]$ gcc -o main main.o stack.o
[user@localhost ~]$ ./main
cba
```

如果 stack.h 不在当前目录,则要指定目录。如果 stack.h 在目录/home/user 下,则用如下命令编译并运行。

```
[user@localhost ~]$ gcc -o main main.o stack.o -I/home/user
[user@localhost ~]$ ./main
cba
```

例 3：编写程序将 a、b、c 3 个字符压入堆栈,然后从堆栈中依次弹出 3 个字符并显示在屏幕上。注：利用静态链接库。

在实际编程工作中经常会遇到这种情况,有几个项目里有一些函数的功能相同,实现代码也相同,也是人们所说的重复代码。通常把一些公用函数制作成函数库,供其他程序使用。用库文件存放公共代码的解决方案,其要点就是把公共的（也就是可以被多次复用的）目标代码从项目中分离出来,统一存放到库文件中；项目要用到这些代码时,在编译或者运行时从库文件中取得目标代码即可。

库文件又分静态库和动态库两种。静态库在程序编译时会被链接到目标代码中,程序运行时将不再需要该静态库。动态库在程序编译时并不会被链接到目标代码中,而是在程序运行时才被载入,因此在程序运行时还需要动态库存在。本例主要是利用 Linux 静态库来实现程序功能。

（1）制作库文件 libstack.a。

步骤 1：生成 stack.c 文件的目标文件 stack.o。

```
[user@localhost ~]$ gcc -c stack.c
```

步骤 2：用 ar 命令归档,生成文件 libstack.a（归档文件名一定要以 lib 打头,.a 结尾）。格式为 ar -rc <生成的档案文件名> <.o 文件名列表>。

```
[user@localhost ~]$ ar -rc libstack.a stack.o
```

（2）编译源文件 main.c 为目标文件 main.o。注意：要把静态库头文件的路径加到-I 参数里面。

```
[user@localhost ~]$ gcc -I /home/user -o main.o -c main.c
```

（3）生成可执行文件。注意：要把静态库文件的路径加到 -L 参数里面,把库文件名（去掉打头的 lib 和结尾的.a）加到 -l 参数后面。

```
[user@localhost ~]$ gcc -o main -L /home/user main.o -lstack
```

（4）运行可执行文件。

```
[user@localhost ~]$ ./main
cba
```

通过以上 3 个例子，可以大致了解在 Linux 系统下如何编辑、编译 C 语言程序，并运行。但如果程序出错，就要采用相应的程序调试工具进行调试，对于复杂的应用程序，还需采用程序维护工具进行管理。

7.2.4　程序调试工具 GDB

编程是一件非常复杂的工作，所以难免会出错。程序中的错误通常分为以下 3 类。

（1）编译时错误。又称为语法错误，主要是程序代码中有不符合所用编程语言语法规则的错误，如使用未定义的变量、括号不成对等。编译器只能编译语法正确的程序，否则将导致编译失败，无法生成可执行文件。

（2）运行时错误。编译器检查不出这类错误，仍然可以生成可执行文件，但在运行时会因出错而导致程序崩溃，如除数为 0、死循环等。

（3）逻辑错误和语义错误。如果程序里有逻辑错误，编译和运行都会很顺利，看上去也不产生任何错误信息，但是程序没有完成预期的功能，这意味着程序的意思（即语义）是错的。

找到程序中的这些错误并加以纠正的过程就叫作调试（Debug）。调试分人工检查和机器调试两种，人工检查是用程序员直接对源代码进行检查，或采用人工模拟机器执行程序的方法来检查；程序调试是利用调试工具，通过上机运行程序，找出错误，并进行修改。

GDB 是 Linux 系统中一个功能强大的 GNU 调试程序，可以调试 C 和 C++程序，使程序开发者在程序运行时观察程序的内部结构和内存的使用情况。GDB 提供如下功能。

（1）运行程序，设置所有能影响程序运行的参数和环境。

（2）控制程序在指定的条件下停止运行。

（3）当程序停止时，可以检查程序的状态。

（4）修改程序的错误，并重新运行程序。

（5）动态监视程序中变量的值。

（6）可以单步逐行执行代码，观察程序的运行状态。

（7）分析崩溃程序产生的 core 文件。

1. 启动 GDB

要使用 GDB 调试程序，首先在编译时，必须把调试信息加到可执行文件中，可通过使用编译器 GCC 的-g 参数完成。例如：

```
$gcc -g hello.c -o hello
```

启动 GDB 的方法有以下 4 种：

（1）gdb，直接启动 GDB。

（2）gdb <program>，调试可执行程序 program。

（3）gdb <program> core，GDB 同时调试可执行程序 program 和文件 core，文件 core 是程序崩溃时产生的文件，仅是一个内存映像（加上调试信息），主要是用来调试的。

（4）gdb <program> <PID>，PID 是程序运行时的进程号，GDB 会自动绑定到该进程上，并调试。

GDB 一旦启动成功，则显示 GDB 提示符，等待用户输入 GDB 的内部命令，如下所示。

```
[user@localhost ~]$ gdb
GNU gdb (GDB) Red Hat Enterprise Linux (7.1-29.el6)
Copyright (C) 2010 Free Software Foundation, Inc.
License GPLv3+: GNU GPL version 3 or later <http://gnu.org/licenses/gpl.html>
This is free software: you are free to change and redistribute it.
There is NO WARRANTY, to the extent permitted by law.  Type "show copying"
and "show warranty" for details.
This GDB was configured as "i686-redhat-linux-gnu".
For bug reporting instructions, please see:
<http://www.gnu.org/software/gdb/bugs/>.
(gdb) 
```

2. 显示调试程序的源代码

GDB 可以用 list（list 指令可简写为 l）命令来显示程序的源代码，其方法有如下 5 种。

（1）格式：list [file:]linenum

说明：显示程序 file 中第 linenum 行上下的源代码。

（2）格式：list [file:]function

说明：显示程序 file 中函数名为 function 的函数的源代码。

（3）格式：list

说明：显示当前行后面的源代码。

（4）格式：list-

说明：显示当前行前面的源代码。

（5）格式：list　start，end

说明：显示从行号 start 到 end 之间的代码行。默认情况下，list 命令显示 10 行代码。

3. 监视及更改变量值

GDB 可用 print（print 指令可简写为 p）命令来监视及更改变量值。

格式：print　exp

说明：显示或改变表达式 exp 的值，exp 是符合所用编程语言语法规则的表达式。如调试 C 语言编写的程序，则 exp 符合 C 语言的语法规则。

示例：

（1）显示变量 a 的内容。

　　　(gdb) print　a

（2）显示变量 a 的长度。

　　　(gdb) print　sizeof(a)

（3）将变量 a 的值设定为 10。

　　　(gdb) print　(a=10)

4. 控制程序的执行

调试程序过程中，经常需要暂停程序的运行，以便查看某些变量值的变化，及程序运行的流程。GDB 可以方便地暂停程序的运行，常用的有以下 3 种暂停方式：断点（BreakPoint）、观察点（WatchPoint）、捕捉点（CatchPoint）。如要恢复程序运行，则可以使用 C 命令或是 continue 命令。

1）设置和显示断点（BreakPoint）

GDB 用 break 命令来设置断点，设置断点的方法有如下 8 种。

（1）格式：break <function>

说明：将程序在进入指定函数 function 时停住，function 为函数名。

（2）格式：break <linenum>

说明：将程序在指定行号 linenum 停住，linenum 为行号。

（3）格式：break +offset 或 break -offset

说明：将程序在当前行号的前面或后面的 offset 行停住，offiset 为自然数。

（4）格式：break filename:linenum

说明：将程序在源文件 filename 的行号 linenum 处停住，filename 为源文件名，linenum 为行号。

（5）格式：break filename:function

说明：将程序在源文件 filename 的 function 函数的入口处停住，filename 为源文件名，function 为函数名。

（6）格式：break *address

说明：将程序在运行的内存地址 address 处停住，address 为程序运行的内存地址。

（7）格式：break

说明：将程序在下一条指令处停住。

（8）格式：break … if <condition>

说明：将程序在条件 condition 成立时停住，"…"表示上述的参数。例如，在循环体中，可以设置 break 5 if i=100，表示当 i 为 100 时将程序在第 5 行停住。

可使用 info 命令显示程序中设置了哪些断点，命令如下所示。

格式：info breakpoints

说明：显示程序设置的所有断点。

2）设置和显示观察点（WatchPoint）

观察点一般来观察某个表达式（变量也是一种表达式）的值是否有变化，如果有变化，则马上停住程序。设置观察点的方法有以下 3 种。

（1）格式：watch <expr>

说明：为表达式 expr 设置一个观察点，当表达式的值有变化时，停住程序。

（2）格式：rwatch <expr>

说明：为表达式 expr 设置一个观察点，当表达式的值被读时，停住程序。

（3）格式：awatch <expr>

说明：为表达式 expr 设置一个观察点，当表达式的值被读或被写时，停住程序。

可使用 info 命令显示程序中设置了哪些观察点，命令如下所示。

格式：info watchpoints

说明：显示程序设置的所有观察点。

3）设置捕捉点（CatchPoint）

在程序运行过程中，当发生了某些事件，如动态链接库加载、暂停程序运行等，可设置捕捉点来捕捉这些事件，暂停程序运行。用户可对事件作出分析判断，并采取相应措施。设置捕捉点命令如下所示。

格式：catch <event>

说明：将程序在事件 event 发生时停住，event 含义如表 7.4 所示。

表 7.4　catch 命令中事件（event）含义

事件（event）	含　义
signal	表示所有信号
signal signum	表示一个特定信号 signum
throw	表示被抛出的所有异常
catch	表示被捕捉到的所有异常
start	表示任何刚创建的进程
exit	表示任何被终止的进程
load	表示载入任何库
unload	表示卸载任何库

4）维护断点

在 GDB 中，已定义好的断点没有用了，可以使用 delete、clear、disable、enable 这 4 个命令进行维护。

（1）格式：clear

说明：清除所有已定义的断点。

（2）格式：clear <function>或 clear <filename:function>

说明：清除所有设置在函数 function 上的断点，或清除所有设置在源文件 filename 中函数 function 上的断点。function 为函数名，filename 为源文件名。

（3）格式：clear <linenum>或 clear <filename:linenum>

说明：清除所有设置在指定行 linenum 上的断点，或清除所有设置在源文件 filename 中指定行 linenum 上的断点。linenum 为行号，filename 为源文件名。

（4）格式：delete [breakpoints] [range…]

说明：删除指定的断点。breakpoints 为断点号，如果不指定断点号，表示删除所有的断点。range 表示断点号的范围（如 3～7），其简写命令为 d。

（5）格式：disable [breakpoints] [range…]

说明：停用指定的断点。breakpoints 为断点号，如果不指定断点号，则表示停用所有的断点。停用的断点，GDB 不会将其删除，需要时利用 enable 命令激活即可，简写命令是 dis。

（6）格式：enable [breakpoints] [range…]

说明：激活指定的断点，breakpoints 为断点号，如果不指定断点号，则表示激活所有的断点。range 表示断点号的范围（如 3～7）。

5）为断点设定运行命令

使用 GDB 提供的 command 命令可设置断点的运行命令。

格式：commands [bnum]

　　　　… command-list …

　　end

说明：为断点号 bnum 指写一个命令列表 command-list，当程序停在该断点时，GDB

会依次运行命令列表中的命令。bnum 为断点号，command-list 为执行的命令列表。

示例：

（1）在函数 foo 中设置断点，断点条件是 x>0，要求一旦 foo 函数中 x 的值大于 0，GDB 自动打印出 x 的值，并继续运行程序。

```
break foo if x>0
commands
   printf "x is %dn",x
   continue
end
```

（2）清除断点上的命令序列。

```
break foo if x>0
commands
end
```

6）程序运行和单步调试

设置好断点后，可以使用 run 命令运行程序。

格式：(gdb) run

说明：该命令表示从程序开头执行程序，直到遇到断点或程序执行完毕为止。

程序被停住，可用 continue 命令恢复程序的运行，直到程序结束，或下一个断点到来。也可以使用 step 或 next 命令单步跟踪程序，具体如下。

（1）格式：

- continue　　[ignore-count]
- c　　　　　 [ignore-count]
- fg　　　　　[ignore-count]

说明：continue、c、fg 3 个命令功能基本相同。恢复程序运行，直到程序结束，或是下一个断点到来。ignore-count 表示忽略其后的断点次数。

（2）格式：step　<count>

说明：单步跟踪，count 表示执行后面的 count 条指令后再停住，省略表示一条条执行。如果有函数调用，则会进入该函数。进入函数的前提是，此函数被编译有 debug 信息。

（3）格式：next　<count>

说明：单步跟踪，count 表示执行后面的 count 条指令后再停住，省略表示一条条执行。如果有函数调用，不会进入该函数。

（4）格式：set step-mode 或 set step-mode on

说明：打开 step-mode 模式，进行单步跟踪时，程序不会因为没有 debug 信息而不停止。

（5）格式：set step-mode off

说明：关闭 step-mode 模式。

（6）格式：finish

说明：运行程序，直到当前函数完成返回。打印函数返回时的堆栈地址、返回值及参数值等信息。

（7）格式：until 或 u

说明：运行程序直到退出循环体，即取消在一个循环体内单步跟踪。

（8）格式：stepi 或 si

　　　　　nexti 或 ni

说明：单步跟踪一条机器指令 i，一条程序代码有可能由数条机器指令完成，stepi 和 nexti 可以单步执行机器指令。

7）应用示例

例 1：利用冒泡排序算法程序 bubble.c，演示 GDB 调试过程，待调试程序 bubble.c 的源代码如下：

```c
#include<stdio.h>
#define MAX_RECORD_NUMBER 10
int record[MAX_RECORD_NUMBER]={12,76,48,62,94,17,37,52,69,32};
swap(int *x , int *y )
{
   int temp;
   temp=*x;
   *x=*y;
   *y=temp;
}
int main()
{
   int i,j;
   for(i=0; i<MAX_RECORD_NUMBER-1; i++)
   {
      for(j=MAX_RECORD_NUMBER-1; j>i; j--)
        if(record[j] < record[j-1])
           swap(&record[j],&record[j-1]);
    }
   for(i=0; i<MAX_RECORD_NUMBER-1; i++)
   printf("%d ",record[i]);
   printf("\n");
   return 1;
}
```

步骤 1：编译运行源程序。

```
[user@localhost ~]$ gcc -g bubble.c -o bubble
[user@localhost ~]$ ./bubble
12 17 32 37 48 52 62 69 76 94
```

为方便调试，在编译时要加上-g 选项，生成的可执行文件才能用 GDB 进行源码级调试。

步骤 2：启动 GDB，查看 bubble 程序相关信息。

```
[user@localhost ~]$ gdb bubble
GNU gdb (GDB) Red Hat Enterprise Linux (7.1-29.el6)
Copyright (C) 2010 Free Software Foundation, Inc.
License GPLv3+: GNU GPL version 3 or later <http://gnu.org/licenses/gpl.html>
This is free software: you are free to change and redistribute it.
```

```
There is NO WARRANTY, to the extent permitted by law.  Type "show copying"
and "show warranty" for details.
This GDB was configured as "i686-redhat-linux-gnu".
For bug reporting instructions, please see:
<http://www.gnu.org/software/gdb/bugs/>...
Reading symbols from /home/user/bubble...done.
(gdb)
```

（1）用 list 指令列出源程序。

```
(gdb) list
5        {
6        int temp;
7        temp = *x;
8        *x = *y;
9        *y = temp;
10       }
11       int main()
12       {
13       int i,j;
14       for( i = 0 ; i < MAX_RECORD_NUMBER - 1; i++ )
(gdb)
```

一次只列 10 行，如果要从第 11 行开始继续列源代码可以输入(gdb) list，也可以什么都不输入直接按回车键。GDB 提供了一个很方便的功能，在提示符下直接按回车键表示重复上一条命令。

```
(gdb)
15       {
16       for( j = MAX_RECORD_NUMBER - 1; j > i; j--)
17       if( record[j] < record[j-1] )
18       swap(&record[j],&record[j-1]);
19       }
20       for( i = 0; i < MAX_RECORD_NUMBER; i++)
21       printf("%d ",record[i]);
22       printf("\n");
23       return 1;
24       }
(gdb)
```

（2）用 info source 命令查看当前源程序的信息。

```
(gdb) info source
Current source file is bubble.c
Compilation directory is /home/user
Located in /home/user/bubble.c
Contains 25 lines.
Source language is c.
Compiled with DWARF 2 debugging format.
Does not include preprocessor macro info.
(gdb)
```

可以知道程序名、目录、文件大小、语言等信息。

步骤 3：调试 bubble 程序。

（1）在函数 swap 处设置一个断点。

```
(gdb) br swap
Breakpoint 1 at 0x80483fa: file bubble.c, line 7.
```

br 是 break 的简写。断点设置成功则显示该断点的信息，该断点号是 1，地址是 0x80483fa，它在文件 bubble.c 的第 7 行。

可以用 info br 命令查看文件 bubble.c 断点的信息和状态。

```
(gdb) info br
Num     Type           Disp Enb Address    What
1       breakpoint     keep y   0x080483fa in swap at bubble.c:7
```

其中，Num 列表示断点的断点号；Type 列表示断点的类型，breakpoint 表示断点，该指令同时也会显示 watch 的信息，watch 表示检查点；Disp 表示断点的状态，del 表示断点暂停后自动删除断点，keep 表示断点暂停后继续保持断点，dis 表示断点暂停后关闭断点；Enb 表示断点是否启动，该断点是 y，表示处于 enable 状态；Address 表示断点的内存地址；What 表示断点在源程序中的位置。

（2）执行 bubble 程序。

```
(gdb) run
Starting program: /home/user/bubble

Breakpoint 1, swap (x=0x80497a4, y=0x80497a0) at bubble.c:7
7       temp = *x;
```

程序已经在断点 1 处停下来，当遇断点程序停下时，可以查看变量值。

（3）用 p 命令查看断点附近各变量的值。

```
(gdb) p x
$1 = (int *) 0x80497a4
```

GDB 中 x 是一个指向整数的指针，指针值是 0x80497a4。如果想查看指针指向的值，执行如下命令。

```
(gdb) p *x
$2 = 32
```

下面单步执行 bubble 程序。

```
(gdb) n
8       *x = *y;
```

用 p 命令查看变量 temp 的值。

```
(gdb) p temp
$3 = 32
```

继续单步执行程序。

```
(gdb) n
9       *y = temp;
```

再用 p 命令查看变量 x 的值。

```
(gdb) p *x
$4 = 69
```

单步执行程序，用 p 命令查看变量 y 的值。

```
(gdb) n
10      }
(gdb) p *y
$5 = 32
```

（4）删除断点 1。

```
(gdb) del 1
```

（5）在第 18 行行号上设置一个断点。

```
(gdb) br 18
Breakpoint 2 at 0x8048450: file bubble.c, line 18.
```

断点的断点号是 2，地址是 0x8048450，它在文件 bubble.c 的第 18 行。

（6）删除断点 2，在 18 行设置一个断点，当 j = 5 时让程序停下。

```
(gdb) del 2
(gdb) br 18 if j=5
Breakpoint 3 at 0x8048450: file bubble.c, line 18.
```

用 info br 命令查看断点信息。

```
(gdb) info br
Num     Type           Disp Enb Address    What
3       breakpoint     keep y   0x08048450 in main at bubble.c:18
        stop only if j=5
```

由命令结果可知，新设断点的断点号是 3，为条件断点，这从"stop only if j == 5"可以清楚地看出。

（7）继续执行程序。

```
(gdb) cont
Continuing.

Breakpoint 3, main () at bubble.c:18
18        swap(&record[j],&record[j-1]);
```

程序在断点 3 处停下，断点 3 是个条件断点。要验证很简单，查看变量 j 的值是不是 5 即可。

```
(gdb) p j
$6 = 5
```

例 2：断点调试实例。

待调试程序 switch.c 的源代码如下：

```
#include<stdio.h>
int main(void)
{
  int sum=0, i=0;
  char input[5];
  while (1)
   {
     scanf("%s", input);
     for (i=0; input[i] !='\0'; i++)
         sum=sum*10+input[i]-'0';
     printf("input=%d\n", sum);
    }
    return 0;
}
```

这个程序的功能是首先从键盘读入一串数字存到字符数组 input 中，然后转换成整型存到 sum 中，打印出来，一直这样循环下去。scanf("%s", input)这个语句的功能是等待用户输入一个字符串并按回车键，scanf 命令把其中第 1 段非空白（非空格、Tab、换行）的字符串保存到 input 数组中，并自动在末尾添加'\0'。接下来的循环从左到右扫描字符串并把每个数字累加到结果中，例如从键盘输入的数字是 "2345"，则循环累加的过程是$(((0 \times 10+2) \times 10+3) \times 10+4) \times 10+5=2345$。注意：字符型的'2'要减去'0'的 ASCII 码才能转换成整数值 2。

步骤 1：编译并运行程序。

```
[user@localhost ~]$ gcc -g switch.c -o switch
[user@localhost ~]$ ./switch
123
input=123
234
input=123234
^C
[user@localhost ~]$ 
```

第 1 次从键盘输入 123，运行结果为 input=123，结果正确。第 2 次从键盘输入 234，运行结果为 input=123234，结果不正确。

步骤 2：调试程序 switch。

```
[user@localhost ~]$ gdb switch
GNU gdb (GDB) Red Hat Enterprise Linux (7.1-29.el6)
Copyright (C) 2010 Free Software Foundation, Inc.
License GPLv3+: GNU GPL version 3 or later <http://gnu.org/licenses/gpl.html>
This is free software: you are free to change and redistribute it.
There is NO WARRANTY, to the extent permitted by law.  Type "show copying"
and "show warranty" for details.
This GDB was configured as "i686-redhat-linux-gnu".
For bug reporting instructions, please see:
<http://www.gnu.org/software/gdb/bugs/>...
Reading symbols from /home/user/switch...done.
```

（1）用 break 命令（简写为 b）在第 7 行设置一个断点（BreakPoint）。

```
(gdb) br 7
Breakpoint 1 at 0x804842d: file switch.c, line 7.
```

（2）运行程序，程序停在断点处。

```
(gdb) run
Starting program: /home/user/switch

Breakpoint 1, main () at switch.c:7
7                       scanf("%s", input);
```

（3）sum 被列为重点怀疑对象，用 display 命令使每次停下来都显示 sum 的当前值。

```
(gdb) display sum
1: sum = 0
```

undisplay 命令可以取消跟踪显示，变量 sum 的编号是 1，可以用 undisplay 1 命令取消它的跟踪显示。

（4）用 c 命令继续执行程序，从键盘输入字符串 123。

```
(gdb) c
Continuing.

123
input=123

Breakpoint 1, main () at switch.c:7
7                        scanf("%s", input);
1: sum = 123
```

continue 命令（简写为 c）连续运行而非单步运行，程序到达断点会自动停下来，这样就可以停在下一次循环的开头。sum 的值为 123，表示成功地将键盘输入字符串 123 转换成整形存放到 sum 中。

（5）单步执行程序，从键盘输入新数字串 234，并转换。

```
(gdb) n
234
8                        for (i = 0; input[i] != '\0'; i++)
1: sum = 123
```

为查看新字符串转换前 sum 的值，这里选择了单步执行。问题暴露出来，新的转换应该再次从 0 开始累加，而 sum 现在已经是 123 了，原因在于新的循环没有把 sum 归零，所以继续执行会出现以下的错误结果。

```
(gdb) cont
Continuing.
input=123234

Breakpoint 1, main () at switch.c:7
7                        scanf("%s", input);
1: sum = 123234
```

断点有助于快速跳过没有问题的代码，然后在有问题的代码上慢慢执行、慢慢分析，"断点加单步"是使用调试器的基本方法。

7.2.5 程序维护工具 make

通常，一个应用程序会包含多个文件，当只有一个源程序文件时，手动编译链接程序还是很方便的。但是，如果应用程序有几十个甚至几百几千个文件时，通过 GCC 手动对源程序进行编译链接就非常困难了。如果其中的某个文件被修改了，就需要对文件进行重新编译链接。是把所有文件都重新编译链接一遍，还是只把修改过的文件重新编译链接，这是必须要考虑的一个问题。Linux 系统提供了功能强大的程序维护工具 make，利用此工具，程序开发人员只需定义一个文件名为 makefile 的文件，在 makefile 文件中定义一系列的规则来指定哪些文件需要先编译，哪些文件需要后编译，哪些文件需要重新编译，甚至还可以进行更复杂的操作。makefile 文件就像一个 Shell 脚本，还可以执行操作系统的命令。makefile 文件带来的好处是——"自动化编译"，一旦程序编写好，只需要一个 make 命令，就可依据事先定义好的 makefile 文件自动编译整个应用程序，极大地提高了软件开发的效率。通常，make 工具主要被用来进行工程编译和程序链接。

1. make 的工作机制

make 的主要功能是执行生成新版本的目标程序所需的各个步骤，即自动检测一个大型程序的哪一部分需要重新编译，然后发出命令进行重新编译。GNU 的 make 的工作过程如下。

（1）依次读入每个 makefile 文件。

（2）初始化文件中的变量。

（3）推导隐式规则，并分析所有规则。

（4）为所有目标文件创建依赖关系链。

（5）根据依赖关系和时间数据，确定哪些文件需要重新生成。

（6）执行相应生成命令。

2. makefile 文件

要用 make 维护一个程序，必须创建一个 makefile 文件，makefile 文件告诉 make 以何种方式编译源代码和链接程序。makefile 有自己的书写格式、关键字、函数，像 C 语言有自己的格式、关键字和函数一样，makefile 描述规则组成如下：

目标：依赖文件

[TAB]命令

示例：写一个简单的 makefile 文件，描述如何创建最终的可执行文件 edit，此可执行文件依赖于 8 个 C 源文件和 3 个头文件。

```
#sample Makefile
edit : main.o kbd.o command.o display.o insert.o search.o files.o utils.o
    gcc -o edit main.o kbd.o command.o display.o insert.o search.o files.o\
    utils.o
main.o : main.c defs.h
    gcc -c main.c
kbd.o : kbd.c defs.h command.h
    gcc -c kbd.c
command.o : command.c defs.h command.h
    gcc -c command.c
display.o : display.c defs.h buffer.h
    gcc -c display.c
insert.o : insert.c defs.h buffer.h
    gcc -c insert.c
search.o : search.c defs.h buffer.h
    gcc -c search.c
files.o : files.c defs.h buffer.h command.h
    gcc -c files.c
utils.o : utils.c defs.h
    gcc -c utils.c
clean :
    rm edit main.o kbd.o command.o display.o insert.o search.o files.o utils.o
```

当完成这个 makefile 文件后，在包含此 makefile 的目录（当然也是代码所在的目录）下输入命令 make 即可创建可执行程序 edit。删除已经在本目录下生成的文件和所有的目标文件，只需要输入命令 make clean。

在这个 makefile 文件中，目标（target）包含：可执行文件 edit 和.o 文件（main.o、kbd.o……），依赖的是.c 文件和.h 文件。所有的.o 文件既是依赖（相对于可执行程序 edit）又是目标（相对于.c 和.h 文件）。命令包括 gcc -c maic.c、gcc -c kbd.c 等。

当目标是一个文件时，它的任何一个依赖文件被修改后，这个目标文件将会被重新编译或者重新链接。在这个例子中，edit 的依赖为 8 个.o 文件，而 main.o 的依赖文件为 main.c 和 defs.h。当 main.c 或者 defs.h 被修改以后，再次执行 make 命令时，main.o 命令就会被更新（其他的.o 文件不会被更新），同时 main.o 的更新将会导致 edit 被更新。

在描述目标和依赖之下的 Shell 命令行，描述了如何更新目标文件。命令行必须以[Tab]键开始，用来和 makefile 其他行区别。make 程序不关心命令是如何工作的，它只是当目标程序需要更新时执行规则所定义的命令。

目标 clean 不是一个文件，只代表执行一个动作的标识。clean 没有任何依赖文件，只有一个目的，就是通过这个目标名来执行它所定义的命令。Makefile 文件中把没有任何依赖只有执行动作的目标称为"伪目标"（phony targets）。执行 clean 目标所定义的命令，可在 Shell 下输入命令 make clean。

注意：在 makefile 文件中，可使用续行号（\）将一个单独的命令行延续成几行。但在续行号（\）后面不能跟任何字符（包括空格）。

3. make 命令

格式：make　[选项]　[目标文件]

说明：目标文件就是 makefile 文件中定义的目标之一，如果省略目标文件，make 将生成 makefile 文件中定义的第 1 个目标。

常用选项：make 命令常用选项如表 7.5 所示。

表 7.5　make 命令常用选项及含义

选　　项	含　　义
-C DIR	在读取 makefile 文件内容前，进入目录 DIR，就是切换工作目录到 DIR 后执行 make 命令。存在多个-C 选项时，make 最终工作目录是每个目录是前一个目录的相对路径。例如，make -C/-C etc 与 make -C/etc 的含义相同
-d	Make 命令被执行时，输出所有的调试信息。包括：哪些文件需要重建；哪些文件需要比较它们的最后修改时间、比较的结果；重建目标所要执行的命令；使用的隐含规则等
-e	使用系统环境变量的定义覆盖 makefile 文件中的同名变量定义
-f=FILE	指定 FILE 为 make 命令执行的 makefile 文件
-i	执行过程中忽略重新生产文件的命令过程中出现的错误信息
I DIR	指定被包含 makefile 文件的搜索目录。在 makefile 文件中出现 include 另外一个文件时，将在 DIR 目录下搜索。多个-I 指定目录时，搜索目录按照指定顺序进行
-k	执行命令错误时不终止 make 命令的执行，make 命令将尽最大可能执行所有的命令，直到出现命致错误才终止
-o FILE	指定文件 FILE 不需要重建，即使相对于它的依赖已经过期。因此依赖于文件 FILE 的目标也不会被重建

选　项	含　义
-r	取消所有 make 命令内嵌的隐含规则
w	在 make 命令进入一个目录读取 makefile 之前显示工作目录。这个选项可以帮助调试 makefile 文件，跟踪定位错误
-W FILE	设定文件 FILE 的时间戳为当前时间，但不改变文件实际最后修改时间。此选项主要是为实现对所有依赖于文件 FILE 的目标的强制重建

示例：

（1）在当前目录下已编辑好 main.c、kbd.c、command.c、display.c、insert.c、search.c、files.c、utils.c 8 个源文件和 defs.h、command.h、buffer.h 3 个头文件，调用上例中的 makefile 文件，生成目标文件 edit。命令如下：

```
$make edit
```

或

```
$make
```

因为 edit 是 makefile 文件中定义的第 1 个目标，make 命令首先将其读入，然后从第 1 行开始执行，把第 1 个目标 edit 作为它的最终目标，所有后面目标的更新都会影响到 edit 的更新。

第 1 条规则说明只要文件 edit 的时间戳比文件 main.o、kbd.o、command.o、display.o、insert.o、search.o、files.o、utils.o 中的任何一个早，下一行的编译命令将会被执行。

如果该规则中的依赖文件又是其他规则中的目标文件，那么依照规则链不断执行这个过程，直到 makefile 文件结束，至少可以找到一个不是规则生成的最终依赖文件，获得此文件的时间戳。然后从下到上依照规则链执行目标文件的时间戳比此文件时间戳早的规则，直到最顶层的规则。

上例中，如果更改了源文件 insert.c 后执行 make 命令，insert.o 命令将被更新，之后终极目标 edit 将会被重新生成。如果修改了头文件 command.h 之后执行 make，那么 kbd.o、command.o 和 files.o 将会被重新编译，之后同样终极目标 edit 也将被重新生成。

（2）调用上例中的 makefile 文件，生成目标文件 edit，文件 files.o 不用重建。

```
$make -o files.o  edit
```

4. make 变量

makefile 文件中的变量就像一个环境变量，作用是可以用来保存文件名列表、编译选项列表、程序运行的选项参数列表、搜索源文件的目录列表、编译输出的目录列表等。

make 变量名是大小写敏感的，变量 foo、Foo 和 FOO 指的是 3 个不同的变量。makefile 文件传统做法是变量名全采用大写的方式，推荐的做法是在用于内部定义的一般变量（如目标文件列表 objects）使用小写方式，而用于一些参数列表（如编译选项 CFLAGS）采用大写方式，但这不是必需的。

makefile 文件中的变量是用一个文本串定义的，这个文本串就是变量的值，定义格式如下：

```
VARNAME=string
```

如果要引用变量的值，可用如下方法。

```
${VARNAME}
```

make 解释规则时，VARNAME 在等式右端展开为定义它的字符串，变量一般都在 makefile 文件的头部定义。

示例：

下面的例子中，使用变量 OBJS 作为所有的.o 文件列表的替代，使用变量 CC 作为命令 gcc 的替代。

```
OBJS=main.o kbd.o command.o display.o  insert.o search.o \
files.o utils.o
CC=gcc
edit: ${OBJS}
    ${CC} -o edit ${OBJS}
main.o: main.c defs.h
    ${CC} -c main.c
kbd.o : kbd.c defs.h command.h
    ${CC} -c kbd.c
command.o : command.c defs.h command.h
    ${CC} -c command.c
display.o : display.c defs.h buffer.h
      ${CC} -c display.c
insert.o : insert.c defs.h buffer.h
    ${CC} -c insert.c
search.o : search.c defs.h buffer.h
    ${CC} -c search.c
files.o : files.c defs.h buffer.h command.h
    ${CC} -c files.c
utils.o : utils.c defs.h
    ${CC} -c utils.c
clean :
    rm edit ${OBJS}
```

需要增加或者删除一个.o 文件时，只要改 OBJS 的定义（增加或者删除若干个.o 文件）即可。这样做不但减少维护的工作量，而且可以避免由于遗漏而产生错误的可能。

makefile 文件支持自动变量，这种变量会把模式中所定义的一系列文件自动逐个取出，直至所有的符合模式的文件都被取完，自动变量只应出现在规则的命令中，部分自动变量含义如表 7.6 所示。

表 7.6　makefile 部分自动变量及含义

变 量 名	说 明 含 义
$@	代表规则中的目标文件名
$%	当规则的目标文件是一个静态库文件时，代表静态库的一个成员名。如果目标不是函数库文件，则其值为空
$<	规则的第 1 个依赖文件名

变　量　名	说 明 含 义
$^	规则的所有依赖文件列表，使用空格分隔
$?	所有比目标文件更新的依赖文件列表，使用空格分隔
$*	如果目标文件的后缀是 make 命令识别的，$*就是去掉目标文件的后缀，只在隐含规则中才有意义
$+	和$^相同，不过保留了依赖文件中重复出现的文件。此变量会在特殊的状况下被创建，例如，将自变量传递给连接器时重复是有意义的

5．隐含规则

隐含规则为 make 提供了重建目标文件的通用方法，不需要在 makefile 文件中明确地给出重建特定目标文件所需要的细节描述。make 预先设置了很多隐含规则，如果不明确写下规则，make 就会在这些规则中寻找所需要的规则和命令，下面是 4 个常用的隐含规则。

（1）编译 C 程序。.o 文件自动由.c 文件生成。

（2）编译 C++程序。.o 文件自动由.cc 文件生成。

（3）汇编和需要预处理的汇编程序。.s 文件是不需要预处理的汇编源文件；S 是需要预处理的汇编源文件；.o 文件可自动由.s 文件生成；.s 文件可由.S 生成。

（4）链接单一的 object 文件。file 文件自动由 file.o 生成，通过 C 编译器使用链接器。此规则仅适用由一个源文件可直接产生可执行文件的情况。

示例：

上面例题中的 makefile 文件使用隐含规则，可以简化为下面的形式。

```
OBJS=main.o kbd.o command.o display.o  insert.o search.o \
files.o utils.o
CC=gcc
edit: ${OBJS}
    ${CC} -o edit ${OBJS}
main.o: main.c defs.h
kbd.o : kbd.c defs.h command.h
command.o : command.c defs.h command.h
display.o : display.c defs.h buffer.h
insert.o : insert.c defs.h buffer.h
search.o : search.c defs.h buffer.h
files.o : files.c defs.h buffer.h command.h
utils.o : utils.c defs.h
clean :
    rm edit ${OBJS}
```

7.2.6　Linux 下 make 示例

下面通过一个具体的例子来说明在 Linux 下如何通过 make 命令完成程序的维护。

步骤 1：编辑 C 源程序，可采用 vim 或 emacs 编辑器，源代码如下所示。main 函数调用 mytool1_print、mytool2_print 这两个函数。

```
#include "mytool1.h"
#include "mytool2.h"
int main(int argc,char **argv)
{
  mytool1_print("hello");
  mytool2_print("hello");
}
```

步骤 2：在 mytool1.h 中定义 mytool1.c 的头文件。

```
/* mytool1.h */
#ifndef _MYTOOL_1_H
#define _MYTOOL_1_H
void mytool1_print(char *print_str);
#endif
```

步骤 3：用 mytool1.c 实现一个简单的打印显示功能。

```
/* mytool1.c */
#include "mytool1.h"
#include<stdio.h>
void mytool1_print(char *print_str)
{
  printf("This is mytool1 print %s\n",print_str);
}
```

步骤 4：在 mytool2.h 中定义 mytool2.c 头文件。

```
/* mytool2.h */
#ifndef _MYTOOL_2_H
#define _MYTOOL_2_H
void mytool2_print(char *print_str);
#endif
```

步骤 5：mytool2.c 实现的功能与 mytool1.c 相似。

```
 /* mytool2.c */
#include "mytool2.h"
#include<stdio.h>
void mytool2_print(char *print_str)
{
  printf("This is mytool2 print %s\n",print_str);
}
```

步骤 6：使用 makefile 文件进行项目管理，makefile 文件内容如下：

```
main:main.o mytool1.o mytool2.o
   gcc -o main main.o mytool1.o mytool2.o
main.o:main.c mytool1.h mytool2.h
   gcc -c main.c
```

```
mytool1.o:mytool1.c mytool1.h
    gcc -c mytool1.c
mytool2.o:mytool2.c mytool2.h
    gcc -c mytool2.c
```

步骤 7：将源程序文件和 makefile 文件保存在 Linux 下的同一个文件夹下，然后运行 make 编译链接程序并运行主程序。

```
[user@localhost c]$ make
gcc -c mytool1.c
gcc -c mytool2.c
gcc -o main main.o mytool1.o mytool2.o
[user@localhost c]$ ./main
This is mytool1 print hello
This is mytool2 print hello
```

至此，利用 make 管理这个程序的工作完成了，如果想跟踪调试可以参考本章 7.2.4 节。

7.3　进程控制系统调用

在现代的操作系统中，都有程序和进程的概念，Linux 也不例外。程序是一个包含可执行代码的文件，是一个静态的文件。而进程是一个开始执行但是还没有结束的程序实例，就是可执行文件的具体实现。当程序被系统调用到内存以后，系统会给程序分配一定的资源（如内存、设备等），然后进行一系列的复杂操作，使程序变成进程以供系统调用。为区分不同的进程，系统给每个进程分配一个 ID 号以便识别。为了充分利用资源，系统还对进程区分不同的状态，如将进程分为运行、阻塞和就绪 3 个基本状态。

综上所述，进程是程序的一次执行过程和资源分配的基本单位。Linux 系统中与进程相关的系统调用有几十个，下面介绍常用的系统调用。

7.3.1　进程创建

1. 进程创建系统调用
格式：

```
#include<sys/types.h>
#include<unistd.h>
pid_t fork(void);
```

说明：进程调用 fork 函数创建一个子进程。若调用成功，在父进程中返回子进程的 pid（进程标识符），在子进程中返回 0；调用失败则返回−1。pid_t 表示有符号整型量。

2. fork 应用示例
步骤 1：选择编辑程序编辑源文件 forktest.c，其源码如下：

```
#include<sys/types.h>
#include<unistd.h>
#include<stdio.h>
```

```
#include<stdlib.h>
int main(void)
{
  pid_t pid;
  char *message;
  int n;
  pid=fork();
  if (pid<0)
  {
    perror("fork failed");
    exit(1);
  }
  if (pid==0)
  {
    message="This is the child\n";
    n=6;
  }
  else
  {
    message="This is the parent\n";
    n=3;
  }
  for(; n>0; n--)
  {
    printf(message);
    sleep(1);
  }
  return 0;
}
```

步骤 2：编译文件 forktest.c 并运行。

```
[user@localhost ~]$ gcc -o forktest forktest.c
[user@localhost ~]$ ./forktest
This is the parent
This is the child
This is the parent
This is the child
This is the parent
This is the child
This is the child
[user@localhost ~]$ This is the child
This is the child
```

步骤 3：从运行结果分析 fork 函数的工作过程，具体如下。

（1）父进程初始化。

（2）父进程调用 fork 函数创建子进程，fork 函数为系统调用，因此进入内核。

（3）内核根据父进程复制出一个子进程，父进程和子进程 PCB（进程控制块）信息相同，代码和数据也相同。因此，子进程和父进程一样，做完初始化，刚调用了 fork 函数进入内核，还没有从内核返回，如图 7.3 所示。

（4）现在有两个一模一样的进程都调用了 fork 函数进入内核等待从内核返回（实际上只有父进程调用了 fork 函数一次），此外系统中还可能有很多其他进程也等待从内核返回。是父进程先返回还是子进程先返回，还是这两个进程都等待，系统调度执行了其他的进程，取决于内核的调度算法。

（5）如果某个时刻父进程被调度执行，从内核返回后就从 fork 函数返回，返回值是子进程的 ID，是一个大于 0 的整数，因此执行下面的 else 分支，然后执行 for 循环，打印 "This is the parent" 3 次之后终止。

（6）如果某个时刻子进程被调度执行了，从内核返回后就从 fork 函数返回，返回值是 0，因此执行下面的 if (pid == 0)分支，然后执行 for 循环，打印 "This is the child" 6 次之后终止。fork 函数把父进程的数据复制一份给子进程，但此后二者互不影响。在这个例子中，调用 fork 函数之后，父进程和子进程的变量 message 和 n 被赋予不同的值，互不影响。

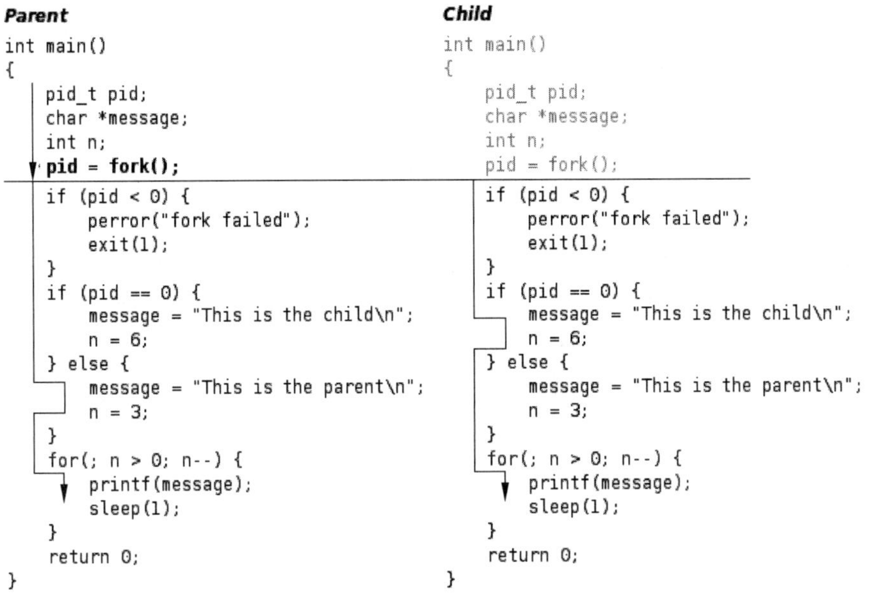

Parent
```
int main()
{
    pid_t pid;
    char *message;
    int n;
    pid = fork();
    if (pid < 0) {
        perror("fork failed");
        exit(1);
    }
    if (pid == 0) {
        message = "This is the child\n";
        n = 6;
    } else {
        message = "This is the parent\n";
        n = 3;
    }
    for(; n > 0; n--) {
        printf(message);
        sleep(1);
    }
    return 0;
}
```

Child
```
int main()
{
    pid_t pid;
    char *message;
    int n;
    pid = fork();
    if (pid < 0) {
        perror("fork failed");
        exit(1);
    }
    if (pid == 0) {
        message = "This is the child\n";
        n = 6;
    } else {
        message = "This is the parent\n";
        n = 3;
    }
    for(; n > 0; n--) {
        printf(message);
        sleep(1);
    }
    return 0;
}
```

图 7.3　fork 函数工作过程示例图

（7）因为父进程每打印一条消息就睡眠 1s，这时内核调度别的进程执行，在 1s 期间（对于计算机来说 1s 很长）子进程很有可能被调度到。同样地，子进程每打印一条消息也睡眠 1s，在这 1s 期间父进程也很有可能被调度到。所以，程序运行的结果基本上是父进程和子进程交替打印，但这也不是一定的，取决于系统中其他进程的运行情况和内核的调度算法，如果系统中其他进程非常繁忙则有可能观察到不同的结果。另外，也可以把sleep(1)语句去掉观察程序的运行结果。

（8）这个程序是在 Shell 下运行的，因此 Shell 进程是父进程的父进程。父进程运行时Shell 进程处于等待状态，当父进程终止时 Shell 进程认为命令执行结束了，于是打印 Shell 提示符。而事实上子进程这时还没结束，所以子进程的消息打印到了 Shell 提示符后面。最后光标停在 This is the child 的下一行，这时仍然可以输入命令，即使命令不是紧跟在提示符后面，Shell 也能正确读取。

　　fork 函数的特点概括起来就是"调用一次，返回两次"，在父进程中调用一次，在父进程和子进程中各返回一次。开始是一个控制流程，调用 fork 函数之后发生分叉，变成两个控制流程，这也就是 fork 这个名字的由来。子进程中 fork 函数的返回值是 0，而父进程中 fork 函数的返回值则是子进程的 ID（从根本上说 fork 函数是从内核返回的，内核自有办法让父进程和子进程返回不同的值）。这样，当 fork 函数返回后，可以根据返回值的不同让父进程和子进程执行不同的代码。

7.3.2　进程执行

1. 进程执行系统调用

格式：

```
#include<unistd.h>
extern char **environ;
int execve(const char *filename, char *const argv[], char *const envp[]);
int execl(const char *path, const char *arg, ...);
int execlp(const char *file, const char *arg, ...);
int execle(const char *path, const char *arg, ..., char *const envp[]);
int execv(const char *path, char *const argv[]);
int execvp(const char *file, char *const argv[]);
```

　　说明：上面统称为 exec 函数系列，只有 execve 是真正的系统调用，其他 5 个函数最终都调用 execve。用 fork 函数创建子进程后，子进程执行的是和父进程相同的程序（但有可能执行不同的代码分支），子进程往往要调用 exec 函数系列来执行另一个程序。当进程调用 exec 函数系列时，该进程的用户空间代码和数据完全被新程序替换，从新程序的启动例程开始执行。

　　其中，path 是被执行程序的完整路径名；argv 和 envp 是传给被执行程序的命令行参数和环境变量；file 是文件名，由相应函数自动到环境变量 PATH 给定的目录中寻找。

2. exec 应用示例

步骤 1：选择编辑程序编辑源文件程序 exectest.c，其源码如下：

```
#include<unistd.h>
 main()
 {
   char *envp[]={"PATH=/tmp","USER=txj","STATUS=testing",  NULL};
   char *argv_execv[]={"echo", "excuted by execv", NULL};
   char *argv_execvp[]={"echo", "executed by execvp", NULL};
   char *argv_execve[]={"env", NULL};
   if(fork()==0)
     if(execl("/bin/echo", "echo", "executed by execl",  NULL)<0)
       perror("Err on execl");
   if(fork()==0)
     if(execlp("echo", "echo", "executed by execlp", NULL)<0)
       perror("Err on execlp");
   if(fork()==0)
     if(execle("/usr/bin/env", "env", NULL, envp)<0)
```

```
            perror("Err on execle");
    if(fork()==0)
      if(execv("/bin/echo", argv_execv)<0)
          perror("Err on execv");
    if(fork()==0)
      if(execvp("echo", argv_execvp)<0)
        perror("Err on execvp");
    if(fork()==0)
      if(execve("/usr/bin/env", argv_execve, envp)<0)
        perror("Err on execve");
    }
```

步骤 2：编译源文件 exectest.c，并运行。

```
[user@localhost ~]$ gcc -o exectest exectest.c
[user@localhost ~]$ ./exectest
PATH=/tmp
USER=txj
STATUS=testing
excuted by execv
executed by execlp
executed by execvp
executed by execl
[user@localhost ~]$ PATH=/tmp
USER=txj
STATUS=testing
```

程序中调用了 2 个 Linux 常用的系统命令 echo 和 env。echo 会把后面跟的命令行参数原封不动地打印出来，env 用来列出所有环境变量。

由于各个子进程执行的顺序无法控制，因此有可能出现一个比较混乱的输出，各子进程打印的结果交杂在一起，而不是严格按照程序中列出的次序。

7.3.3　获取指定进程标识符

1．获得指定进程标识符系统调用
格式：

```
#include<sys/types.h>
#include<unistd.h>
pid_t getpid(void);
pid_t getppid(void);
```

说明：getpid 函数返回调用该系统调用的进程的 ID 号；getppid 函数返回调用该系统调用的进程父进程的 ID 号。

2．getpid、getppid 应用示例
步骤 1：选择编辑程序编辑源文件 getpidtest.c，其源码如下：

```
#include<sys/types.h>
#include<stdio.h>
#include<unistd.h>
int main()
{
```

```
    printf("Current process ID:%d\n",(int)getpid());
    printf("Parent process ID:%d \n",(int)getppid());
    return 0;
}
```

步骤 2：编译源文件 getpidtest.c，并运行。

```
[user@localhost ~]$ gcc -o getpidtest getpidtest.c
[user@localhost ~]$ ./getpidtest
Current process ID:23293
Parent process ID:23248
```

由运行结果分析程序 getpidtest 运行的过程，调用该系统调用的进程 ID 号为 23293，该进程的父进程的 ID 号为 23248。

7.3.4　进程终止

1．进程终止系统调用

格式：

```
#include<stdlib.h>
void exit(int status);
```

说明：exit 函数自我终止当前进程，使其进入僵死状态，等待父进程进行善后处理。status 是返回父进程的一个整数。

2．exit 应用示例

步骤 1：选择编辑程序编辑源文件 exittest.c，其源码如下：

```
#include<stdio.h>
#include<stdlib.h>
main()
{
    printf("This process will exit!\n");
    exit(0);
    printf("Never be displayed!\n");
}
```

步骤 2：编译源文件 exittest.c，并运行。

```
[user@localhost ~]$ gcc -o exittest exittest.c
[user@localhost ~]$ ./exittest
This process will exit!
```

可以看到，程序并没有打印后面的"Never be displayed!"，因为在此之前，在执行到 exit(0) 时，进程就已经被终止了。

7.3.5　进程等待

1．进程等待系统调用

格式：

```
#include<sys/types.h>
```

```
#include<sys/wait.h>
pid_t wait(int *status);
pid_t waitpid(pid_t pid, int *status, int options);
```

说明：wait 函数等待任一僵死的子进程，将子进程的退出状态（退出值、返回码、返回值）保存在参数 status 中。即进程一旦调用了 wait 函数，就立即阻塞自己，由 wait 函数分析是否当前进程的某个子进程已经退出，如果找到这样一个已经变成僵尸的子进程，wait 函数就会收集这个子进程的信息，并把它彻底销毁后返回；如果没有找到这样一个子进程，wait 函数就会一直阻塞在这里，直到有一个出现为止。若成功，则返回该终止进程的 PID；否则返回-1。

waitpid 函数等待标识符为 pid 的子进程退出，将该子进程的退出状态（退出值、返回码、返回值）保存在参数 status 中。参数 options 规定调用的行为，WNOHANG 表示如果没有子进程退出，则立即返回 0；WUNTRACED 表示返回一个已经停止但尚未退出的子进程信息。

2. waitpid 应用示例

步骤 1：选择编辑程序编辑源文件 waitpidtest.c，其源码如下：

```
#include<sys/types.h>
#include<sys/wait.h>
#include<unistd.h>
#include<stdio.h>
#include<stdlib.h>
int main(void)
{
  pid_t pid;
  pid=fork();
  if (pid<0)
  {
   perror("fork failed");
   exit(1);
  }
  if (pid==0)
  {
   int i;
   for (i=3; i>0; i--)
   {
      printf("This is the child\n");
      sleep(1);
    }
   exit(3);
  }
  else
  {
   int stat_val;
   waitpid(pid, &stat_val, 0);
   if (WIFEXITED(stat_val))
   printf("Child exited with code %d\n", WEXITSTATUS(stat_val));
  }
```

```
        return 0;
    }
```

注意：WIFEXITED(status)这个宏用来指出子进程是否为正常退出，如果是，则会返回一个非零值。WEXITSTATUS(status)当 WIFEXITED 返回非零值时，可以用这个宏来提取子进程的返回值，如果子进程调用 exit(5)退出，WEXITSTATUS(status)就会返回 5；如果子进程调用 exit(7)，WEXITSTATUS(status)就会返回 7。如果进程不是正常退出的，也就是说，WIFEXITED 返回 0，这个值就毫无意义。

步骤 2：编译源文件 waitpidtest.c，并运行。

```
[user@localhost ~]$ gcc -o waitpidtest waitpidtest.c
[user@localhost ~]$ ./waitpidtest
This is the child
This is the child
This is the child
Child exited with code 3
```

步骤 3：从运行结果分析程序的运行过程如下。

（1）父进程初始化。

（2）父进程调用 fork 函数，fork 函数为系统调用，因此进入内核。如果 fork 不成功，系统显示 fork failed，如果成功，内核父进程复制出一个子进程。本示例是 fork 成功，所以现有父子两个一模一样进程。但是，父进程先返回还是子进程先返回，取决于内核的调度算法。

（3）如果子进程先返回，则返回值 pid 为 0，执行 if (pid == 0)后的语句，显示 3 次字符串"This is the child"，exit(3)表示退出 status 为 3。

（4）如果是父进程先返回，则返回值 pid 是子进程的 id 号，一个大于 0 的数，执行 if(pid == 0)else 后的语句。waitpid(pid, &stat_val, 0)会阻塞父进程等待 pid 指定的子进程退出，此时 CPU 空闲，系统会调度子进程执行，显示 3 次字符串"This is the child"，退出 status 为 3，子进程结束后唤醒父进程，显示 Child exited with code 3。

7.3.6 进程间信号通信

Linux 进程间通信通常有管道、消息、共享存储区、信号等方式，本书主要讨论信号通信方式，信号通信方式是指 Linux 进程间通过互发信号进行通信的一种方式。可通过命令 kill -l 查看 Linux 系统支持哪些信号，具体如下：

```
[user@localhost ~]$ kill -l
 1) SIGHUP       2) SIGINT       3) SIGQUIT      4) SIGILL       5) SIGTRAP
 6) SIGABRT      7) SIGBUS       8) SIGFPE       9) SIGKILL     10) SIGUSR1
11) SIGSEGV     12) SIGUSR2     13) SIGPIPE     14) SIGALRM     15) SIGTERM
16) SIGSTKFLT   17) SIGCHLD     18) SIGCONT     19) SIGSTOP     20) SIGTSTP
21) SIGTTIN     22) SIGTTOU     23) SIGURG      24) SIGXCPU     25) SIGXFSZ
26) SIGVTALRM   27) SIGPROF     28) SIGWINCH    29) SIGIO       30) SIGPWR
31) SIGSYS      34) SIGRTMIN    35) SIGRTMIN+1  36) SIGRTMIN+2  37) SIGRTMIN+3
38) SIGRTMIN+4  39) SIGRTMIN+5  40) SIGRTMIN+6  41) SIGRTMIN+7  42) SIGRTMIN+8
43) SIGRTMIN+9  44) SIGRTMIN+10 45) SIGRTMIN+11 46) SIGRTMIN+12 47) SIGRTMIN+13
48) SIGRTMIN+14 49) SIGRTMIN+15 50) SIGRTMAX-14 51) SIGRTMAX-13 52) SIGRTMAX-12
53) SIGRTMAX-11 54) SIGRTMAX-10 55) SIGRTMAX-9  56) SIGRTMAX-8  57) SIGRTMAX-7
58) SIGRTMAX-6  59) SIGRTMAX-5  60) SIGRTMAX-4  61) SIGRTMAX-3  62) SIGRTMAX-2
63) SIGRTMAX-1  64) SIGRTMAX
```

几个常用的信号含义如下所示。

- SIGHUP：终端上发出的结束信号。
- SIGINT：来自键盘的中断信号（Ctrl+C 快捷键）。
- SIGQUIT：来自键盘的退出信号（Ctrl+\快捷键）。
- SIGFPE：浮点异常信号。
- SIGKILL：该信号结束接收信号的进程。
- SIGALRM：进程的定时器到期，发送该信号。
- SIGTERM：kill 发送出的信号。
- SIGCHLD：标识子进程停止或结束的信号。
- SIGSTOP：来自键盘（Ctrl+Z 快捷键）或调试程序的停止信号。

1. 信号的发送

1）kill 函数

格式：

```
#include<sys/types.h>
#include<signal.h>
int kill(pid_t pid,int signo)
```

说明：kill 函数向 pid 进程发送信号 signo。调用成功返回 0；否则，返回-1。其中，pid 参数值不同，接收进程不同，如表 7.7 所示。

表 7.7　系统调用 kill 中参数 pid 的取值及含义

参数 pid 的值	信号的接收进程
pid>0	进程 ID 为 pid 的进程
pid=0	同一个进程组的进程
pid<0 且 pid!=-1	进程组 ID 为-pid 的所有进程
pid=-1	除发送进程自身外，所有进程 id 大于 1 的进程

2）raise 函数

格式：

```
#include<signal.h>
int raise(int signo)
```

说明：raise 函数向进程本身发送信号，参数为即将发送的信号值。调用成功返回 0；否则，返回-1。

3）alarm 函数

格式：

```
#include<unistd.h>
unsigned int alarm(unsigned int seconds)
```

说明：alarm 函数专门为 SIGALRM 信号而设，在指定的时间 seconds 秒后，将向进程本身发送 SIGALRM 信号，又称为闹钟时间。进程调用 alarm 函数后，任何以前的

alarm 函数调用都将无效。如果参数 seconds 为零，那么进程内将不再包含任何闹钟时间。如果调用 alarm 函数前，进程中已经设置了闹钟时间，则返回上一个闹钟时间的剩余时间，否则返回 0。

2. 信号的接收

如果进程要处理某一信号，就要在进程中接收该信号。接收信号主要用来确定信号值及进程针对该信号值的动作之间的映射关系，即进程将要处理哪个信号，该信号被传递给进程时，将执行何种操作。

Linux 主要有两个系统调用实现信号的接收，signal 函数和 sigaction 函数。其中，signal 函数在可靠信号系统调用的基础上实现，是库函数。它只有两个参数，不支持信号传递信息，主要是用于前 32 种非实时信号的接收；sigaction 函数是较新的函数，有 3 个参数，支持信号传递信息，sigaction 函数优于 signal 函数，主要体现在前者支持信号带有参数。

1）signal 函数

格式：

```
#include<signal.h>
typedef  void (*sighandler_t)(int);
sighandler_t  signal(int signum, sighandler_t handler);
```

说明：signal 函数负责接收指定信号 signum，并进行相应处理。第 1 个参数指定信号的值，第 2 个参数指定针对前面信号值的处理，如果 signal 函数调用成功，返回最后一次为接收信号 signum 而调用 signal 函数时的 handler 值；失败则返回 SIG_ERR。

2）sigaction 函数

格式：

```
#include<signal.h>
int sigaction(int signum,const struct sigaction *act,struct sigaction *oldact);
```

说明：sigaction 函数用于改变进程接收到特定信号后的行为。该函数的第 1 个参数为信号的值，可以为除 SIGKILL 及 SIGSTOP 外的任何一个特定有效的信号；第 2 个参数是指向结构 sigaction 的一个实例的指针，在结构 sigaction 的实例中，指定了对特定信号的处理，可以为空，进程会以默认方式对信号处理；第 3 个参数 oldact 指向的对象用来保存原来对相应信号的处理，可指定 oldact 为 NULL。第 2 个参数最为重要，其中包含了对指定信号的处理、信号所传递的信息、信号处理函数执行过程中应屏蔽掉哪些函数等。

3. 信号应用示例

例 1：编写程序 alamtest.c，从 0 开始显示变量 I 的值，当 1s 结束后发送信号 SIGALRM 结束进程。

步骤 1：选择编辑程序编辑源文件 alamtest.c，其源码如下：

```
#include<unistd.h>
#include<stdio.h>
main()
{
```

```
  unsigned int i;
  alarm(1);
  for(i=0;1;i++)
    printf("I=%d",i);
}
```

步骤 2：编译源文件 alamtest.c，并执行。

```
[user@localhost ~]$ gcc -o alarmtest alarmtest.c
[user@localhost ~]$ ./alarmtest

I=0
I=1
I=2
I=3
I=4
...
I=6189
I=6190
I=6191
I=6192
I=6193
I=6194
I=6195
I=6196
Alarm clock
```

SIGALRM 的默认操作是结束进程，所以程序在 1s 之后结束。根据机器性能不同，I 值的结果不同。

例 2：编写程序 sigtest.c，完成如下功能。

创建两个子进程，父进程捕捉键盘上来的中断信号（即按 Ctrl+C 键）；捕捉到中断信号后，父进程向两个子进程发出信号，子进程捕捉到信号后分别输出下列信息后终止：Child process1 is killed by parent! Child process2 is killed by parent!；父进程等待两个子进程终止后，输出如下的信息后终止：Parent process is killed!

步骤 1：选择编辑程序编辑源文件 sigtest.c，其源码如下：

```
#include<sys/file.h>
#include<stdio.h>
#include<signal.h>
#include<unistd.h>
#include<stdlib.h>
void waiting();
void stop();
int wait_mark;
main()
{
  signal(SIGINT,stop);
  int p1,p2,stdout;
  while ((p1=fork())==-1);
  if (p1>0)
    {
      while((p2=fork())==-1);
      if (p2>0)
```

```
                    {
                        wait_mark=1;
                        waiting();
                        kill(p1,10);
                        kill(p2,12);
                        wait(0);
                        wait(0);
                        printf("parent process  is killed !\n" );
                        exit(0);
                    }
            else
                    {
                        wait_mark=1;
                        signal(12,stop);
                        waiting();
                        printf("child process 2 is killed by parent!\n");
                        exit(0);
                    }
            }
        else
        {
            wait_mark=1;
            signal(10,stop);
            waiting();
            printf("child process 1 is killed by parent!\n" );
            exit(0);
        }
    }
    void waiting()
    {
        while (wait_mark==1);
    }

    void stop()
    {
        wait_mark=0;
    }
```

步骤 2：编译源文件 sigtest.c，并运行。

```
[user@localhost ~]$ gcc -o sigtest sigtest.c
[user@localhost ~]$ ./sigtest
^Cchild process 1 is killed by parent!
child process 2 is killed by parent!
 parent process  is killed !
```

7.4 线程控制系统调用

前面内容介绍了 Linux 操作系统的进程及相关系统调用，下面介绍线程。Linux 允许进程创建线程，进程仍作为资源分配的基本单位，同一进程中的多个线程共享该进程的资源，线程作为调度执行的基本单位。引入线程可以提高系统的执行效率，减少处理机的空转时间和调度切换的时间。

目前，Linux 中最流行的线程机制为 LinuxThreads，采用的是基于核心轻量级进程的"一对一"模型。一个线程对应一个核心轻量级进程，进程调度由 Linux 内核完成，而线程的管理在核外函数库中实现，下面介绍和线程相关的几个系统函数。

7.4.1　线程控制系统调用

1. 线程创建

格式：

```
#include<pthread.h>
int pthread_create(pthread_t *thread, const pthread_attr_t *attr, void
*(*start_routine) (void *), void *arg);
```

说明：pthread_create 函数为调用的进程创建一个新线程。其中，参数 thread 为线程标识符；attr 为线程属性设置；start_routine 为线程函数起始地址；arg 为传递给 start_routine 的参数。若创建线程成功，则返回 0；若创建线程失败，则返回错误号。pthread_create 函数是通过系统调用 clone 函数来实现的，clone 函数是 Linux 特有的系统调用，类似进程创建的系统调用 fork 函数。

2. 获得线程标识符

格式：

```
#include<pthread.h>
pthread_t pthread_self(void);
```

说明：pthread_t pthread_self 函数返回调用的线程的标识符。每个线程都有自己的线程标识符，以便在进程内区分，线程标识符在 pthread_create 函数创建时产生。

3. 线程等待

格式：

```
#include<pthread.h>
int pthread_join(pthread_t thread, void **retval);
```

说明：pthread_join 函数将调用它的线程阻塞，一直等到被等待的线程结束为止，当函数返回时，被等待线程的资源被收回。第 1 个参数 thread 为被等待的线程标识符，第 2 个参数 retval 为用户定义的指针，存放被等待线程的返回值。

4. 线程退出

格式：

```
#include<pthread.h>
void pthread_exit(void *retval);
int pthread_cancel(pthread_t thread);
```

说明：pthread_exit 函数终止调用线程。其中，retval 为线程的返回值；pthread_cancel

终止由参数 thread 指定的线程。

7.4.2 线程控制函数示例

编写程序 threadtest.c，能够创建一个线程，该线程显示 3 次字符串"This is a pthread."，父进程显示 3 次字符串"This is the main process."。

步骤 1：选择编辑程序编辑源文件 threadtest.c，其源码如下：

```
#include<stdio.h>
#include<pthread.h>
void thread(void)
{
    int i;
    for (i=0;i<3;i++)
      printf("This is a pthread.\n");
}
int main(void)
{
    pthread_t id;
    int i,ret;
    ret=pthread_create(&id,NULL,(void *) thread,NULL);
    if (ret!=0)
    {
        printf ("Create pthread error!\n");
        exit (1);
    }
    for (i=0;i<3;i++)
        printf("This is the main process.\n");
    pthread_join(id,NULL);
    return(0);
}
```

步骤 2：编译程序 threadtest.c 并运行，因线程相关函数是运行在用户空间的线程库 pthread.h 中实现，所以编译的时候要加上-lpthread 选项。

```
[user@localhost ~]$ gcc -lpthread  -o threadtest threadtest.c
[user@localhost ~]$ ./threadtest
This is the main process.
This is the main process.
This is the main process.
This is a pthread.
This is a pthread.
This is a pthread.
```

7.5 文件系统调用

Linux 系统与文件相关的系统调用多达几十个，主要分为文件系统读写操作和文件系统操作两大部分，下面介绍常用的几个系统调用。

7.5.1　创建文件

1．创建文件系统调用

格式：

```
#include<sys/types.h>
#include<sys/stat.h>
#include<fcntl.h>
int creat(const char *pathname, mode_t mode);
```

说明：creat 函数创建新文件，如果创建文件成功，则返回打开新创建文件的描述符；若不成功，则返回-1。其中，参数 pathname 为指向文件名字符串的指针；参数 mode 指定新建文件的存取权限。mode 的组合情况如表 7.8 所示。

表 7.8　系统调用 creat 中 mode 的标志及含义

标　　志	含　　义
S_IRUSR	用户可读
S_IWUSR	用户可写
S_IXUSR	用户可执行
S_IRWXU	用户可读、可写、可执行
S_IRGRP	组可读
S_IWGRP	组可写
S_IXGRP	组可执行
S_IRWXG	组可读、可写、可执行
S_IROTH	其他人可读
S_IWOTH	其他人可写
S_IXOTH	其他人可执行
S_IRWXO	其他人可读、可写、可执行
S_ISUID	设置用户执行 ID
S_ISGID	设置组的执行 ID

也可以用八进制数表示文件权限。例如，0744 表示文件权限为-rwxr--r--。

示例：

```
creat("test",  0744);
```

该命令等价于

```
creat("test", S_IRWXU | S_IRGRP | S_IROTH);
```

2．创建文件系统调用示例

例 1：编写程序，创建一名为 test.txt 文件，文件主可对该文件读、写、执行。

步骤 1：选择编辑程序编辑源文件 creattest.c，其源码如下：

```
#include<stdio.h>
#include<stdlib.h>
#include<fcntl.h>
int main(void)
{
  int  fd;
  fd=creat("test.txt", 0700);
  if (fd==-1)
   {
     perror("fail to creat");
     exit(1);
   }
 else
    printf("creat  OK\n");
 close(fd);
 return  0;
}
```

步骤 2：编译 creattest.c 并运行程序。

```
[root@localhost user]# gcc -o creattest creattest.c
[root@localhost user]# ./creattest
creat  OK
```

用 ls -l 命令查看新创建的文件。

```
[root@localhost user]# ls -l test.txt
-rwx------. 1 root root 0 Aug 13 19:24  test.txt
```

该程序成功地在当前目录下创建了一个文件名为 test.txt 的文件，文件的权限是文件主人有读、写和执行的权限，并以只读方式打开。

7.5.2　打开文件和关闭文件

1．打开文件系统调用
格式：

```
#include<sys/types.h>
#include<sys/stat.h>
#include<fcntl.h>
int open(const char *pathname, int flags);
int open(const char *pathname, int flags, mode_t mode);
```

说明：open 函数打开指定文件。open 函数有两个形式，其中，pathname 是要打开的文件名（包含路径名称，默认是认为在当前路径下面）；flags 可以是表 7.9 中一个值或者是几个值的组合。在打开一个不存在的文件时才用 mode 参数指定文件的权限，用来表示文件的访问权限，详见建立文件系统调用。

表 7.9　系统调用 **open** 中参数 **flags** 取值及含义

标　　志	含　　义
O_RDONLY	以只读的方式打开文件
O_WRONLY	以只写的方式打开文件
O_RDWR	以读写的方式打开文件
O_APPEND	以追加的方式打开文件
O_CREAT	如果没有要打开的文件，则创建该文件
O_EXEC	如果使用了 O_CREAT 而且文件已经存在，则会发生一个错误
O_NOBLOCK	以非阻塞的方式打开一个文件
O_TRUNC	如果文件已经存在，则删除文件的内容

文件打开成功，open 函数会返回一个文件描述符，以后对该文件的所有操作就可以通过对这个文件描述符进行操作来实现；若不成功，则返回-1。

2. 关闭文件系统调用

格式：int close(int fd);

说明：关闭文件系统调用，调用成功返回 0，出错返回-1 并设置 errno。参数 fd 是要关闭的文件描述符，由 open 函数返回。关闭文件和打开文件是配对的，即打开的文件最好要显式地关闭。

3. 打开、关闭文件系统调用示例

编写程序 opentest.c，打开文件 test.txt，主人可以对该文件读、写、执行。

步骤 1：选择编辑程序编辑源文件 opentest.c，其源码如下：

```
#include<stdio.h>
#include<stdlib.h>
#include<fcntl.h>
int main(void)
{
  int  fd;
  fd=open("test.txt", O_RDWR|O_CREAT,0700);
  if (fd==-1)
 {
    perror("fail to open");
    exit(1);
  }
 else
   printf("open  OK\n");
 close(fd);
 return  0;
}
```

步骤 2：编译文件 opentest.c 并运行。

```
[root@localhost user]# gcc -o opentest opentest.c
[root@localhost user]# ./opentest
open  OK
```

成功地在当前目录下新建一文件名为 test.txt 的文件，并打开该文件，用 ls -l 命令可查看该文件详细信息。

```
[root@localhost user]# ls -l test.txt
-rwx------. 1 root root 0 Aug 13 18:58  test.txt
```

删除 test.txt 文件。

```
[root@localhost user]# rm test.txt
rm: remove regular empty file `test.txt'? y
```

再次运行 opentest 程序。

```
[root@localhost user]# ./opentest
open  OK
```

用 ls -l 命令查看 test.txt 文件的详细信息。

```
[root@localhost user]# ls -l test.txt
-rwx------. 1 root root 0 Aug 13 19:08  test.txt
```

从结果可知，opentest.c 程序打开一个当前目录下文件名为 test.txt 的文件。如果没有该文件，则运行程序后新建一个，权限为文件主人可读、可写、可执行，对应权限为八进制数 0700。

7.5.3　读写文件

1. 读文件系统调用
格式：

```
#include<unistd.h>
ssize_t  read(int fd, void *buf, size_t count);
```

说明：read 函数从文件描述符 fd 所表示的文件中读取 count 字节的数据，放到缓冲区 buf 中。如果成功则返回读取的字节数；出错则返回-1，错误代码保存在全局变量 errno 中；如果在调 read 之前已到达文件末尾，则这次 read 返回 0。

2. 写文件系统调用
格式：

```
#include<unistd.h>
ssize_t write(int fd, const void *buf, size_t count);
```

说明：write 函数将缓冲区 buf 中 count 字节写入文件描述符 fd 所表示的文件中去。如果调用成功则返回实际写入的字符数；如果发生 fd 有误或者磁盘已满等问题，则返回值会小于 count；如果没有写出任何数据，则返回值为 0；如果调用不成功，则返回值为-1，错误代码保存在全局变量 errno 中。

3. 读写文件系统调用示例
编写程序，以新建形式打开文件 hello.txt，将字符串"Hello, Software Weekly"写入该文件，读出文件 hello.txt 内容，并打印出来。

步骤 1：选择编辑程序编辑源文件 filetest.c，其源码如下：

```
#include<sys/types.h>
#include<sys/stat.h>
#include<fcntl.h>
#include<stdio.h>
#include<string.h>
#define LENGTH 100
main()
{
int fd, len;
char str[LENGTH];
fd=open("hello.txt", O_CREAT | O_RDWR, S_IRUSR | S_IWUSR);
if (fd)
 {
   write(fd, "Hello, Software Weekly", strlen("Hello, software weekly"));
   close(fd);
 }
 fd=open("hello.txt", O_RDWR);
 len=read(fd, str, LENGTH);
 str[len]='\0';
 printf("%s\n", str);
 close(fd);
}
```

步骤 2：编译源文件 filetest.c，并运行。

```
[user@localhost ~]$ gcc -o filetest filetest.c
[user@localhost ~]$ ./filetest
Hello, Software Weekly
```

filetest 在当前目录下创建可读写文件 hello.txt，在其中写入 "Hello, software weekly"，关闭该文件。再次打开该文件，读取其中的内容并输出在屏幕上。通过 ls 命令可观察在当前目录下新建了一个文件名为 hello.txt 的文件。

```
[user@localhost ~]$ ls
bad         fork1       greeting      memo.1      stack.o
bad.c       fork1.c     greeting1     memo.1.bz2  swit
BB          fruit       greeting1.c   memo.2      switch
BBsymbol    fruits      greeting.c    pc          switch.c
bubble      fruitsort   hello.txt     pc.c        test
```

7.5.4　文件定位

1. 文件定位系统调用
格式：

```
#include<sys/types.h>
#include<unistd.h>
off_t  lseek(int fd, off_t offset, int whence);
```

说明：lseek 函数对文件描述符 fd 所表示文件的读写指针进行设置。调用成功返回目前的读写位置，也就是距离文件开头多少个字符；错误则返回-1，errno 会存放错误代码。

每个已打开的文件都有一个读写位置，当打开文件时通常其读写位置是指向文件开头，若是以附加的方式打开文件（如 O_APPEND），读写位置会指向文件尾。当 read 函数或 write 函数时，读写位置会随之增加，lseek 函数便是用来控制该文件的读写位置。参数 fd 为已打开的文件描述符；参数 offset 为根据参数 whence 来移动读写位置的位移数；参数 whence 为下列其中一种。

- SEEK_SET：参数 offset 即为新的读写位置。
- SEEK_CUR：当前读写位置后增加 offset 个位移量。
- SEEK_END：将读写位置指向文件尾后再增加 offset 个位移量。

3 个比较特殊的应用如下所示。

（1）将读写位置移到以 fildes 为描述符的文件开头。

```
lseek(int fildes, 0, SEEK_SET)
```

（2）将读写位置移到以 fildes 为描述符的文件尾。

```
lseek(int fildes, 0, SEEK_END)
```

（3）将取得以 fildes 为描述符的文件的目前文件位置。

```
lseek(int fildes, 0, SEEK_CUR)
```

2. 文件定位系统调用示例

编写程序，以读写方式打开文件 test.txt，显示当前的读写位置，然后从文件中读取 5 字节，再显示指针的读写位置。

步骤 1：选择编辑程序编辑源文件 lseektest.c，其源码如下：

```
#include<stdio.h>
#include<stdio.h>
#include<stdlib.h>
#include<fcntl.h>
#include<unistd.h>
#define MAX 1024
int main(void)
{
  int fd;
  off_t off;
  char buf[MAX];
  fd=open("test.txt",O_RDWR);
  if (fd==-1)
  {
    perror("fail to open");
    exit(1);
  }
 printf("before reading\n");
 off=lseek(fd,0,SEEK_CUR);
 if(off==-1)
 {
    perror("fail to lseek");
    exit(1);
```

```
    }
printf("the offset is :%d\n",off);
if (read(fd,buf,5)==-1)
{
    perror("fail to read");
    exit(1);
}
printf("after reading\n");
off=lseek(fd,0,SEEK_CUR);
if(off==-1)
{
    perror("fail to lseek");
    exit(1);
}
printf("the offset is :%d\n",off);
close(fd);
}
```

步骤 2：编译源文件 lseektest.c，并运行。

```
[user@localhost ~]$ gcc -o lseektest lseektest.c
[user@localhost ~]$ ./lseektest
before reading
the offset is :0
after reading
the offset is :5
```

由结果可知该程序打开一个文件，显示出未进行任何读写操作的文件的读写位置为 0。然后调用 read 函数读取 5 字节内容，再次调用 lseek 函数得到文件的读写位置为 5。

本章小结

　　本章主要介绍了 Linux 下 C 编程的相关知识。编译器本章主要介绍的是 Linux 下常用的编译器 GNU C/C++编译器 GCC，详细讲解了 GCC 的编译过程和 GCC 命令的格式及使用。调试器本章主要介绍了 Linux 下应用最广泛的调试器 GDB，讲解了 GDB 的常用命令，并通过 C 语言程序实例说明 GDB 的调试过程。程序维护工具本章主要讲解了 Linux 下较常用的程序维护工具 make，包括 make 的工作机制、makefile 文件的书写规则、make 命令的格式及使用，并以实例形式说明 make 工具的维护过程。

　　Linux 内核中设置了一组用于实现各种系统功能的子程序，称为系统调用。可以通过系统调用命令在自己的应用程序中调用它们。本章主要介绍了 Linux 下和进程、线程及文件相关的系统调用。同时，通过大量 C 程序实例说明这些系统调用的用法。

本章习题

　　1．GCC 编译过程一般分为哪几个阶段？各阶段的主要工作是什么？

　　2．简述 GNU GDB 的功能。

3．用 GDB 调试下面的程序。

```c
#include<stdio.h>
main()
{
  char my_string[]="hello there";
  my_print (my_string);
  my_print2 (my_string);
}
void my_print (char *string)
{
  printf ("The string is %s\n", string);
}
void my_print2 (char *string)
{
  char *string2;
  int size, i;
  size=strlen (string);
  string2=(char *) malloc (size + 1);
  for (i=0; i<size; i++)
    string2[size-i]=string;
  string2[size+1]='\0';
  printf ("The string printed backward is %s\n", string2);
}
```

4．简述 GNU make 的工作过程。

5．makefile 文件的作用是什么？其书写规则是怎样的？

6．设某个程序由 4 个 C 语言源文件组成，分别是 a.c、b.c、c.c、d.c，其中，b.c 和 d.c 都使用了 defs.h 中的声明，最后生成的可执行文件名为 pgm。试为该程序编写相应的 makefile 文件。

7．编写程序，用系统调用 fork 创建两子进程。父进程显示 50 次字符串 father，子进程 1 显示 50 次字符串 son，子进程 2 显示 50 次字符串 daughter。观察并记录屏幕上显示结果，分析原因。（提示：可在各进程中加入 sleep，观察结果分析原因。）

8．编写一个程序，该程序当输入 Ctrl+C 快捷键时输出字符串"I got signal"。在其余的时间，该程序只是无限循环，每一秒输出一条"hello world"信息。

9．编写程序，实现简单 Shell 的基本功能。读入用户从键盘输入的命令，并执行它。

10．利用文件系统的系统调用 creat、open、read、write、close 编写一个程序，把一个文件读出写到另一个文件中，实现简单的复制功能。

第 8 章

GTK+图形界面程序设计

本章学习目标
- 了解 GTK+图形库的基本概念。
- 理解 GTK 程序的基本步骤。
- 掌握 GTK 程序的编写编译操作。
- 掌握 GTK 常用控件和菜单、工具栏等的使用。

8.1 GTK+程序设计简介

在基于 X Window 协议的众多 Linux 图形界面当中，主流的操作界面有基于 GTK+图形库的 GNOME 和基于 Qt 图形库的 KDE，两者之争从没停止过，被称为自由软件圣战 "KDE/Qt VS Gnome/GTK"。

大多数 Linux 系统下的有图形交互界面的软件都是用 GTK+或者 Qt 来编写的，对于用户来说，如何在 Qt/GTK 中做出选择呢？一般来说，如果使用 C++，对库的稳定性、健壮性要求比较高，并且希望跨平台开发的话，那么使用 Qt 是较好的选择，但是值得注意的是，虽然 Qt 的免费版采用了 GPL 协议，但是如果开发 Windows 上的 Qt 软件或者是 UNIX 上的商业软件，还是需要向 Trolltech 公司支付版权费用的。GTK（GIMP Toolkit）是一套跨多种平台的图形工具包，完全按照 LGPL 许可协议发布。GTK 调用 GTK 库进行编译和运行。现在使用的 GTK 版本是 GTK+。使用 GTK 编写的图形界面程序，必须有 GTK 库才能编译。Glade 是一个功能强大的 GTK 图形界面产生器。也就是说，Glade 是一个界面的程序设计工具，和 Windows 系统的 VB、VC++类似，可以用各种功能设计出程序的界面。

开发基于 GNOME 的应用软件用 GTK+，因为 GNOME 桌面环境本身就是使用 GTK+开发的，其开发语言为 C 语言。

GTK+是一种面向对象式的 API（Application Programming Interface）。Glib 库是 GTK+的基础，而这种"面向对象系统"正是由 Glib 来提供的。GObject 也就是这种面向对象的机制可以为 GTK+绑定很多种开发语言。目前，存在的语言有 C++、Python、Perl、Java、C#、PHP 等其他高级语言。

GTK+和以下函数库存在着依赖关系。

- Glib。
- Pango。
- ATK。
- GDK。
- GdkPixbuf。
- Cairo。

Glib 是一种通用的函数库。它提供了各种各样的语言特性，例如，各种数据类型、字符串函数、错误通知、消息队列和线程。Pango 是一种函数库，用来实现国际化和本地化的功能。ATK 是一种快捷键服务工具函数包，为肢体有缺陷的人使用计算机提供便利。GDK 是一种函数库，为整个 GTK+图形库系统提供了一些底层的"图形实现"和"窗口实现"的方法。在 Linux 中，GDK 是位于 X 服务器和 GTK+函数库之间的。Cairo 是一种函数库，用于制作二维图像。从 GTK+2.8 版本以后，Cairo 就正式成为 GTK+系统中的一员了，在最新的 GTK+发行版本中，越来越多的功能性函数，都交给了 Cairo 函数库来处理。GdkPixbuf 函数库是一种函数库工具包，用于加载图像和维护图像缓存。

最杰出的 GTK+软件的代表是 GNOME 和 XFce 这两种桌面环境系统以及火狐浏览器 Firefox。那么，如何利用 GTK+来编写程序呢？下面介绍编写 GTK+程序的基本步骤。

- 初始化。
- 创建主窗口。
- 创建并加入子窗口。
- 设置组件回调。
- 显示窗口。
- 进入事件循环。

以典型的 helloworld 为例介绍 GTK+简单编程，这是一个最基本的例子，在屏幕上弹出一个 helloworld 窗口。先做初始化工作并创建一个主窗口，直接在 vi 或者 gedit 中录入 hello.c，代码如下：

```
/* File: hello.c */
#include<gtk/gtk.h>
int main(int   argc, char *argv[])
{
   GtkWidget *window;
   gtk_init (&argc, &argv);
   window=gtk_window_new (GTK_WINDOW_TOPLEVEL);
   gtk_widget_show  (window);
   gtk_main ();
   return (0);
}
```

其中，gtk_init(&argc, &argv)是 GTK 应用程序的初始化部分，它使 GTK 应用程序可以接受如下命令行的参量。

- --gtk-module：载入另外的 GTK 模块。
- --g-fatal-warnings：使所有警告是致命错误。

- --gtk-debug：调试 GTK。
- --gtk-no-debug：不调试 GTK。
- --gdk-debug：调试 GDK。
- --gdk-no-debug：不调试 GDK。
- --display：指定 display。
- --sync：使 X 调用按顺序方式。
- --no-xshm：不使用 X 共享内存。
- --name：指定窗口管理器使用的程序名。
- --class：指定窗口管理器使用的程序类型。

以下两行代码是建立窗口并且显示该窗口，它在默认情况下是 200×200 大小。

```
window=gtk_window_new (GTK_WINDOW_TOPLEVEL);
gtk_widget_show (window);
```

最后，gtk_main 函数使程序进入事件循环阶段，gtk 将在内部处理事件。

现在可以编译文件 hello.c，代码如下：

```
gcc -Wall -g hello.c -o hello 'pkg-config --cflags gtk+-2.0' 'pkg-config --libs
gtk+-2.0'
```

其中，'gtk-config--cflags'产生编译 GTK 所使用的头文件位置；'gtk-config--libs'产生链接 gtk 程序编译时所使用的库。pkg-config --cflags gtk+-2.0 就是列出 include 目录，pkg-config --libs gtk+-2.0 就是列出编译链接库，也可以合在一起使用，如 pkg-config --cflags --libs gtk+-2.0。编译成功后运行./hello 可以看到一个空白窗口。

接下来把上面的例子变成一个稍微复杂的例子，该例子弹出一个窗口，并且在窗口中显示一个按钮。

```
/* File: hello.c */
#include<gtk/gtk.h>
void hello(GtkWidget *widget, gpointer data)
{
  g_print ("Hello World\n");
}
gint delete_event(GtkWidget *widget, GdkEvent *event, gpointer data)
{
  //打印信息
  g_print ("delete event occurred\n");
  //如果返回 FALSE,GTK 将发出"destroy"信号
  return(TRUE);
}
void destroy(GtkWidget *widget, gpointer data)
{
  gtk_main_quit();
}
int main(int  argc, char *argv[])
{
```

```
//GtkWidget 是 Widget 的类型
GtkWidget *window;
GtkWidget *button;
//gtk 初始化
gtk_init(&argc, &argv);
//建立新窗口
window=gtk_window_new (GTK_WINDOW_TOPLEVEL);
//当使用窗口管理器关闭窗口时，将调用 delete_event 函数
//本例中所传递的参数是 NULL
gtk_signal_connect (GTK_OBJECT (window), "delete_event",
                    GTK_SIGNAL_FUNC (delete_event), NULL);
//把 "destroy" 事件和信号处理器联系起来
gtk_signal_connect (GTK_OBJECT (window), "destroy",
                    GTK_SIGNAL_FUNC (destroy), NULL);
//设置窗口的边界宽度
gtk_container_set_border_width (GTK_CONTAINER (window), 10);
//建立一个标签是"Hello World"的按钮
button=gtk_button_new_with_label ("Hello World");
//当按钮被单击时，即接收到"clicked"信号，将调用 hello 函数
gtk_signal_connect (GTK_OBJECT (button), "clicked",
                    GTK_SIGNAL_FUNC (hello), NULL);
//当按钮被单击时，调用 gtk_widget_destroy(window)关闭窗口
//这里将引发 "destroy" 信号
gtk_signal_connect_object (GTK_OBJECT (button), "clicked",
                           GTK_SIGNAL_FUNC(gtk_widget_destroy),
                           GTK_OBJECT (window));
//把按钮加入顶级窗口中
gtk_container_add (GTK_CONTAINER (window), button);
//显示按钮
gtk_widget_show (button);
//显示顶级窗口
gtk_widget_show (window);
//进入事件循环
gtk_main ();
return(0);
}
```

重新编译链接 hello.c，执行结果如图 8.1 所示。

上面的例子是英文编程的基本例子，如果在程序中使用中文，还应当对上面的例子做适当的修改。当然，最基本的要求还是 Linux 系统必须有一个中文环境，安装系统时一般都选择简体中文，这点是可以保证的。接下来就是保证 GTK 的资源文件/etc/gtk/gtkrc.zh_CN 设置正确。下面是一个典型的 gtkrc.zh_CN 文件，其中指定的默认字体是 14 点阵字体。

```
# $(gtkconfigdir)/gtkrc.zh_CN
# This file defines the fontsets for Chinese language (zh) using
# the simplified chinese standard GuoBiao as in mainland China (CN)
# 1999, Pablo Saratxaga
style "gtk-default-zh-cn" {
```

```
fontset="-adobe-helvetica-medium-r-normal--14-*-*-*-*-*-iso8859-*,-cclib-
song-medium-r-normal--14-*-*-*-*-*-gbk-0"
}
class "GtkWidget" style "gtk-default-zh-cn"
```

使 hello.c 程序支持中文非常简单，只需要在初始化 GTK 之前调用 locale 设置函数。

```
//设置 tocale
gtk_set_locale();
//GTK 初始化
gtk_init(&argc, &argv);
```

把按钮的标签改为中文，代码如下：

```
//建立一个含中文标签的按钮
button=gtk_button_new_with_label ("中文你好!");
```

重新编译并输入./hello 运行，程序运行的结果如图 8.2 所示。

图 8.1　hello world 运行结果　　　　　图 8.2　hello world 支持中文

如果不想用默认的资源文件中所指定的字体，也可以在程序中指定资源文件或直接把 fontset 写在程序中。指定资源文件使用函数 gtk_rc_parse(filename)，直接使用 fontset 使用函数 gtk_rc_parse_string(gtkrc_string)。

下面来总结 GTK 程序中出现过的头文件、数据类型、信号和回调、事件等。

1. 包含的头文件

如果程序只涉及 GTK 部分，而不是直接调用 GDK 的函数，只需包含 gtk/gtk.h，如涉及 GDK 部分，则应包含 gdk/gdk.h。

2. 数据类型

Glib 中定义了许多自己的数据类型，如 gint 等，从字面意思上比较容易理解。GTK 的组件（GtkWidget）类型都是 GtkWidget，它包含了一个窗口组件所需的信息。GdkEvent 包含了 X 事件的信息。

3. 信号和回调

GTK 所提供的工具库与 GTK 应用程序都是基于事件触发机制来管理。所有的 GTK 应用程序都是基于事件驱动的，如果没有事件发生，则应用程序将处于等待状态，不会执行任何操作，一旦事件发生，将根据不同的事件做出相应的处理。在 GTK 中，一个事件就是从 X Server 传出来的一个信息。当一个事件发生时，GTK 程序就会通过发送一个信号来通知应用程序执行相关的操作，即调用指定控件与这一信号进行绑定的回调函数，来完成一次由事件所触发的行动。

信号（Signal）是 GTK 中出现的新的并且比较重要的概念。注意：这里讲的"信号"

不同于 UNIX 的 signal，只是名称一样。当处理 X 事件时，如键盘按键按下，GTK 的组件接收到这一事件，便发出响应的信号。类似于 Windows 编程中的消息事件机制。

使用函数 gtk_signal_connect 把组件 object 与回调函数 func 联系起来，name 是所发出的信号的名称。func_data 是传递给回调函数的参数。例如，要使一个按钮执行一个动作，就需用此函数设置信号和信号处理函数之间的链接。

```
gint gtk_signal_connect(GtkObject *object,gchar *name, GtkSignal Func func,
gpointer func_data);
```

回调函数的格式如下，其中，widget 是发出信号的组件；callback_data 是传递参数的指针。

```
void callback_func(GtkWidget *widget,gpointer callback_data);
```

4. GTK 的事件

除有前面描述的信号机制外，还有一套 events 反映 X 事件机制。回调函数可以与这些事件连接。这些事件如下所示。

- button_press_event：按钮按下。
- button_release_event：按钮释放。
- motion_notify_event：鼠标移动。
- key_press_event：按键按下。
- key_release_event：按键释放。
- enter_notify_event：鼠标指针进入组件。
- leave_notify_event：鼠标指针离开组件。
- configure_event：属性改变。
- focus_in_event：获得聚焦。
- focus_out_event：失去聚焦。
- map_event：映射。
- unmap_event：消失。
- delete_event：使用窗口管理器关闭。
- destroy_event：关闭。
- expose_event：曝光。
- property_notify_event：属性改变。
- selection_clear_event：选择清除。
- selection_request_event：选择请求。
- selection_notify_event：选择通知。
- proximity_in_event：接近。
- proximity_out_event：离开。
- drag_begin_event：拖开始。
- drag_request_event：拖请求。
- drag_end_event：拖结束。
- drop_enter_event：放进入。
- drop_leave_event：放离开。

- drop_data_available_event：放数据可用。

显然以上都是些系统操作中经常发生的事件，如鼠标、键盘被按下事件等。当一个事件发生时，GTK 程序就会通过发送一个信号来通知应用程序执行相关的操作，即调用指定控件与这一信号进行绑定的回调函数，来完成一次由事件所触发的行动。

8.2　使用 GTK+开发图形界面程序

本节通过一些典型的例子的介绍，系统地展示出 GTK+的图形界面编程过程。

8.2.1　按钮和标签

下面将用一个简单的示例演示最常用的两个控件按钮和标签的用法。在这里用到了 3 个控件：两个按钮和一个标签。这个标签将保存一个整数，两个按钮会分别增加和减少这个数。

用 vi 文本编辑器新建一个 count.c 文档，编辑以下代码。

count.c:

```
#include<gtk/gtk.h>
gint count=0;
char buf[5];
void increase(GtkWidget *widget, gpointer label){
count++;
sprintf(buf, "%d", count);
gtk_label_set_text(label, buf);
}
void decrease(GtkWidget *widget, gpointer label){
count--;
sprintf(buf, "%d", count);
gtk_label_set_text(label, buf);
}
int main(int argc, char** argv) {
GtkWidget *label;
GtkWidget *window;
GtkWidget *frame;
GtkWidget *plus;
GtkWidget *minus;
gtk_init(&argc, &argv);
window=gtk_window_new(GTK_WINDOW_TOPLEVEL);
gtk_window_set_position(GTK_WINDOW(window),GTK_WIN_POS_CENTER);
gtk_window_set_default_size(GTK_WINDOW(window), 200, 100);
gtk_window_set_title(GTK_WINDOW(window), "count");
frame=gtk_fixed_new();
gtk_container_add(GTK_CONTAINER(window), frame);
```

```
plus=gtk_button_new_with_label("+");
gtk_widget_set_size_request(plus, 80, 35);
gtk_fixed_put(GTK_FIXED(frame), plus, 50, 20);
minus=gtk_button_new_with_label("-");
gtk_widget_set_size_request(minus, 80, 35);
gtk_fixed_put(GTK_FIXED(frame), minus, 50, 80);
label=gtk_label_new("0");
gtk_fixed_put(GTK_FIXED(frame), label, 160, 50);
gtk_widget_show_all(window);
g_signal_connect(window,"destroy",G_CALLBACK(gtk_main_quit), NULL);
g_signal_connect(plus, "clicked", G_CALLBACK(increase), label);
g_signal_connect(minus,"clicked",G_CALLBACK(decrease), label);
gtk_main();
return 0;
}
```

这个示例代码完整的功能是增加和减少对象 GtkLabel 的值。

```
g_signal_connect(plus, "clicked", G_CALLBACK(increase), label);
```

把回调函数 increase 和增加按钮进行了链接。还有值得注意的是：把 label 作为回调函数调用的参数。这样的话就可以在回调函数 increase 中对 label 进行处理。

```
count++;
sprintf(buf, "%d", count);
gtk_label_set_text(label, buf);
```

在"增加"的回调函数中，增加数字。然后在 label 中的数字就会随之增加。同理"减少"的实现与之相似。

在终端下编译并执行程序，得到运行结果如图 8.3 所示。

```
[root@localhost gtk]# gcc -o count count.c 'pkg-config --libs --cflags gtk+-2.0'
[root@localhost gtk]# ./count
```

图 8.3　count 例子运行结果

8.2.2　文本输入框

文本输入组件（Entry Widget）允许在一个单行文本框里输入和显示一行文本，是最常用的输入组件。新建一个 input.c 文件，编辑编译运行过程同上。

input.c：

```
#include<gtk/gtk.h>
int main(int argc, char *argv[]) {
GtkWidget *window;
GtkWidget *table;
GtkWidget *label1;
GtkWidget *label2;
GtkWidget *label3;
GtkWidget *entry1;
GtkWidget *entry2;
GtkWidget *entry3;
gtk_init(&argc, &argv);
window=gtk_window_new(GTK_WINDOW_TOPLEVEL);
gtk_window_set_position(GTK_WINDOW(window),GTK_WIN_POS_CENTER);
gtk_window_set_title(GTK_WINDOW(window), "input");
gtk_container_set_border_width(GTK_CONTAINER(window), 10);
table=gtk_table_new(3, 2, FALSE);
gtk_container_add(GTK_CONTAINER(window), table);
label1=gtk_label_new("Name");
label2=gtk_label_new("Age");
label3=gtk_label_new("address");
gtk_table_attach(GTK_TABLE(table), label1, 0, 1, 0, 1,
GTK_FILL | GTK_SHRINK, GTK_FILL | GTK_SHRINK, 5, 5);
gtk_table_attach(GTK_TABLE(table), label2, 0, 1, 1, 2,
GTK_FILL | GTK_SHRINK, GTK_FILL | GTK_SHRINK, 5, 5);
gtk_table_attach(GTK_TABLE(table), label3, 0, 1, 2, 3,
GTK_FILL | GTK_SHRINK, GTK_FILL | GTK_SHRINK, 5, 5);
entry1=gtk_entry_new();
entry2=gtk_entry_new();
entry3=gtk_entry_new();
gtk_table_attach(GTK_TABLE(table), entry1, 1, 2, 0, 1,
GTK_FILL | GTK_SHRINK, GTK_FILL | GTK_SHRINK, 5, 5);
gtk_table_attach(GTK_TABLE(table), entry2, 1, 2, 1, 2,
GTK_FILL | GTK_SHRINK, GTK_FILL | GTK_SHRINK, 5, 5);
gtk_table_attach(GTK_TABLE(table), entry3, 1, 2, 2, 3,
GTK_FILL | GTK_SHRINK, GTK_FILL | GTK_SHRINK, 5, 5);
gtk_widget_show(table);
gtk_widget_show(label1);
gtk_widget_show(label2);
gtk_widget_show(label3);
gtk_widget_show(entry1);
gtk_widget_show(entry2);
gtk_widget_show(entry3);
gtk_widget_show(window);
g_signal_connect(window, "destroy",G_CALLBACK(gtk_main_quit), NULL);
gtk_main();
```

```
return 0;
}
```

在本例中，向读者展示的是 3 个文本输入框和分别对应的 3 个标签。

```
table=gtk_table_new(3, 2, FALSE);
gtk_container_add(GTK_CONTAINER(window), table);
```

为了方便管理组件，使用了 table 容器组件。在设计应用程序的图形界面时，首先要决定的是在程序中用到哪种组件和管理应用程序中的这些组件。为了方便管理这些组件，GTK+通常使用不可见的组件称作 layout containers，GtkTable 属于其中的一种。

```
entry1=gtk_entry_new();
entry2=gtk_entry_new();
entry3=gtk_entry_new();
```

以上代码是为了生成 3 个文本输入框。

```
gtk_table_attach(GTK_TABLE(table), entry1, 1, 2, 0, 1,
GTK_FILL | GTK_SHRINK, GTK_FILL | GTK_SHRINK, 5, 5);
gtk_table_attach(GTK_TABLE(table), entry2, 1, 2, 1, 2,
GTK_FILL | GTK_SHRINK, GTK_FILL | GTK_SHRINK, 5, 5);
gtk_table_attach(GTK_TABLE(table), entry3, 1, 2, 2, 3,
GTK_FILL | GTK_SHRINK, GTK_FILL | GTK_SHRINK, 5, 5);
```

以上代码是把组件放置到 table 组件中。编译运行得到如图 8.4 所示结果。

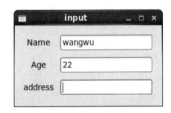

图 8.4　input 输入框的例子

8.2.3　复选按钮

复选按钮 GtkCheckButton 同样是一个典型的控件，它有两种状态：开和关。开表示复选按钮是被选中的状态；关表示复选按钮是未被选中的状态。

check.c：

```
#include<gtk/gtk.h>
void toggle_title(GtkWidget *widget, gpointer window){
if (gtk_toggle_button_get_active(GTK_TOGGLE_BUTTON(widget)))
  gtk_window_set_title(window, "Check");
else gtk_window_set_title(window, "");
}
int main(int argc, char** argv) {
```

```
GtkWidget *window;
GtkWidget *frame;
GtkWidget *check;
gtk_init(&argc, &argv);
window=gtk_window_new(GTK_WINDOW_TOPLEVEL);
gtk_window_set_position(GTK_WINDOW(window),GTK_WIN_POS_CENTER);
gtk_window_set_default_size(GTK_WINDOW(window), 230, 150);
gtk_window_set_title(GTK_WINDOW(window), "This is CheckButton");
frame=gtk_fixed_new();
gtk_container_add(GTK_CONTAINER(window), frame);
check=gtk_check_button_new_with_label("Show Windows's title");
gtk_toggle_button_set_active(GTK_TOGGLE_BUTTON(check), TRUE);
GTK_WIDGET_UNSET_FLAGS(check, GTK_CAN_FOCUS);
gtk_fixed_put(GTK_FIXED(frame), check, 50, 50);
g_signal_connect_swapped(window,"destroy",G_CALLBACK(gtk_main_quit), NULL);
g_signal_connect(check, "clicked", G_CALLBACK(toggle_title), (gpointer)
                 window);
gtk_widget_show_all(window);
gtk_main();
return 0;
}
```

将要展示的功能是，标题栏的显示状态根据组件 GtkCheckButton 的状态变化而变化。

```
check=gtk_check_button_new_with_label("Show Windows's title");
gtk_toggle_button_set_active(GTK_TOGGLE_BUTTON(check), TRUE);
```

一个 GtkCheckButton 组件被生成，并且默认为已标记（状态为开），因为一开始标题栏是默认显示的。

```
GTK_WIDGET_UNSET_FLAGS(check, GTK_CAN_FOCUS);
```

这行代码是取消了对复选框的默认锁定。

```
if (gtk_toggle_button_get_active(GTK_TOGGLE_BUTTON(widget)))
  gtk_window_set_title(window, "Check");
else gtk_window_set_title(window, "");
```

至此，功能完成，标题栏的显示状态根据组件 GtkCheckButton 的状态变化而变化。编译运行结果如图 8.5 所示。

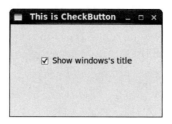

图 8.5　check 复选框的例子

8.2.4　组合框

　　组合框（Combo Box）是另一个很简单的组件，实际上它仅是其他组件的集合。从用户的观点来说，这个组件是由一个文本输入组件和一个下拉菜单组成的，可以从一个预先定义的列表里面选择一个选项。同时，也可以直接在文本框里面输入文本。

　　GtkComboBox 组件的作用也是让程序使用者根据不同的需求从很多选项中进行选择。combo.c：

```c
#include<gtk/gtk.h>
void combo_selected(GtkWidget *widget, gpointer window){
gchar *text=gtk_combo_box_get_active_text(GTK_COMBO_BOX(widget));
gtk_label_set_text(GTK_LABEL(window), text);
g_free(text);
}
int main(int argc, char *argv[]){
GtkWidget *window;
GtkWidget *fixed;
GtkWidget *combo;
GtkWidget *label;
gtk_init(&argc, &argv);
window=gtk_window_new(GTK_WINDOW_TOPLEVEL);
gtk_window_set_title(GTK_WINDOW(window), "Linux Family");
gtk_window_set_position(GTK_WINDOW(window),GTK_WIN_POS_CENTER);
gtk_window_set_default_size(GTK_WINDOW(window), 230, 150);
fixed=gtk_fixed_new();
combo=gtk_combo_box_new_text();
gtk_combo_box_append_text(GTK_COMBO_BOX(combo), "Redhat");
gtk_combo_box_append_text(GTK_COMBO_BOX(combo), "Red Hat Enterprise Linux");
gtk_combo_box_append_text(GTK_COMBO_BOX(combo), "Fedora");
gtk_combo_box_append_text(GTK_COMBO_BOX(combo), "Centos");
gtk_combo_box_append_text(GTK_COMBO_BOX(combo), "Ubuntu");
gtk_combo_box_append_text(GTK_COMBO_BOX(combo), "Debian");
gtk_fixed_put(GTK_FIXED(fixed), combo, 50, 50);
gtk_container_add(GTK_CONTAINER(window), fixed);
label=gtk_label_new("-");
gtk_fixed_put(GTK_FIXED(fixed), label, 50, 110);
g_signal_connect_swapped(G_OBJECT(window),
"destroy",G_CALLBACK(gtk_main_quit), G_OBJECT(window));
g_signal_connect(G_OBJECT(combo),
"changed",G_CALLBACK(combo_selected), (gpointer) label);
gtk_widget_show_all(window);
gtk_main();
return 0;
}
```

　　上面的这个例子主要是完成一个下拉选择框（Combo Box）和一个标签（Label）。在这里下拉选择框有 6 个选项。它们的名字都是 Linux 操作系统的不同发行版本。标签中的内容就是所选择的那个选项的内容。

```
combo=gtk_combo_box_new_text();
gtk_combo_box_append_text(GTK_COMBO_BOX(combo), "Redhat");
gtk_combo_box_append_text(GTK_COMBO_BOX(combo), "Red Hat Enterprise Linux");
gtk_combo_box_append_text(GTK_COMBO_BOX(combo), "Fedora");
gtk_combo_box_append_text(GTK_COMBO_BOX(combo), "Centos");
gtk_combo_box_append_text(GTK_COMBO_BOX(combo), "Ubuntu");
gtk_combo_box_append_text(GTK_COMBO_BOX(combo), "Debian");
```

以上代码生成了一个 GtkComboBox 组件；然后又把 Linux 各发行版本的名字添加到其中去。

```
label=gtk_label_new("-");
```

同样地，也生成了一个标签组件。

```
gchar *text=gtk_combo_box_get_active_text(GTK_COMBO_BOX(widget));
gtk_label_set_text(GTK_LABEL(window), text);
g_free(text);
```

上面的代码从所选的选项中获得了文本内容，并把此内容的传递给了标签组件。编译运行得到如图 8.6 所示结果。

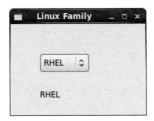

图 8.6　combo 组合框的例子

8.2.5　框架

框架（Frames）可以用于在盒子中封装一个或一组组件，起着装饰性作用，框架本身还可以有一个标签。下面是一个简单的框架的例子。

frame.c:

```
#include<gtk/gtk.h>
int main(int argc, char *argv[]){
GtkWidget *window;
GtkWidget *table;
GtkWidget *frame1;
GtkWidget *frame2;
GtkWidget *frame3;
GtkWidget *frame4;
```

```
gtk_init(&argc, &argv);
window=gtk_window_new(GTK_WINDOW_TOPLEVEL);
gtk_window_set_position(GTK_WINDOW(window),GTK_WIN_POS_CENTER);
gtk_window_set_default_size(GTK_WINDOW(window), 250, 250);
gtk_window_set_title(GTK_WINDOW(window), "Four GtkFrame example");
gtk_container_set_border_width(GTK_CONTAINER(window), 10);
table=gtk_table_new(2, 2, TRUE);
gtk_table_set_row_spacings(GTK_TABLE(table), 10);
gtk_table_set_col_spacings(GTK_TABLE(table), 10);
gtk_container_add(GTK_CONTAINER(window), table);
frame1=gtk_frame_new("Shadow Out");
gtk_frame_set_shadow_type(GTK_FRAME(frame1), GTK_SHADOW_OUT);
frame2=gtk_frame_new("Shadow In");
gtk_frame_set_shadow_type(GTK_FRAME(frame2), GTK_SHADOW_IN);
frame3=gtk_frame_new("Shadow Etched Out");
gtk_frame_set_shadow_type(GTK_FRAME(frame3),GTK_SHADOW_ETCHED_OUT);
frame4=gtk_frame_new("Shadow Etched In");
gtk_frame_set_shadow_type(GTK_FRAME(frame4),GTK_SHADOW_ETCHED_IN);
gtk_table_attach_defaults(GTK_TABLE(table), frame1, 0, 1, 0, 1);
gtk_table_attach_defaults(GTK_TABLE(table), frame2, 0, 1, 1, 2);
gtk_table_attach_defaults(GTK_TABLE(table), frame3, 1, 2, 0, 1);
gtk_table_attach_defaults(GTK_TABLE(table), frame4, 1, 2, 1, 2);
g_signal_connect_swapped(G_OBJECT(window),"destroy",G_CALLBACK(gtk_main_
                    quit), G_OBJECT(window));
gtk_widget_show_all(window);
gtk_main();
return 0;
}
```

这个示例展示了 4 种不同风格的 frame 框架。这些框架组件是利用表格布局法进行布局的。

```
frame1=gtk_frame_new("Shadow Out");
gtk_frame_set_shadow_type(GTK_FRAME(frame1), GTK_SHADOW_OUT);
```

这样生成了一个 GtkFrame 组件，并且还为其设置了阴影种类（Shadow Type）。编译运行结果如图 8.7 所示。

图 8.7　frame 框架的例子

8.2.6　图像控件

GtkImage 组件的功能是用来显示图像。

Image.c：

```
#include<gtk/gtk.h>
int main(int argc, char *argv[]){
GtkWidget *window;
GtkWidget *image;
gtk_init(&argc, &argv);
window=gtk_window_new(GTK_WINDOW_TOPLEVEL);
gtk_window_set_position(GTK_WINDOW(window),GTK_WIN_POS_CENTER);
gtk_window_set_default_size(GTK_WINDOW(window), 230, 150);
gtk_window_set_title(GTK_WINDOW(window), "redhat");
gtk_window_set_resizable(GTK_WINDOW(window), FALSE);
gtk_container_set_border_width(GTK_CONTAINER(window), 2);
image=gtk_image_new_from_file("redhat.png");
gtk_container_add(GTK_CONTAINER(window), image);
g_signal_connect_swapped(G_OBJECT(window),"destroy",G_CALLBACK(gtk_main_
                    quit), G_OBJECT(window));
gtk_widget_show_all(window);
gtk_main();
return 0;
}
```

在这个例子中，展示如何把一个图片文件用 **GTK+** 显示出来的。

```
gtk_container_set_border_width(GTK_CONTAINER(window), 2);
```

这条代码是给这个图片设置了 2 像素的边框大小。

```
image=gtk_image_new_from_file("redhat.png");
gtk_container_add(GTK_CONTAINER(window), image);
```

从图像文件 redhat.png 中加载了图像，并把它放到布局组件中。编译运行结果如图 8.8 所示。

图 8.8　image 图像组件的例子

8.2.7　菜单的制作

菜单（Menubar）是 GUI 程序中最为常见的部分之一。各种各样的命令和功能都可以借菜单来实现。下面介绍一个简单的菜单的实现，将生成一个含有文件菜单的菜单栏。文件菜单将只有一个菜单栏（Menu Item）。如果单击这个菜单栏，则程序将退出。

menu.c:

```
#include<gtk/gtk.h>
int main(int argc, char *argv[]){
GtkWidget *window;
GtkWidget *vbox;
GtkWidget *menubar;
GtkWidget *filemenu;
GtkWidget *file;
GtkWidget *new;
GtkWidget *open;
GtkWidget *quit;
gtk_init(&argc, &argv);
window=gtk_window_new(GTK_WINDOW_TOPLEVEL);
gtk_window_set_position(GTK_WINDOW(window),GTK_WIN_POS_CENTER);
gtk_window_set_default_size(GTK_WINDOW(window), 250, 200);
gtk_window_set_title(GTK_WINDOW(window), "menu");
vbox=gtk_vbox_new(FALSE, 0);
gtk_container_add(GTK_CONTAINER(window), vbox);
menubar=gtk_menu_bar_new();
filemenu=gtk_menu_new();
file=gtk_menu_item_new_with_label("File");
new=gtk_menu_item_new_with_label("New");
open=gtk_menu_item_new_with_label("open");
quit=gtk_menu_item_new_with_label("Quit");
gtk_menu_item_set_submenu(GTK_MENU_ITEM(file), filemenu);
gtk_menu_Shell_append(GTK_MENU_SHELL(filemenu), new);
gtk_menu_Shell_append(GTK_MENU_SHELL(filemenu), open);
gtk_menu_Shell_append(GTK_MENU_SHELL(filemenu), quit);
gtk_menu_Shell_append(GTK_MENU_SHELL(menubar), file);
gtk_box_pack_start(GTK_BOX(vbox), menubar, FALSE, FALSE, 3);
g_signal_connect_swapped(G_OBJECT(window),
"destroy",G_CALLBACK(gtk_main_quit), NULL);
g_signal_connect(G_OBJECT(quit),"activate",G_CALLBACK(gtk_main_quit), NULL);
gtk_widget_show_all(window);
gtk_main();
return 0;
}
```

一个菜单栏和一个菜单都是源属于同一个组件菜单外壳（Menu Shell）的。菜单选项（Menu Items）是一个只对菜单有效的子组件，通常用来实现子菜单。

```
menubar=gtk_menu_bar_new();
filemenu=gtk_menu_new();
```

在上面的代码中生成了一个菜单栏组件（Menubar）和一个菜单组件（Menu）。

```
gtk_menu_item_set_submenu(GTK_MENU_ITEM(file), filemenu);
```

上面的代码就会生成一个文件名为"文件"的菜单。这也就是说，其实菜单栏就是一个菜单外壳。很显然，这里的文件菜单也是一个菜单外壳。这就是为什么把文件菜单称为子菜单或者说是一个子外壳。

```
gtk_menu_Shell_append(GTK_MENU_SHELL(filemenu), quit);
gtk_menu_Shell_append(GTK_MENU_SHELL(menubar), file);
```

菜单选项由函数 gtk_menu_Shell_append 来实现。然后，一般情况下菜单选项被添加进菜单外壳里。在这个例子中，quit 菜单选项是被添加进 file 菜单栏里，然后类似的是 file 菜单选项被添加进菜单中。

```
g_signal_connect(G_OBJECT(quit),"activate",G_CALLBACK(gtk_main_quit),NULL);
```

单击 quit 菜单按钮，程序就会退出。编译运行结果如图 8.9 所示。

图 8.9　menu 菜单的例子

8.2.8　工具栏的制作

菜单栏为编程时实现某种功能提供了方便与快捷。以下例子演示一个工具栏制作过程。
toolbar.c：

```
#include<gtk/gtk.h>
int main(int argc, char *argv[]){
GtkWidget *window;
GtkWidget *vbox;
GtkWidget *toolbar;
GtkToolItem *new;
GtkToolItem *open;
GtkToolItem *save;
```

```
GtkToolItem *sep;
GtkToolItem *exit;
gtk_init(&argc, &argv);
window=gtk_window_new(GTK_WINDOW_TOPLEVEL);
gtk_window_set_position(GTK_WINDOW(window),GTK_WIN_POS_CENTER);
gtk_window_set_default_size(GTK_WINDOW(window), 200, 100);
gtk_window_set_title(GTK_WINDOW(window), "toolbar");
vbox=gtk_vbox_new(FALSE, 0);
gtk_container_add(GTK_CONTAINER(window), vbox);
toolbar=gtk_toolbar_new();
gtk_toolbar_set_style(GTK_TOOLBAR(toolbar),GTK_TOOLBAR_ICONS);
gtk_container_set_border_width(GTK_CONTAINER(toolbar), 2);
new=gtk_tool_button_new_from_stock(GTK_STOCK_NEW);
gtk_toolbar_insert(GTK_TOOLBAR(toolbar), new, -1);
open=gtk_tool_button_new_from_stock(GTK_STOCK_OPEN);
gtk_toolbar_insert(GTK_TOOLBAR(toolbar), open, -1);
save=gtk_tool_button_new_from_stock(GTK_STOCK_SAVE);
gtk_toolbar_insert(GTK_TOOLBAR(toolbar), save, -1);
sep=gtk_separator_tool_item_new();
gtk_toolbar_insert(GTK_TOOLBAR(toolbar), sep, -1);
exit=gtk_tool_button_new_from_stock(GTK_STOCK_QUIT);
gtk_toolbar_insert(GTK_TOOLBAR(toolbar), exit, -1);
gtk_box_pack_start(GTK_BOX(vbox), toolbar, FALSE, FALSE, 5);
g_signal_connect(G_OBJECT(exit), "clicked",
G_CALLBACK(gtk_main_quit), NULL);
g_signal_connect_swapped(G_OBJECT(window),"destroy",G_CALLBACK(gtk_main_
                    quit), NULL);
gtk_widget_show_all(window);
gtk_main();
return 0;
}
```

以上的代码中，制作了一个简单的工具栏实现。

```
toolbar=gtk_toolbar_new();
gtk_toolbar_set_style(GTK_TOOLBAR(toolbar), GTK_TOOLBAR_ICONS)
```

上面的两行代码生成了一个工具栏。使用 GTK 自带的工具栏图片来显示，没有包含文字。

```
new=gtk_tool_button_new_from_stock(GTK_STOCK_NEW);
gtk_toolbar_insert(GTK_TOOLBAR(toolbar), new, -1);
```

从 stock 中生成了一个新的工具栏按钮。要想把工具栏按钮插入工具栏中，只需要调用函数 gtk_toolbar_insert 就可以搞定。

```
sep=gtk_separator_tool_item_new();
gtk_toolbar_insert(GTK_TOOLBAR(toolbar), sep, -1);
```

上面的代码生成了一个分割线把工具栏按钮分开。编译运行得到如图 8.10 所示结果。

图 8.10　toolbar 工具栏的例子

8.2.9　状态栏的制作

组件 GtkStatusbar 的功能是用来显示状态信息用的。通常被自动强制放置于应用程序窗口的底部。

statusbar.c：

```
#include<gtk/gtk.h>
void button_pressed(GtkWidget *widget, gpointer window){
gchar *str;
str=g_strdup_printf("Button %s is clicked", gtk_button_get_label(GTK_BUTTON
(widget)));
gtk_statusbar_push(GTK_STATUSBAR(window),
gtk_statusbar_get_context_id(GTK_STATUSBAR(window),str), str);
g_free(str);
}
int main(int argc, char *argv[]){
GtkWidget *window;
GtkWidget *fixed;
GtkWidget *button1;
GtkWidget *button2;
GtkWidget *statusbar;
GtkWidget *vbox;
gtk_init(&argc, &argv);
window=gtk_window_new(GTK_WINDOW_TOPLEVEL);
gtk_window_set_position(GTK_WINDOW(window), GTK_WIN_POS_CENTER);
gtk_window_set_default_size(GTK_WINDOW(window), 300, 150);
gtk_window_set_title(GTK_WINDOW(window),"GtkStatusbar example");
vbox=gtk_vbox_new(FALSE, 2);
fixed=gtk_fixed_new();
gtk_container_add(GTK_CONTAINER(window), vbox);
gtk_box_pack_start(GTK_BOX(vbox), fixed, TRUE, TRUE, 1);
button1=gtk_button_new_with_label("OK");
gtk_widget_set_size_request(button1, 80, 30);
button2=gtk_button_new_with_label("Apply");
gtk_widget_set_size_request(button2, 80, 30);
gtk_fixed_put(GTK_FIXED(fixed), button1, 50, 50);
gtk_fixed_put(GTK_FIXED(fixed), button2, 150, 50);
statusbar=gtk_statusbar_new();
gtk_box_pack_start(GTK_BOX(vbox), statusbar, FALSE, TRUE, 1);
g_signal_connect(G_OBJECT(button1),"clicked",G_CALLBACK(button_pressed),
```

```
                    G_OBJECT(statusbar));
g_signal_connect(G_OBJECT(button2),"clicked",G_CALLBACK(button_pressed),
                    G_OBJECT(statusbar));
g_signal_connect_swapped(G_OBJECT(window),"destroy",G_CALLBACK(gtk_main_
                    quit), G_OBJECT(window));
gtk_widget_show_all(window);
gtk_main();
return 0;
}
```

在上面的这段代码示例中，展示了两个按钮和一个状态栏。如果单击按钮，一条信息便在状态栏中显示出来。也就是说，状态栏反映了哪个按钮被按下。

```
gchar *str;
str=g_strdup_printf("Button %s is clicked",
gtk_button_get_label(GTK_BUTTON(widget)));
```

这里生成了如下一条消息。

```
gtk_statusbar_push(GTK_STATUSBAR(window),gtk_statusbar_get_context_id
(GTK_STATUSBAR(window), str), str);
```

然后把这条消息放置在状态栏中。运行编译得到如图 8.11 所示结果。

图 8.11　statusbar 状态栏的例子

和 MFC 类库相比，GTK+的控件丰富程度一点也不逊色于 MFC。借助于 GTK+，Linux 也能轻易地编写出类似于 Windows 的图形操作界面的应用程序，大大提高了人机交互界面的易用性。本节以实例的方式简单介绍了最基本的 GTK+控件的使用，用这些控件就能设计出丰富的图形操作界面程序。

本章小结

GTK+（GIMP Toolkit）是一套跨多种平台的 C 语言图形工具包，已发展为一个功能强大、设计灵活的一个通用图形库。由于基于 GTK 的 Linux 图形化操作界面 GNOME 的流行，GTK 成为 Linux 下开发图形界面的应用程序的主流开发工具之一。本章以 hello world 为例介绍了 GTK 的开发流程，了解开发过程和 GTK 基本运行原理。接着以实例的方式介绍了 GTK 下文本框、复选框、菜单、工具栏、状态栏、图片等图形化编程界面的使用。

本章习题

1. GTK+基于什么语言编写的？它与 GNOME 有什么联系？
2. GTK+和哪些函数库存在着依赖关系？
3. 什么是 GTK+信号？它和 Linux 中的信号概念一致吗？
4. 简述 GTK+信号与回调过程。
5. 简述编写 GTK+程序的步骤。
6. GTK+程序的编译参数都代表什么意义？
7. 用 GTK+编写一个类似于 Windows 下的计算器程序。

第9章 Qt 图形界面程序设计

本章学习目标

- 了解 Qt 的基本概念及自带图形开发工具组成。
- 了解 Qt Designer 开发 Qt 程序的过程。
- 理解 Qt 的核心机制——信号和槽机制。
- 掌握 Eclipse+Qt 开发环境的配置过程及开发编译 Qt 程序的过程。
- 熟练掌握 Qt 常用图形控件的使用。

9.1 Qt 程序设计简介

Qt 是一个跨平台的 C++图形用户界面库，由挪威 Trolltech 公司出品，现已经被 Nokia 公司收购。目前，包括 Qt、基于 Framebuffer 的 Qt Embedded、快速开发工具 Qt Designer、国际化工具 Qt Linguist 等。Qt 支持所有 UNIX 系统，当然也包括 Linux，还支持 Windows 平台。Qt 是一个多平台的 C++图形用户界面应用程序框架。与 GTK+不同的是，Qt 使用的是 C++语言进行编程。

Qt 提供了几种命令行和图形工具来减轻和加速开发过程。

- Qt Designer：可视化的设计视窗。
- Qmake：由简单的、与平台无关的项目文件生成 makefile 文件。
- Qt 助手：快速发现所需要的帮助。
- qembed：转换数据。例如，把图片转换为 C++代码。
- qvfb：在桌面上运行和测试嵌入式应用程序。
- makeqpf：为嵌入式设备提供预先做好的字体。
- moc：元对象编译器。
- uic：用户界面编译器。
- qtconfig：一个基于 UNIX 的 Qt 配置工具，这里是在线帮助。

在不借助任何第三方开发工具的情况下，可以直接用 Qt Designer 设计界面和写入代码，然后调用 Qmake 自动生成 makefile 配置文件，最后通过 make 命令行来编译并运行程序。

当然，与 Qt 相结合的集成开发环境也有很多，著名的有 Qt Creator、qdevelop、KDevelop、

Eclipse，甚至还有 Windows 平台下的 VC++、VS.net 等。这些开发工具使得编程所见即所得，自动编译容易很多。

　　Qt Designer 是 Trolltech 公司的一个 Qt 设计框架，具有强大的 Qt 界面设计功能。借助于 Qt Designer，可以不用编写界面相关的程序，而可以用各种工具方便地设计各种用户界面。

　　下面以 hello world 程序为例来介绍 Qt3 的基本使用，单击"应用程序"→"编程"→Qt Designer 选项，就会看到如图 9.1 所示界面。

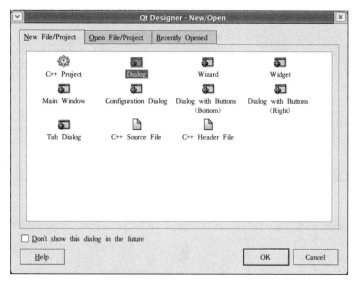

图 9.1　Qt Designer 主界面

　　Qt Designer 首先呈现给用户的是一个 New/Open 对话框。因为这里要创建一个 C++程序，所以在此选择 C++ Project，单击 OK 按钮继续。

　　在图 9.2 所示对话框中，选择一个想要保存文件的位置，并且给出一个文件名。注意：这里文件名的扩展名一定要是.pro。单击 OK 按钮后，得到如图 9.3 所示的开发主界面。

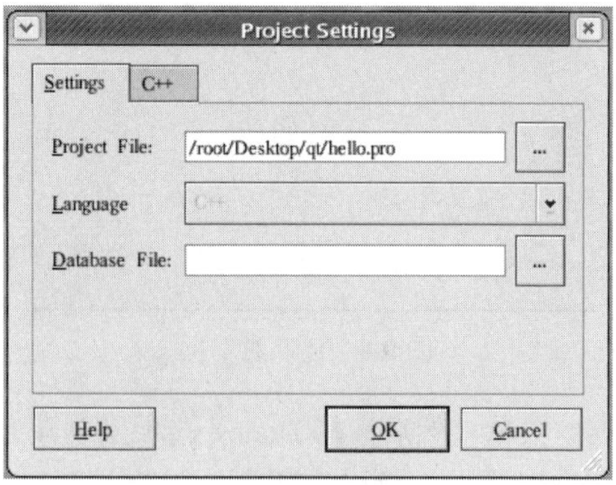

图 9.2　设置项目保存路径

　　现在看到的就是 Qt Designer 主窗口，确保 Property Editor 可见。如果它是不可见的，则可以通过 Windows→Views→Property Editor/Signal Handlers 菜单选项来使其可见。

　　下面建立一个如图 9.4 所示的对话框。

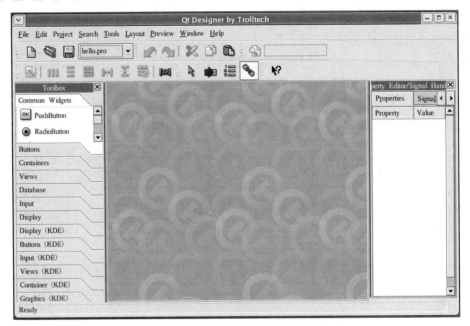

图 9.3　开发主界面

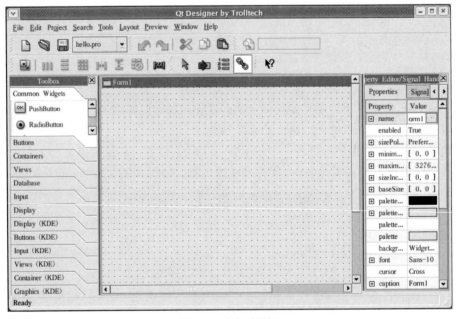

图 9.4　建立对话框

　　首先通过选择 File→New 菜单，然后选择 Dialog 选项来创建一个新的对话框。这时，Qt Designer 会创建一个新的空白对话框，可以在其上放置输入框和按钮。

　　打开 Property Editor 对话框，把 name 的值改为 MainForm，把 caption 的值改为 Hello world。然后在对话框上拖曳一个 lable，方法是在左面 Toolbox 的 Common Widgets 里的 TextLabel，然后在空白对话框上画一下，将 caption 的值改为 Hello world 就得到如图 9.5 所示的界面。

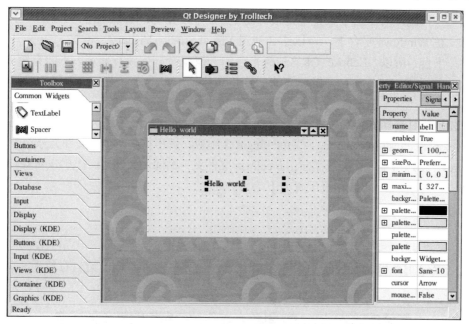

图 9.5　编辑对话框内容

现在就已经基本完成这个应用程序了。不过在编译和运行此应用程序之前，还要创建一个 main.cpp 文件。方法是选择 File→New→C++Main-File（main.cpp），只需接受默认的配置即可。main.cpp 会自动在 Code Editor 窗口中打开。因为这里无须改变 main.cpp 中的任何东西，所以直接将 Code Editor 窗口关闭，并且保存 main.cpp。到此为止，在 Qt Designer 中的工作已经完成，保存整个项目。

下面来编译和运行这个程序。在编译程序之前，要首先生成它的 makefile 文件。打开一个终端，然后切换至保存有项目的位置，使用以下命令来生成 makefile 文件：

```
[root@localhost~]#qmake -o makefile hellopro
```

现在，就可以运行 make 来编译程序了，根据系统的性能，这个步骤需要花费一点时间。当编译工作完成后，输入./hello 来运行程序。以上整个的编译运行命令行过程总结如下：

```
[root@localhost~]#qmake -o makefile hellopro
[root@localhost~]#make
[root@localhost~]#.hello
```

如果一切正常，可得到如图 9.6 所示的程序界面。

至此，完成了第 1 个 Qt 的程序，最好把每 1 个项目单独放在一个文件夹里。这样就可以更方便地使用 Qt 提供的工具，如 qmake 等。

本书以 Qt4 Designer 为开发工具介绍 Qt 程序的开发，由于开源版 Qt4 Designer 系统自带的功能比较少，只能设计窗体布局以及连接已有的信号与槽，需要手

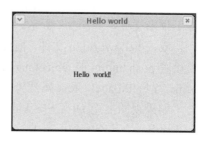

图 9.6　Hello world 运行界面

动添加一些代码，对于新手来说不是很容易上手。因此，Qt4 需要新的集成开发工具来搭配使用，在 Windows 平台下，可以结合使用 Visual Studio+Visual Assist X + Qt 来开发，只是无法跨平台。所以，Eclipse+Qt 这种跨平台的开发组合开始流行起来。下面介绍 Red Hat 企业版平台下 Eclipse+Qt4 开发环境的配置和简单使用，希望对大家的编程学习起着抛砖引玉作用。

安装系统时选择安装 Eclipse 或者自行下载安装 Eclipse，然后到这个网站 http://qt.nokia.com/developer/eclipse-integration 下载 Qt plugin 压缩包，解压得到两个子文件夹分别为 plugins 和 features，将这两个文件夹覆盖/usr/lib/eclipse/文件夹下的同名文件夹，打开 Eclipse，在"窗口"→"首选项"→ qt 选项里配置如下信息：

```
Name: Qt
Bin Path: /usr/lib/qt4/bin
Include Path: /usr/include/
```

这是 Red Hat 默认安装的 qt 路径。如果读者的路径与此不同，请自行修改，如图 9.7 所示。

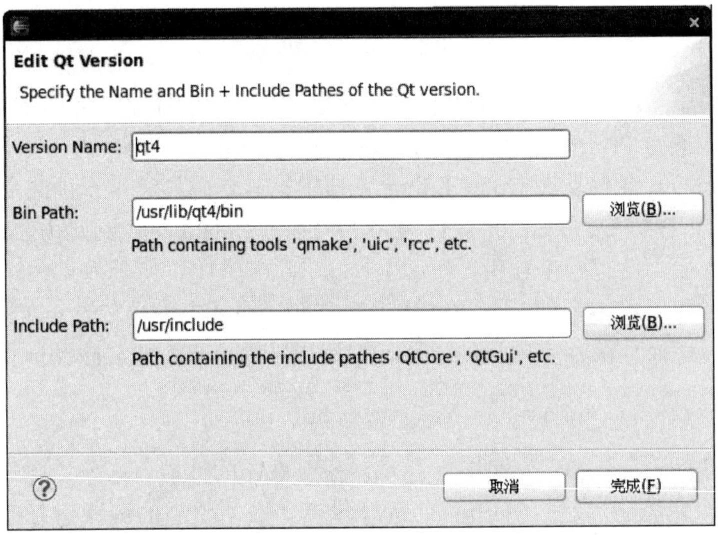

图 9.7　Eclipse 中有关 Qt 的配置

以上设置完成后，下面还是以 hello world 为例创建一个 Qt 工程。重新启动 Eclipse，单击"文件"→"新建"→ Qt Gui Project 选项，项目取名为 hello world。不需要对预定义的设置作任何改动，一直单击"下一步"按钮即可，结束工程配置之后，开发工具自动生成了许多文件，如图 9.8 所示。

双击 helloworld.ui 文件，拖曳一个 push button 和一个 label 对象到 helloworld.ui 上，并且设置 push button 的 Object name 属性为 helloButton，text 属性为 click me，label 的 Object name 为 helloLabel，text 属性为"hello,QT！"，如图 9.9 所示。

如果视图上无 Qt C++ Widget box，可单击最右下角的图标添加"其他"→Qt C++ Widget box，就能看到所有的控件。

图 9.8 helloworld 程序清单　　　　　　　图 9.9 对话框的设计

现在，想在单击按钮时改变 label 显示的文字，那么只要针对单击添加事件处理函数即可。打开 helloworld.h，添加如下代码：

```
private slots:
void on_helloButton_clicked();
```

打开 helloworld.cpp，添加如下代码：

```
void helloworld::on_helloButton_clicked(){
ui.hellolabel->setText("Your first application works!");
}
```

最后，这两个文件的代码如下：

helloworld.h：

```
#ifndef HELLOWORLD_H
#define HELLOWORLD_H
#include<QtGui/QWidget>
#include "ui_helloworld.h"
class helloworld : public QWidget
{
    Q_OBJECT
public:
    helloworld(QWidget *parent=0);
    ~helloworld();
private:
    Ui::helloworldClass ui;
private slots:
void on_helloButton_clicked();
```

```
};
#endif // HELLOWORLD_H
```

helloworld.cpp：

```
#include "helloworld.h"
helloworld::helloworld(QWidget *parent)
    : QWidget(parent)
{
    ui.setupUi(this);
}
helloworld::~helloworld()
{
}
void helloworld::on_helloButton_clicked(){
ui.hellolabel->setText("Your first application works");
}
```

按 Ctrl+B 快捷键编译工程，然后单击"运行"→"运行配置"选项，配置如图 9.10 所示。

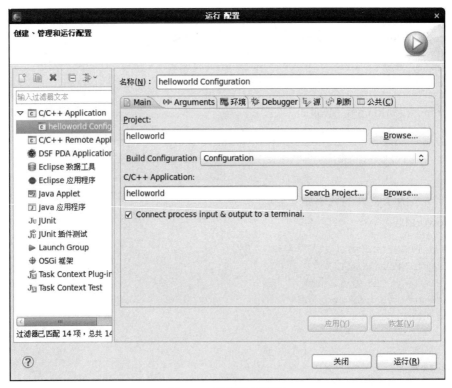

图 9.10　程序运行配置

然后单击"运行"按钮，hello world 程序就运行起来了，如图 9.11 和图 9.12 所示。

可见，Qt 的集成开发环境一点都不逊色于 Windows 平台下的 VC、VB 开发工具。使用 Eclipse+Qt 能轻松地编写出带图形界面的 C++程序，正因为如此，Qt 编程越来越流行起来，尤其是在嵌入式编程领域。

图 9.11　helloworld 运行界面

图 9.12　单击 click me 按钮后的界面

9.2　开发 Qt 图形界面程序

本节介绍几个基于 Qt 开发图形界面程序的例子，有了 9.1 节的基础，本节不再复述工具的使用步骤，直接用代码和运行结果的方式介绍 Qt 的最基本控件用法。

在开始介绍实例之前，还必须要介绍 Qt 的核心机制——信号和槽机制。这个机制类似于 Windows 编程中的消息事件驱动机制。例如，某个按钮的单击事件会导致弹出一个特定对话框等，在 Windows 下移动鼠标指针到按钮上单击会产生相关的消息，消息被系统捕获后会通过消息映射发给指定的应用程序，即按钮界面所在的应用程序，应用程序收到这一消息会根据自己代码中所编写的方法函数响应处理弹出对话框。

信号（Signals）和槽（Slots）机制是 Qt 的核心机制，要精通 Qt 编程就必须对信号和槽有所了解。信号和槽是一种高级接口，其应用于对象之间的通信，是 Qt 的核心特性，也是 Qt 区别于其他工具包的重要地方。信号和槽是 Qt 自行定义的一种通信机制，独立于标准的 C/C++语言，因此要正确处理信号和槽，必须借助一个称为 MOC（Meta Object Compiler）的 Qt 工具，该工具是一个 C++ 预处理程序，为高层次的事件处理自动生成所需要的附加代码。

在读者所熟知的很多 GUI 工具包中，窗口小部件（Widget）都有一个回调函数用于响应它们能触发的每个动作，这个回调函数通常是一个指向某个函数的指针。但是，在 Qt 中信号和槽取代了这些凌乱的函数指针，使得编写这些通信程序更为简洁明了。信号和槽能携带任意数量和任意类型的参数，是类型完全安全的，不会像回调函数那样产生核心转储（Core Dumps）。

所有从 QObject 或其子类（如 Qwidget）派生的类都能够包含信号和槽。当对象改变其状态时，信号就由该对象发射（Emit）出去，这就是对象所要做的全部事情，它不知道另一端是谁在接收这个信号。这就是真正的信息封装，确保对象被当作一个真正的软件组件来使用。槽用于接收信号，但它们是普通的对象成员函数。一个槽并不知道是否有任何信号与自己相连接。而且，对象并不了解具体的通信机制。

可以将很多信号与单个的槽进行连接，也可以将单个的信号与很多的槽进行连接。甚至于，将一个信号与另外一个信号相连接也是可能的，这时无论第一个信号什么时候发射系统都将立刻发射第二个信号。总之，信号与槽构造了一个强大的部件编程机制。

1. 信号

当某个信号对其客户或所有者发生的内部状态发生改变，信号被一个对象发射。只有定义过这个信号的类及其派生类能够发射这个信号。当一个信号被发射时，与其相关联的槽将被立即执行，就像一个正常的函数调用一样。信号–槽机制完全独立于任何 GUI 事件循环。只有当所有的槽返回以后，发射函数才返回。如果存在多个槽与某个信号相关联，那么，当这个信号被发射时，这些槽将会一个接一个地执行，但是它们执行的顺序将会是随机的、不确定的，不能人为地指定哪个先执行，哪个后执行。

信号的声明是在头文件中进行的，Qt 的 signals 关键字指出进入了信号声明区，随后即可声明自己的信号。例如，下面定义了 3 个信号。

```
signals:
    void mySignal();
    void mySignal(int x);
    void mySignalParam(int x,int y);
```

在上面的定义中，signals 是 Qt 的关键字，而非 C/C++的。接下来的一行 void mySignal()定义了信号 mySignal，这个信号没有携带参数；接下来的一行 void mySignal(int x)定义了重名信号 mySignal，但是它携带一个整型参数，这有点类似于 C++中的虚函数。从形式上讲，信号的声明与普通的 C++函数是一样的，但是信号却没有函数体定义。另外，信号的返回类型都是 void，不要指望能从信号返回什么有用信息。信号由 moc 自动产生，它们不应该在.cpp 文件中实现。

2. 槽

槽是普通的 C++成员函数，可以被正常调用，它们唯一的特殊性就是很多信号可以与其相关联。当与其关联的信号被发射时，这个槽就会被调用。槽可以有参数，但槽的参数不能有默认值。

既然槽是普通的成员函数，因此与其他的函数一样，它们也有存取权限。槽的存取权限决定了谁能够与其相关联。同普通的 C++成员函数一样，槽函数也分为 3 种类型，即 public slots、private slots 和 protected slots。

（1）public slots：在这个区内声明的槽意味着任何对象都可将信号与之相连接。这对于组件编程非常有用，可以创建彼此互不了解的对象，将它们的信号与槽进行连接，以便信息能够被正确地传递。

（2）protected slots：在这个区内声明的槽意味着当前类及其子类可以将信号与之相连接。这适用于这样的槽，它们是类实现的一部分，但是其界面接口却面向外部。

（3）private slots：在这个区内声明的槽意味着只有类自己可以将信号与之相连接。这适用于联系非常紧密的类。

槽的声明也是在头文件中进行的。例如，下面声明了 3 个槽。

```
public slots:
    void mySlot();
    void mySlot(int x);
    void mySignalParam(int x,int y);
```

3. 信号与槽的关联

通过调用 QObject 对象的 connect 函数来将某个对象的信号与另外一个对象的槽函数相关联，这样当发射者发射信号时，接收者的槽函数将被调用。该函数的定义如下：

```
bool QObject::connect (const QObject*sender, const char*signal, const
QObject*receiver, const char * member)
```

这个函数的作用就是将发射者 sender 对象中的信号 signal 与接收者 receiver 中的 member 槽函数联系起来。当指定信号 signal 时必须使用 Qt 的宏 SIGNAL()，当指定槽函数时必须使用宏 SLOT()。如果发射者与接收者属于同一个对象的话，那么在 connect 函数调用中接收者参数可以省略。

具体信号与槽的使用在后面的实例中无所不在。

9.2.1　标准输入框例子

标准输入框是人机交互界面最常用的输入方式，Qt 提供了一个 QInputDialog 类，通过一种简单方便的对话框来获得用户的单个输入信息。标准输入框能提供多种数据类型的输入，如字符串、int 类型、double 类型或是下拉列表框的条目。下面的例子介绍了标准输入框的使用，实现字符串、下拉列表框条目、int 类型的输入。其中，涉及基本控件，如按钮 QpushButton、静态标签 Qlabel，这里将不一一介绍，都是大家所熟悉的图形界面控件，只是在不同编程类库中类名称不同而已。

新建一个项目 inputdialog，添加以下 C++文件，清单如图 9.13 所示。

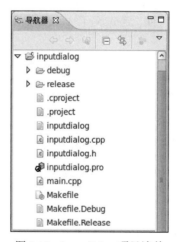

图 9.13　inputdialog 项目清单

注意：这个例子没用 Qt Designer 设计界面，没有 UI 文件。它是通过代码直接创建相关的控件和安排布局的。如果要通过 Qt Designer 设计界面，会生成一个名为 ui_inputdialog.h 的文件，里面的代码就是实现界面和布局的。殊途同归，原理都一样。

inputdialog.h：

```
#ifndef INPUTDLG_H
```

```
#define INPUTDLG_H
#include<QtGui>
class InputDlg : public QDialog
{
    Q_OBJECT
public:
    InputDlg();
    ~InputDlg();
public:
    QPushButton *nameButton;
    QPushButton *sexButton;
    QPushButton *ageButton;
    QLabel *label1;
    QLabel *label2;
    QLabel *label3;
    QLabel *nameLabel;
    QLabel *sexLabel;
    QLabel *ageLabel;
private slots:
    void slotName();
    void slotSex();
    void slotAge();
};
#endif
```

头文件 inputdialog.h 中定义了此类的相关成员变量，分别是 3 个 PushButton 控件和 6 个 Lable 控件，如运行图所示的界面；还定义了 3 个成员方法，用于响应 3 个 QPushButoon 的 click 事件。

inputdialog.cpp：

```
#include "inputdialog.h"
InputDlg::InputDlg()
{
    setWindowTitle(tr("Input Dialog"));
    label1=new QLabel(tr("Name : "));
    label2=new QLabel(tr("Sex : "));
    label3=new QLabel(tr("Age : "));
    nameLabel=new QLabel(tr("WangWu"));
    nameLabel->setFrameStyle(QFrame::Panel|QFrame::Sunken);
    sexLabel=new QLabel(tr("male"));
    sexLabel->setFrameStyle(QFrame::Panel|QFrame::Sunken);
    ageLabel=new QLabel(tr("20"));
    ageLabel->setFrameStyle(QFrame::Panel|QFrame::Sunken);
    nameButton=new QPushButton;
    nameButton->setText(tr("click me"));
    sexButton=new QPushButton;
    sexButton->setText(tr("click me"));
    ageButton=new QPushButton;
    ageButton->setText(tr("click me"));
```

```
        QGridLayout *layout=new QGridLayout(this);
        int name=0;
        int sex=1;
        int age=2;
        layout->addWidget(label1, name, 0);
        layout->addWidget(nameLabel, name, 1);
        layout->addWidget(nameButton, name, 2);
        layout->addWidget(label2, sex, 0);
        layout->addWidget(sexLabel, sex, 1);
        layout->addWidget(sexButton, sex, 2);
        layout->addWidget(label3, age, 0);
        layout->addWidget(ageLabel, age, 1);
        layout->addWidget(ageButton, age, 2);
        layout->setMargin(15);
        layout->setSpacing(10);
        layout->setColumnMinimumWidth(1,120);
        connect(nameButton,SIGNAL(clicked()),this,SLOT(slotName()));
        connect(sexButton,SIGNAL(clicked()),this,SLOT(slotSex()));
        connect(ageButton,SIGNAL(clicked()),this,SLOT(slotAge()));
    }
    void InputDlg::slotName()
    {
        bool ok;
        QString name=QInputDialog::getText(this,tr("User Name"),tr("Please input
new name:"),QLineEdit::Normal, nameLabel->text(),&ok);
        if(ok && !name.isEmpty())
            nameLabel->setText(name);
    }
    void InputDlg::slotSex()
    {
        QStringList list;
        list << tr("male") << tr("female");
        bool ok;
        QString  sex=QInputDialog::getItem(this,tr("Sex"),tr("Please  select
sex:"),list,0,false,&ok);
        if (ok)
         sexLabel->setText(sex);
    }
    void InputDlg::slotAge()
    {
        bool ok;
        int age=QInputDialog::getInteger(this,tr("User Age"),tr("Please input
age:"),ageLabel->text().toInt(), 0,150,1,&ok);
        if(ok)
            ageLabel->setText(QString(tr("%1")).arg(age));
    }
    InputDlg::~InputDlg()
    {
    }
```

inputdialog.cpp 实现各控件成员的初始化和界面布局，各方法的实现编程以及信号的安装实现消息映射。connect (nameButton, SIGNAL (clicked())，this，SLOT (slotName())); 语句就是实现这消息映射过程，程序被执行时，单击 nameButton 控件就会触发 slotName 成员方法的执行。在 3 个方法当中调用 QinputDialog 输入对话框来实现 3 种不同数据类型的输入，分别是字符串、下拉列表框条目、int 类型。

main.cpp:

```
#include "inputdialog.h"
#include<QtGui>
#include<QApplication>
int main(int argc, char *argv[])
{
    QApplication a(argc, argv);
    InputDlg w;
    w.show();
    return a.exec();
}
```

主函数 main.cpp 是程序的入口，定义了一个 InputDlg 类的实例并启动。

在 Eclipse 中正常运行程序，运行界面如图 9.14~图 9.16 所示。

图 9.14　运行界面

图 9.15　字符型输入

图 9.16　布尔类型的选择

9.2.2　标准对话框的实例

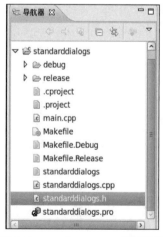

图 9.17　standarddialogs 项目清单

在图形化操作系统当中，经常会遇到一些有特定用途的对话框。例如，在大家再熟悉不过的 Windows 系统下的 Word 中，单击"文件"菜单下的"打开"命令，会弹出一个文件选择对话框，这是 MFC 类库中标准的 CFileDialog。那么，作为 Qt 类库同样存在这样的标准对话框。例如，文件对话框用来选择文件，颜色对话框用来选择颜色，字体对话框用来选择字体。下面这个例子就是介绍如何在 Qt 环境下创建和使用标准对话框。

新建一个项目 standarddialogs，添加以下 C++文件，清单如图 9.17 所示。

standarddialogs.h：

```
#ifndef STANDARDDIALOGS_H
#define STANDARDDIALOGS_H
#include<QtGui>
class StandardDialogs : public QDialog
{
    Q_OBJECT
public:
    StandardDialogs(QWidget *parent=0, Qt::WindowFlags  f=0);
    ~StandardDialogs();
public:
    QGridLayout *layout;
    QPushButton *filePushButton;
    QPushButton *colorPushButton;
    QPushButton *fontPushButton;
    QLineEdit *fileLineEdit;
    QLineEdit *fontLineEdit;
    QFrame *colorFrame;
private slots:
    void slotOpenFileDlg();
    void slotOpenColorDlg();
    void slotOpenFontDlg();
};
#endif
```

standarddialogs.h 定义了类的成员变量以及成员方法：包括 3 个 QpushButton 按钮成员和 3 个 QlineEdit 输入框成员如运行界面所示，还定义了 3 个相应的方法来激发和执行 3 个标准对话框。

standarddialogs.cpp：

```
#include "standarddialogs.h"
StandardDialogs::StandardDialogs(QWidget *parent, Qt::WindowFlags  f)
    : QDialog(parent, f)
{
    setWindowTitle(tr("Standard Dialogs"));
    layout=new QGridLayout(this);
    filePushButton=new QPushButton();
    filePushButton->setText(tr("File Dialog"));
    colorPushButton=new QPushButton();
    colorPushButton->setText(tr("Color Dialog"));
    fontPushButton=new QPushButton();
    fontPushButton->setText(tr("Font Dialog"));
    fileLineEdit=new QLineEdit();
    colorFrame=new QFrame();
    colorFrame->setFrameShape(QFrame::Box);
    colorFrame->setAutoFillBackground(true);
    fontLineEdit=new QLineEdit();
    fontLineEdit->setText(tr("hello dialog"));
```

```
        layout->addWidget(filePushButton, 0, 0);
        layout->addWidget(fileLineEdit, 0, 1);
        layout->addWidget(colorPushButton, 1, 0);
        layout->addWidget(colorFrame, 1, 1);
        layout->addWidget(fontPushButton, 2, 0);
        layout->addWidget(fontLineEdit, 2, 1);
        layout->setMargin(15);
        layout->setSpacing(10);
    connect(filePushButton,SIGNAL(clicked()),this,SLOT(slotOpenFileDlg()));
    connect(colorPushButton,SIGNAL(clicked()),this,SLOT(slotOpenColorDlg()));
    connect(fontPushButton,SIGNAL(clicked()),this,SLOT(slotOpenFontDlg()));
    }
    StandardDialogs::~StandardDialogs()
    {
    }
    void StandardDialogs::slotOpenFileDlg()
    {
        QString  s=QFileDialog::getOpenFileName(this,  "open  file  dialog",
    "/","C++ files (*.cpp);;C files (*.c);;Head files (*.h)");
        fileLineEdit->setText(s.toAscii());
    }
    void StandardDialogs::slotOpenColorDlg()
    {
        QColor color=QColorDialog::getColor (Qt::blue);
        if(color.isValid())
        {
            colorFrame->setPalette(QPalette(color));
        }
    }
    void StandardDialogs::slotOpenFontDlg()
    {
        bool ok;
        QFont font=QFontDialog::getFont(&ok);
        if(ok)
        {
         fontLineEdit->setFont(font);
        }
    }
```

在 standarddialogs.cpp 中实例化那些控件，完成控件在窗口界面的布局排列，以及完成方法的具体算法编写及信号安装。

main.cpp：

```
#include "standarddialogs.h"
#include<QApplication>
int main(int argc, char *argv[])
{
    QFont font("ZYSong18030",12);
    QApplication::setFont(font);
    QApplication a(argc, argv);
```

```
    StandardDialogs w;
    w.show();
    return a.exec();
}
```

主函数 main.cpp 是程序的入口，定义了应用的字体和启动 StandardDialogs 界面。
编译运行，结果如图 9.18 所示。

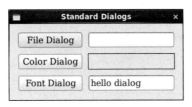

图 9.18　标准对话框程序运行界面

9.2.3　记事本小程序

用 Qt 编写一个类似于 Windows 下的记事本这样的小程序，新建一个项目 txt，添加以下 C++文件清单，如图 9.19 所示。

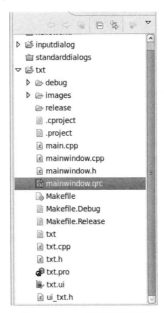

图 9.19　txt 项目程序清单

mainwindow.h：

```
#ifndef MAINWINDOW_H
#define MAINWINDOW_H
#include<QMainWindow>
class QAction;
class QMenu;
class QToolBar;
class QTextEdit;
```

```
class MainWindow : public QMainWindow
{
    Q_OBJECT
public:
    MainWindow();
    void createMenus();
    void createActions();
    void createToolBars();
public slots:
    void slotNewFile();
    void slotOpenFile();
    void slotSaveFile();
    void slotCopy();
    void slotCut();
    void slotPaste();
    void slotAbout();
private:
    QTextCodec *codec;
    QMenu *fileMenu;
    QMenu *editMenu;
    QMenu *aboutMenu;
    QToolBar *fileTool;
    QToolBar *editTool;
    QAction *fileOpenAction;
    QAction *fileNewAction;
    QAction *fileSaveAction;
    QAction *exitAction;
    QAction *copyAction;
    QAction *cutAction;
    QAction *pasteAction;
    QAction *aboutAction;
    QTextEdit *text;
};
#endif // MAINWINDOW_H
```

mainwindow.cpp：

```
#include "mainwindow.h"
#include<QtGui>
MainWindow::MainWindow()
{
    setWindowTitle(tr("txt"));
    text=new QTextEdit(this);
    setCentralWidget(text);
    createActions();
    createMenus();
    createToolBars();
}
void
```

```
MainWindow::createActions()
{
    // 文件打开操作
    fileOpenAction=new QAction(QIcon(":/images/open.png"), tr("Open"),this);
    fileOpenAction->setShortcut(tr("Ctrl+O"));
    fileOpenAction->setStatusTip(tr("open a file"));
connect(fileOpenAction,SIGNAL(triggered()),this,SLOT(slotOpenFile()));
    // 文件新建操作
    fileNewAction=new QAction(QIcon(":/images/new.png"), tr("New"),this);
    fileNewAction->setShortcut(tr("Ctrl+N"));
    fileNewAction->setStatusTip(tr("new file"));
connect(fileNewAction,SIGNAL(triggered()),this,SLOT(slotNewFile()));
    // 文件保存操作
    fileSaveAction=new QAction(QPixmap(":/images/save.png"), tr("Save"),this);
    fileSaveAction->setShortcut(tr("Ctrl+S"));
    fileSaveAction->setStatusTip(tr("save file"));
connect(fileSaveAction,SIGNAL(activated()),this,SLOT(slotSaveFile()));
    exitAction=new QAction(tr("Exit"), this);
    exitAction->setShortcut(tr("Ctrl+Q"));
    exitAction->setStatusTip(tr("exit"));
    connect(exitAction, SIGNAL(triggered()), this, SLOT(close()));
    cutAction=new QAction(QIcon(":/images/cut.png"), tr("Cut"), this);
    cutAction->setShortcut(tr("Ctrl+X"));
    cutAction->setStatusTip(tr("cut to clipboard"));
    connect(cutAction, SIGNAL(triggered()), text, SLOT(cut()));
    copyAction=new QAction(QIcon(":/images/copy.png"), tr("Copy"), this);
    copyAction->setShortcut(tr("Ctrl+C"));
    copyAction->setStatusTip(tr("copy to clipboard"));
    connect(copyAction, SIGNAL(triggered()), text, SLOT(copy()));
    pasteAction=new QAction(QIcon(":/images/paste.png"), tr("Paste"), this);
    pasteAction->setShortcut(tr("Ctrl+V"));
    pasteAction->setStatusTip(tr("paste clipboard to selection"));
    connect(pasteAction, SIGNAL(triggered()), text, SLOT(paste()));
    aboutAction=new QAction(tr("About"), this);
    connect(aboutAction, SIGNAL(triggered()), this, SLOT(slotAbout()));
}

void
MainWindow::createMenus()
{
    fileMenu=menuBar()->addMenu(tr("File"));
    editMenu=menuBar()->addMenu(tr("Edit"));
    aboutMenu=menuBar()->addMenu(tr("Help"));
    fileMenu->addAction(fileNewAction);
    fileMenu->addAction(fileOpenAction);
    fileMenu->addAction(fileSaveAction);
    fileMenu->addAction(exitAction);
    editMenu->addAction(copyAction);
    editMenu->addAction(cutAction);
```

```
        editMenu->addAction(pasteAction);
        aboutMenu->addAction(aboutAction);
    }
    void
    MainWindow::createToolBars()
    {
        fileTool=addToolBar("File");
        fileTool->setMovable(false);
        editTool=addToolBar("Edit");
        fileTool->addAction(fileNewAction);
        fileTool->addAction(fileOpenAction);
        fileTool->addAction(fileSaveAction);
        editTool->addAction(copyAction);
        editTool->addAction(cutAction);
        editTool->addAction(pasteAction);
    }
    void
    MainWindow::slotNewFile()
    {
    }
    void
    MainWindow::slotOpenFile()
    {
    }
    void
    MainWindow::slotSaveFile()
    {
    }
    void
    MainWindow::slotCopy()
    {
    }
    void
    MainWindow::slotCut()
    {
    }
    void
    MainWindow::slotPaste()
    {
    }
    void
    MainWindow::slotAbout()
    {
    }
```

在 main.cpp 中实现对以上 mainwindow 类的调用，实现 txt 记事本程序的弹出。

main.cpp：

```
#include "txt.h"
#include "mainwindow.h"
```

```
#include<QtGui>
#include<QApplication>
int main(int argc, char *argv[])
{
    QFont f("ZYSong18030",10);
    QApplication::setFont(f);
    QApplication app(argc,argv);
    MainWindow *mainwindow=new MainWindow();
    mainwindow->show();
    return app.exec();
}
```

编译运行，结果如图 9.20 所示。

图 9.20　txt 运行界面

本章小结

　　Qt 是个功能强大的 C++图形类库，基于 Qt 开发图形化界面已经成为 Linux 嵌入式开发方向的主流开发模式。本章介绍了 Qt 基本概念和机制，两种主流的开发工具 Qt Creator 和 Eclipse，以一个 hello world 程序带读者进入奇妙的 Qt 世界，并基于 Qt 写了几个图形窗口程序。由于篇幅所限，只能起到抛砖引玉的作用。更多内容读者可以自学，和 Windows 编程相类似，Qt 也有布局管理、事件、图形图画、文件类、网络类操作等，在这里无法一一赘述。

本章习题

　　1．Qt 自带图形开发工具由哪些工具组成？

　　2．在无第三方开发工具的情况下，如何编译 Qt 程序？

　　3．Qt 编程的核心机制是什么？与 Windows 编程有什么异同点？

　　4．Eclipse+Qt 开发环境的配置过程是什么？试搭建起 Eclipse+Qt 开发平台。

　　5．标准输入框能为哪些数据类型提供输入？

　　6．基于 Qt 编写一个计算器程序。

参 考 文 献

[1] MARK G S. Linux 命令、编辑器与 Shell 编程[M]. 靳晓辉，译. 3 版. 北京：清华大学出版社，2013.

[2] 王刚，等. Linux 命令、编辑器与 Shell 编程[M]. 北京：清华大学出版社，2012.

[3] MARK G S. Linux 命令、编辑器与 Shell 编程[M]. 杨明军，王凤芹，译. 北京：清华大学出版社，2007.

[4] 孟庆昌，牛欣源，张志华，等. Linux 教程[M]. 5 版. 北京：电子工业出版社，2019.

[5] 刘循. Linux 操作系统及其应用编程[M]. 北京：高等教育出版社，2011.

[6] 刘海燕，邢涛. Linux 系统应用与开发教程[M]. 4 版. 北京：机械工业出版社，2020.

[7] NEIL M, RICHARD S. Beginning Linux Programming[M]. 4rd ed. Birmingham: Wrox Press，2007.

[8] ELLIE Q. UNIX Shell 范例精解[M]. 李化，张国强，译. 4 版. 北京：清华大学出版社，2007.

[9] ARNOLD R, ELBERT H, LINDA L. Learning the vi and vim Editors[M]. 7th ed. Sebastopol: O'Reilly Media, Inc.，2008.

[10] CAMERON N. Learning the bash Shell[M]. 3rd ed. Sebastopol: O'Reilly Media, Inc.，2005.

[11] 张金石. 网络服务器配置与管理——Red Hat Enterprise Linux 5 篇[M]. 北京：人民邮电出版社，2011.

[12] 张恒杰 张彦 武云霞，等. Red Hat Enterprise Linux 服务器配置与管理[M]. 北京：清华大学出版社，2013.

[13] ARTHUR G. GNOME/GTK+编程宝典[M]. 吴向峰，徐小青，江继军，等译. 北京：电子工业出版社，2000.

[14] 蔡建平. 软件综合开发案例教程——Linux、GCC、MySQL、Socket、Gtk+与开源案例[M]. 北京：清华大学出版社，2011.

[15] JASMIN B，MARK S. C++ GUI Qt 4 编程[M]. 闫锋欣，曾泉人，张志强，等译. 2 版. 北京：电子工业出版社，2013.

[16] 蔡志明. 精通 Qt4 编程[M]. 2 版. 北京：电子工业出版社，2011.

[17] MARK S. Qt 高级编程[M]. 白建平，王军锋，闫锋欣，等译. 北京：电子工业出版社，2018.

图书资源支持

感谢您一直以来对清华版图书的支持和爱护。为了配合本书的使用,本书提供配套的资源,有需求的读者请扫描下方的"书圈"微信公众号二维码,在图书专区下载,也可以拨打电话或发送电子邮件咨询。

如果您在使用本书的过程中遇到了什么问题,或者有相关图书出版计划,也请您发邮件告诉我们,以便我们更好地为您服务。

我们的联系方式:

地　　址:北京市海淀区双清路学研大厦 A 座 714

邮　　编:100084

电　　话:010-83470236　010-83470237

客服邮箱:2301891038@qq.com

QQ:2301891038(请写明您的单位和姓名)

资源下载:关注公众号"书圈"下载配套资源。

资源下载、样书申请

书圈

获取最新书目

观看课程直播